# 평생 써먹는 수학 용어집

중·고등학교
**수학**의 흐름과
**핵심**을 **한 권에!**

사사키 준 지음 ★ 이정현 옮김

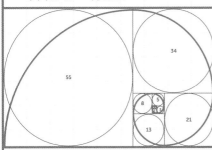

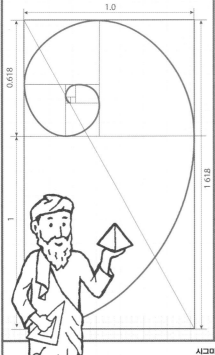

# 평생 써먹는 수학 용어집

$$xy = ab^2$$

$$V = \frac{4}{3}\pi r^3$$

$$\pi = 3,1415$$

$$tg^2\alpha + 1 = \frac{1}{\cos^2\alpha}$$

$$C = 2\pi r$$

$$\sin 30° = 0,5$$

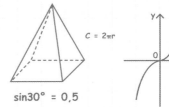

**알아만 두어도
세상이 재미있어지는
수학 길잡이**

시그마북스
Sigma Books

# 평생 써먹는 수학 용어집

**발행일** 2024년 9월  4일 초판 1쇄 발행
2025년 1월 27일 초판 2쇄 발행
**지은이** 사사키 준
**옮긴이** 이정현
**발행인** 강학경
**발행처** 시그마북스
**마케팅** 정제용
**에디터** 양수진, 최연정, 최윤정
**디자인** 강경희, 김문배, 정민애

**등록번호** 제10-965호
**주소** 서울특별시 영등포구 양평로 22길 21 선유도코오롱디지털타워 A402호
**전자우편** sigmabooks@spress.co.kr
**홈페이지** http://www.sigmabooks.co.kr
**전화** (02) 2062-5288~9
**팩시밀리** (02) 323-4197
**ISBN** 979-11-6862-276-0 (03410)

ZAKKURI WAKARU SUUGAKU YOUGO JITEN
ⓒ JUN SASAKI 2023
Originally published in Japan in 2023 by BERET PUBLISHING CO., LTD., TOKYO
Korean Characters translation rights arranged with BERET PUBLISHING CO., LTD., TOKYO,
through TOHAN CORPORATION, TOKYO and EntersKorea Co., Ltd., SEOUL.

파본은 구매하신 서점에서 교환해드립니다.

\* 시그마북스는 ㈜시그마프레스의 단행본 브랜드입니다.

먼저, 수많은 수학책 중에서 이 책을 선택해준 독자 여러분께 감사한 마음을 전한다.

이 책은 수학에서 중요한 용어의 핵심을 '대략적으로' 해설한 사전이다. 주로 다음과 같은 독자를 대상으로 한다.

- 수학 용어를 찾아보면서 궁금한 부분만 대략적으로 이해하고 싶은 사람
- 회사 업무에서 중·고등학교 수학 지식을 필요로 하여 효율적으로 다시 배우고 싶은 사람
- 중·고등학교에서 수학 때문에 좌절한 사람
- 중·고등학교의 수학 문제는 풀 수 있지만 의미는 이해하지 못하는 사람

최근 들어 데이터 사이언스와 인공지능(AI) 분야는 눈부신 발전을 이루고 있다. 특히 ChatGPT를 포함한 생성형 AI는 하루가 다르게 진보하고 있다. AI 기술에는 수학이 활용되므로 AI의 발전과 더불어 수학의 중요성도 강조되고 있는 것이 현실이다.

그렇다 보니 수학을 다시 배우고 싶어 하는 사람들의 요구는 늘고 있는데,

실제로 고등학교 수학까지의 방대한 범위를 처음부터 다시 공부하려면 꽤 많은 시간을 할애해야 한다. 또한 학교에서 배운 수학은 '공식을 외워서 문제를 푸는 데' 집중하는 경향이 있다 보니, '인수분해를 배우긴 했지만, 정작 인수분해를 왜 하는 건지는 모르겠어. 애초에 인수분해라는 게 뭐지?' 같은 의문이 들기도 한다. 그런 상황에서는 수학을 공부해도 AI 학습에 활용하기 어렵다.

이 책은 수학을 공부하고 싶어 하는 사람들이 그런 어려움에 처하지 않고, 짧은 시간을 투자하여 궁금한 것들을 알아갈 수 있도록, 중요한 수학 용어를 대략적으로 설명하고 이해를 돕기 위해 다양한 그림을 실었다.

이 책은 사전이므로 반드시 첫 페이지부터 읽지 않아도 된다. 자신에게 필요한 부분부터 펼쳐보기 바란다. 그리고 대략적으로 이해했다면 실무에서 활용해보기를 권한다.


이 책을 집필하면서 베레출판의 나가세 편집자에게 큰 도움을 받았다. 그의 노력이 없었더라면 이 책은 세상에 나오지 못했을 것이다. 이 자리를 빌려서 깊은 감사의 인사를 전하고 싶다.


사사키 준

# 차례

## 第6장     복소수와 관련된 수학 용어

## 第7장     수열과 관련된 수학 용어

## 第8장     확률과 관련된 수학 용어

## 제 9 장  통계와 관련된 수학 용어

## 제 10 장  미적분과 관련된 수학 용어

## 제 11 장　벡터와 관련된 수학 용어

## 제 12 장　도형과 관련된 수학 용어

제 **1** 장

# 대학교 입학시험에도
# 나오는 산수 용어

# 01 약수, 공약수, 최대공약수

## 각각의 의미와 목적을 알자

약수란 어떤 정수($N$)를 나누어떨어지게 하는 정수를 뜻한다.

예를 들어 10을 2로 나누면 '$10 \div 2 = 5$'로 나누어떨어지므로 2는 10의 약수이다. 하지만 10을 3으로 나누면 '$10 \div 3 = 3$과 나머지 1'이 되어 나누어떨어지지 않으므로 3은 10의 약수가 아니다.

약수에는 양수(자연수)인 약수뿐만 아니라 음수인 약수도 있는데, 일반적으로 양수(자연수)에 한정해서 이야기하는 경우가 많다.

예를 들어 4의 약수는 4를 나누어떨어지게 하는 정수이므로 원래 1, 2, 4, $-1$, $-2$, $-4$로 총 6개이지만, 일반적으로는 양수인 1, 2, 4만 가리킨다. 따라서 이 책에서도 약수는 양수(자연수)라고 생각하기로 한다.

그럼 12와 18의 약수와 약수의 개수를 구해보자.

12의 약수는 1, 2, 3, 4, 6, 12로 총 6개이다.
18의 약수는 1, 2, 3, 6, 9, 18로 총 6개이다.

12와 18의 약수에는 1, 2, 3, 6이 공통으로 존재한다. 이렇듯 2개 이상의 자연수에 공통인 약수를 공약수라고 하고, 공약수 중에서 가장 큰 수(12와 18의 경우에는 6)를 최대공약수(gcd: greatest common divisor)라고 한다.

$a$와 $b$의 최대공약수를 gcd($a$, $b$)라고 표현하기도 한다. 예를 들어 12와 18의

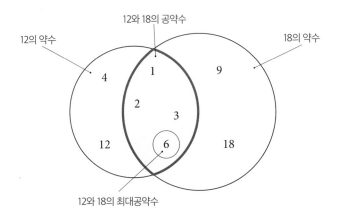

최대공약수 6을 기호로 나타내면 gcd(12, 18) = 6이다.

　최대공약수는 다음과 같은 계산법을 활용하여 간단히 구할 수 있다. 36과 54의 최대공약수를 구해보자.

먼저 두 숫자를 나란히 적는다.

$$36 \quad 54$$

▼

36과 54를 나누어떨어지게 하는 수 중에
가장 작은 수인 2를 ')'의 왼쪽에 적는다.

$$2\,\overline{)\,36 \quad 54}$$

▼

나눗셈을 한다.

$$2\,\overline{)\,36 \quad 54} \\ \phantom{2)}18 \quad 27$$

▼

더 이상 나누어지지 않을 때까지 나눗셈을 반복한다.
공통적으로 나누어떨어지게 하는 수가 없다면 지금
까지 나누는 데 사용한 수를 곱하여 최대공약수를 구
할 수 있다.

$$2\,\overline{)\,36 \quad 54} \\ 3\,\overline{)\,18 \quad 27} \\ 3\,\overline{)\,\phantom{0}6 \quad \phantom{0}9} \\ \phantom{3)}\phantom{0}2 \quad \phantom{0}3$$

따라서 36과 54의 최대공약수는 2 × 3 × 3 = 18이다.
기호로 나타내면 gcd(36, 54) = 18이다.

한편 2개 이상의 정수에 공통인 배수를 공배수라 하고, 공배수 중에서 가장 작은 자연수를 최소공배수라고 한다. 최소공배수는 앞서 최대공약수를 구한 식에서 L자 모양을 그리며 나누는 데 사용한 수와 마지막 몫을 모두 곱하여 구할 수 있다. 즉 36과 54의 최소공배수는 $2 \times 3 \times 3 \times 2 \times 3 = 108$이다.

## 소수

1이 소수가 아닌 이유는?

우리는 자연수를 짝수와 홀수로 나누어서 생각할 때가 많은데, 자연수를 나누는 또 다른 방식 중 하나는 소수와 합성수로 구분하는 것이다.

소수란 1보다 큰 자연수이면서 자기 자신과 1로만 나누어떨어지는 수를 가리킨다. 약수가 2개인 자연수라고 바꿔 말할 수도 있다.

예를 들어 3은 약수가 1, 3으로 2개, 5는 약수가 1, 5로 2개이므로 둘 다 소수이다. 반대로 **약수가 3개 이상인 자연수**를 합성수라고 한다. 가령 다음과 같다.

4의 약수는 1, 2, 4 ➡ 약수의 개수는 3개 ➡ 합성수

6의 약수는 1, 2, 3, 6 ➡ 약수의 개수는 4개 ➡ 합성수

16의 약수는 1, 2, 4, 8, 16 ➡ 약수의 개수는 5개 ➡ 합성수

**합성수는 소수의 곱으로 표현할 수 있다.** 위의 예를 소수의 곱으로 나타내면 다음과 같다.

$$4 = 2^2, \qquad 6 = 2 \times 3, \qquad 16 = 2^4$$

**합성수를 이루고 있는 소수**를 소인수라고 하며, 위의 예시와 같이 자연수를 소수의 곱으로 표현하는 것을 소인수분해라고 한다. 소인수분해를 하는 방식은 곱셈

의 순서를 무시하면 한 가지뿐이다. 이러한 성질을 '소인수분해의 유일성'이라고 한다. 수학에서는 한 가지 방식으로만 표현한다는 것이 매우 중요하다.

한편 **소수는 '1보다 큰 자연수'**라는 조건이 있어서 1은 소수에 포함되지 않는데, 그 이유는 소인수분해 방식이 한 가지뿐이기 때문이다. 1이 소수에 포함되면 소인수분해 방식은 무한히 많아진다.

예를 들어 앞서 $6 = 2 \times 3$이라고 소인수분해를 했는데, 만약 1이 소수에 포함되면 다음과 같이 소인수분해 방식이 무한히 많아진다는 것을 알 수 있다.

$$6 = 1 \times 2 \times 3 = 1 \times 1 \times 2 \times 3 = 1 \times 1 \times 1 \times 2 \times 3 = \cdots$$

이러한 일이 발생하지 않도록 1을 소수에 포함시키지 않는 것이다. 한편 **2 이외의 소수는 반드시 홀수이다.**

소수의 개수는 무한한데 기원전 300년경에 유클리드가 그 사실을 증명했다. 지금부터 소개할 증명 과정에는 어려운 부분이 있으므로 건너뛰어도 좋다.

무한하다는 것을 증명하기는 어려우므로, 소수의 개수는 유한하다고 가정한 후에 그것이 모순이라는 것을 도출해내면 된다.

가장 마지막 소수(소수 중 가장 큰 수)를 $p$라고 한다. 첫 번째 소수 2부터 가장 마지막 소수 $p$까지 모두 곱하면 $2 \times 3 \times 5 \times 7 \times 11 \times \cdots \cdots \times p$이다. 그 수에 1을 더하면 다음과 같이 나타낼 수 있다.

$$2 \times 3 \times 5 \times 7 \times 11 \times \cdots \cdots \times p + 1$$

이 수는 $p$보다 작은 어떤 소수로 나누어도 1이 남으므로 나누어떨어지지 않는다.

| 예 | | |
|---|---|---|
| | $2 \times 3 + 1 = 7$ | 3보다 큰 소수 |
| | $2 \times 3 \times 5 + 1 = 31$ | 5보다 큰 소수 |
| | $2 \times 3 \times 5 \times 7 + 1 = 211$ | 7보다 큰 소수 |
| | $2 \times 3 \times 5 \times 7 \times 11 + 1 = 2311$ | 11보다 큰 소수 |

그러므로 이 수는 $p$보다 큰 소수로 나누어떨어지거나 소수이다. 그렇기 때문에 $p$가 가장 마지막 소수(소수 중 가장 큰 수)라는 가정과 모순된다. 따라서 $p$는 가장 마지막 소수가 아니므로 소수는 무한히 존재한다는 말이 된다. 한편 이 증명과 같이 **명제가 거짓이라고 가정하고 그것이 모순이라는 것을 보여주어서 명제가 참이라는 것을 증명하는 방법**을 귀류법이라고 한다.

앞서 2 이외의 소수는 반드시 홀수라고 했는데, 작은 수부터 순서대로 나열하면 다음과 같다.

$$3, \ 5, \ 7, \ 11, \ 13, \ 17, \ 19, \ 23, \ 29, \ 31 \cdots\cdots$$

3과 5, 5와 7, 11과 13, 17과 19, 29와 31처럼 이웃하는 홀수로 이루어진 부분이 보인다. 그와 같이 **차이가 2인 두 소수로 이루어진 쌍**($p$와 $p+2$)을 쌍둥이 소수라고 한다.

쌍둥이 소수에는 재미있는 성질이 있다. 3과 5를 제외하면 5와 7, 11과 13, 17과 19, 29와 31……처럼 1의 배수에 $\pm 1$을 한 $(6n-1)$과 $(6n+1)$(이때 $n$은 자연수)의 숫자 쌍이라는 점이다.

앞서 소수의 개수가 무한하다고 했는데, 그렇다면 쌍둥이 소수의 개수도 무한할까? 아니면 유한할까? 그 물음은 아직 완전히 해결되지 않았지만, 일반적으로는 무한히 많을 것이라고 예상하는데 이를 쌍둥이 소수의 추측이라고 한다.

한편 쌍둥이 소수에는 파생된 형태가 있는데, **차이가 4인 두 소수로 이루어진 쌍**($p$와 $p+4$)을 사촌 소수, **차이가 6인 소수로 이루어진 쌍**($p$와 $p+6$)을 섹시 소수라고 한다.

**사촌 소수의 예**

$(3, 7)$, $(7, 11)$, $(13, 17)$, $(19, 23)$, $(37, 41)$, $(43, 47)$, …… 등

**섹시 소수의 예**

$(5, 11)$, $(7, 13)$, $(11, 17)$, $(13, 19)$, $(17, 23)$, $(23, 29)$, …… 등


쌍둥이 소수가 있으니 세쌍둥이 소수도 있을 법하다. 연속하는 세 소수로 이루어진 쌍($p$와 $p+2$와 $p+4$)을 세쌍둥이 소수라고 정의할 것 같지만, 세쌍둥이 소수는 $(p, p+2, p+4)$가 아니다. 왜냐하면 $(p, p+2, p+4)$ 중 하나는 반드시 3의 배수가 되기 때문이다. 3의 배수이면서 소수인 것은 $p=3$인 경우뿐이고 그때는 세 소수의 쌍 3, 5, 7로 소수가 되지만, $p=5$일 때는 5, 7, 9, $p=7$일 때는 7, 9, 11로 3 이외의 3의 배수가 등장하여 소수로 이루어진 쌍이 아니다. 따라서 세쌍둥이 소수는 3개의 소수로 이루어진 쌍이면서 다음과 같은 형태를 가진다고 정의된다.

$$(p, p+2, p+6) \text{ 또는 } (p, p+4, p+6)$$

$(p, p+2, p+6)$인 세쌍둥이 소수:

$(5, 7, 11)$, $(11, 13, 17)$, $(17, 19, 23)$, …… 등

$(p, p+4, p+6)$인 세쌍둥이 소수:

$(7, 11, 13)$, $(13, 17, 19)$, $(37, 41, 43)$, …… 등

# 03 에라토스테네스의 체
아주 오래전부터 전해 내려오는 소수 구하는 법

앞에서는 소수가 무한히 많다는 사실을 다루었다. 지금부터는 소수를 구하는 법을 알아보자.

안타깝게도 아직 소수를 구하는 공식은 발견되지 않았다. 하지만 소수를 구하는 방법은 알려져 있는데, 고전적으로 유명한 방법이 '에라토스테네스의 체'이다. 에라토스테네스의 체는 **어떤 정수 이하의 소수를 구하기 위한 알고리즘**으로, 고대 그리스의 에라토스테네스가 고안해낸 방법이다. 객관식 문제를 풀 때 소거법으로 답을 찾듯이 합성수를 차례차례 제거하여 소수를 구하면 된다.

1부터 60 사이의 소수를 구해보자.

|    | 2  | 3  | 4  | 5  | 6  | 7  | 8  | 9  | 10 | 11 | 12 |
|----|----|----|----|----|----|----|----|----|----|----|----|
| 13 | 14 | 15 | 16 | 17 | 18 | 19 | 20 | 21 | 22 | 23 | 24 |
| 25 | 26 | 27 | 28 | 29 | 30 | 31 | 32 | 33 | 34 | 35 | 36 |
| 37 | 38 | 39 | 40 | 41 | 42 | 43 | 44 | 45 | 46 | 47 | 48 |
| 49 | 50 | 51 | 52 | 53 | 54 | 55 | 56 | 57 | 58 | 59 | 60 |

우선 소수인 2에 동그라미를 치고 2의 배수를 제거한다.

| | ② | 3 | 4 | 5 | 6 | 7 | 8 | 9 | 10 | 11 | 12 |
|---|---|---|---|---|---|---|---|---|---|---|---|
| 13 | 14 | 15 | 16 | 17 | 18 | 19 | 20 | 21 | 22 | 23 | 24 |
| 25 | 26 | 27 | 28 | 29 | 30 | 31 | 32 | 33 | 34 | 35 | 36 |
| 37 | 38 | 39 | 40 | 41 | 42 | 43 | 44 | 45 | 46 | 47 | 48 |
| 49 | 50 | 51 | 52 | 53 | 54 | 55 | 56 | 57 | 58 | 59 | 60 |

이번에는 소수인 3에 동그라미를 치고, 3의 배수를 제거한다(해당하는 수는 9, 15, 21, 27, 33, 39, 45, 51, 57이다).

| | ② | ③ | | 5 | | 7 | | 9 | | 11 | |
|---|---|---|---|---|---|---|---|---|---|---|---|
| 13 | | 15 | | 17 | | 19 | | 21 | | 23 | |
| 25 | | 27 | | 29 | | 31 | | 33 | | 35 | |
| 37 | | 39 | | 41 | | 43 | | 45 | | 47 | |
| 49 | | 51 | | 53 | | 55 | | 57 | | 59 | |

4는 합성수이므로 건너뛰고, 소수인 5에 동그라미를 친 후에 5의 배수를 제거한다(해당하는 수는 25, 35, 55이다).

| | ② | ③ | | ⑤ | | 7 | | | | 11 | |
|---|---|---|---|---|---|---|---|---|---|---|---|
| 13 | | | | 17 | | 19 | | | | 23 | |
| 25 | | | | 29 | | 31 | | | | 35 | |
| 37 | | | | 41 | | 43 | | | | 47 | |
| 49 | | | | 53 | | 55 | | | | 59 | |

6도 합성수이므로 건너뛰고, 소수인 7에 동그라미를 친 후에 7의 배수를 제거한다(해당하는 수는 49이다).

| | ②  | ③  | | ⑤  | | ⑦  | | | 11 | |
|---|---|---|---|---|---|---|---|---|---|---|
| 13 | | | | 17 | | 19 | | | 23 | |
| | | | | 29 | | 31 | | | | |
| 37 | | | | 41 | | 43 | | | 47 | |
| 49 | | | | 53 | | | | | 59 | |

이후에도 같은 방식을 반복하여 남은 수를 확인하면 다음과 같이 소수를 구할 수 있다.

2, 3, 5, 7, 11, 13, 17, 19, 23, 29, 31, 37, 41, 43, 47, 53, 59

# 서로소, 기약분수

최대공약수가 열쇠

서로소란 공통인 부분이 없는 경우를 뜻한다. 수학에서는 정수 관계와 집합에서 사용되는 개념으로, 여기서는 정수 관계에서의 서로소에 대해 알아본다. 집합에서의 서로소는 이후 장에서 자세히 다룰 예정이다.

정수 관계에서는 **두 정수 $a, b$를 둘 다 나누어떨어지게 하는 정수가 1뿐인 경우**로, 최대공약수가 1(공통인 약수가 1뿐임)인 경우라고도 생각할 수 있다. 식으로 나타내면 $\gcd(a, b) = 1$인 경우이다.

예를 들어 14와 15를 둘 다 나누어떨어지게 하는 정수는 1뿐이므로 14와 15는 서로소이다.

$$14 = 2 \times 7,\ 15 = 3 \times 5$$니까 $\gcd(14, 15) = 1$이므로 14와 15는 서로소

반면 12와 15는 둘 다 나누어떨어지게 하는 정수로서 3이 있으므로 서로소가 아니다.

$12 = 3 \times 4,\ 15 = 3 \times 5$이니까 $\gcd(12, 15) = 3 \neq 1$이므로,

12와 15는 서로소가 아니다.

물론 오른쪽처럼 직접 나눗셈을 하여 $\boxed{\gcd(12, 15) = 3}$ $\longrightarrow$ 을 구할 수도 있다.

$$3\ )\ \underline{\quad 12 \quad 15 \quad}$$
$$\qquad\ 4 \qquad 5$$

분수 중에서 **더 이상 약분이 되지 않는 분수**를 **기약분수**라고 한다. 기약분수 $\dfrac{a}{b}$ 는 분자인 $a$와 분모인 $b$의 최대공약수가 1인 경우, 즉 $a$와 $b$가 서로소{$\gcd(a, b)=1$}인 경우라고 바꿔 말할 수 있다.

기약분수와 달리 **약분할 수 있는 분수**를 **가약분수**라고 한다.

$\dfrac{14}{15}$ 는 14와 15가 서로소이므로{$\gcd(14, 15)=1$} 기약분수다.

$\dfrac{12}{15}$ 는 12와 15가 서로소가 아니므로{$\gcd(12, 15)=3$} 가약분수이고, 최대공약수인 3으로 약분할 수 있다.

$$\frac{12}{15} = \frac{12 \div 3}{15 \div 3} = \frac{4}{5}$$

서로소라는 개념은 어떤 수가 무리수임을 증명할 때 활용된다. 지금부터 수 체계와 관련된 용어를 정리해보도록 하자.

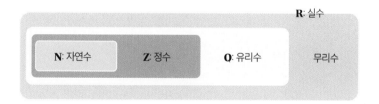

자연수는 1, 2, 3, ……과 같이 **수량이나 순서를 나타낼 때 사용하는 수**이다. 0을 포함시키는 경우도 있으나, 이 책에서는 1부터 시작하는 경우를 따르기로 한다. 자연수의 개수는 무한하기 때문에 자연수 전체를 나타내는 집합은 **N** 또는 N을 이용하여 나타낸다. 이 기호는 'Natural number'의 첫 글자 N에서 유래되었다.

정수는 ……, −3, −2, −1, 0, 1, 2, 3, ……과 같이 **자연수와 0, 음수로 구성되는 수**이다. 정수 전체를 나타내는 집합은 **Z** 또는 Z를 이용하여 나타낸다. 이 기호는 정수를 뜻하는 독일어 'Ganze Zahl'에서 유래되었다.

유리수는 정수의 비(분수)로 나타낼 수 있는 실수이다. 유리수 전체를 나타내는 집합은 **Q** 또는 Q를 이용하여 나타낸다. 이 기호는 이탈리아 수학자 페아노가 몫을 뜻하는 이탈리아어 'Quoziente'의 첫 글자를 이용하여 유리수를 표기하기 시작하면서 사용되었다.

실수는 유리수와 함께 정수의 비(분수)로 나타낼 수 없는 수($\sqrt{2}$와 $\pi$ 등)로 구성되는 수이다. 실수 전체를 나타내는 집합은 **R** 또는 R을 이용하여 나타낸다.

실수 중에서 유리수를 제외한 수(분수로 나타낼 수 없는 수)를 무리수라고 한다.

수의 집합을 나타내는 기호 **N**, **Z**, **Q**, **R**의 모양은 칠판에 적을 때의 볼드를 표현한 것이다. N, Z, Q, R을 볼드로 표현해야 하는데 칠판에 분필로 적을 때에는 볼드를 표현하기 어려우므로, 문자 중 일부에 선을 덧그림으로써 볼드를 표현한 것이다.

# 05 완전수

간단하지만 미해결인 문제

우리는 평소에 다양한 수를 사용하는데 그중에는 '완전수'라고 불리는 수가 있다. 완전수란 **자신을 제외한 약수의 합이 자신과 같은 수**를 가리킨다. 구체적인 예를 통해 알아보자. 완전수 중에서 가장 작은 수는 6이다. 6의 약수는 1, 2, 3, 6이고, 6을 제외한 약수의 합은 $1+2+3=6$이다.

6의 약수    1, 2, 3, 6 $\longrightarrow$ 완전수

합    $(1+2+3)$    일치

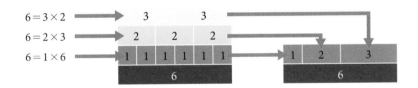

완전수는 자신을 제외한 약수의 합에 자신을 더하면 자신의 2배가 되므로 '**정수 $N$의 약수의 합이 $2N$인 수**'라고 바꿔 말할 수도 있다.

6 이외에도 완전수는 28, 496, 8128, 33550336, 8589869056, …… 등이 있다. 28이 완전수라는 것은 다음과 같이 확인할 수 있다.

$$28\text{의 약수} \quad \underbrace{1, \ 2, \ 4, \ 7, \ 14,}_{(1+2+4+7+14)} \ 28 \longrightarrow \text{완전수}$$

합 $\qquad$ 일치

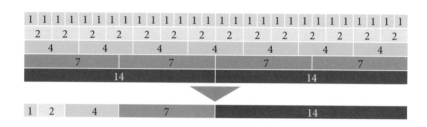

완전수라는 명칭은 '만물의 근원은 수'라고 했던 피타고라스가 붙인 것으로 알려져 있다. 고대 그리스 시대에 발견된 완전수는 6, 28, 496, 8128이다.

지금까지 예로 든 완전수는 모두 짝수이다. 홀수인 완전수가 있는지는 아직 밝혀지지 않았다. 또한 완전수의 개수가 무한한지 유한한지도 밝혀지지 않았다. 완전수의 정의는 단순하지만, 완전수와 관련하여 아직 해결되지 못한 문제는 많이 남아 있는 것이다.

지금까지 발견된 완전수는 모두 짝수인데, **짝수인 완전수는 '$2^{n-1}(2^n-1)$'의 형태**라는 사실은 유클리드와 오일러가 각각 증명했으며 이를 유클리드-오일러 정리라고 한다.

짝수인 완전수는 $2^{n-1}(2^n-1)$의 형태인데, $2^{n-1}(2^n-1)$이라고 해서 반드시 완전수인 것은 아니다. 추가로 만족해야 하는 조건이 있다.

그 조건과 관련된 것이 바로 $2^{n-1}(2^n-1)$에서 $(2^n-1)$에 해당하는 부분인데, 이를 메르센 수라고 한다. 메르센 수인 $(2^n-1)$이 소수일 때를 메르센 소수라고 하며 이때 $2^{n-1}(2^n-1)$은 완전수가 된다. 구체적인 예를 들어 살펴보면 다음과 같은데, 메르센 소수와 완전수가 대응되는 것을 확인할 수 있다.

| $n$ | $2^n-1$ | 메르센 소수 | $2^{n-1}(2^n-1)$ | 완전수 |
|---|---|---|---|---|
| 1 | 1 | × | $2^{1-1}(2^1-1)=1\times1=1$ | × |
| 2 | 3 | ○ | $2^{2-1}(2^2-1)=2\times3=6$ | ○ |
| 3 | 7 | ○ | $2^{3-1}(2^3-1)=4\times7=28$ | ○ |
| 4 | $15=3\times5$ | × | $2^{4-1}(2^4-1)=8\times15=120$ | × |
| 5 | 31 | ○ | $2^{5-1}(2^5-1)=16\times31=496$ | ○ |
| 6 | $63=3^2\times7$ | × | $2^{6-1}(2^6-1)=32\times63=2016$ | × |
| 7 | 127 | ○ | $2^{7-1}(2^7-1)=64\times127=8128$ | ○ |
| … | … | … | … | … |
| 13 | 8191 | ○ | $2^{13-1}(2^{13}-1)=33550336$ | ○ |
| … | … | … | … | … |

6 ÷ 3은 정수로 나누어떨어지므로 2라는 답(몫)을 얻을 수 있지만, 5 ÷ 3은 나누어떨어지지 않는다. 나누어떨어지지 않는 수는 $\frac{5}{3}$ 와 같이 분수로 나타낼 수 있다. $\frac{5}{3}$ 는 **분자가 분모보다 큰 분수**이므로 가분수이다. 반대로 **분자보다 분모가 큰 분수**는 진분수라고 한다.

6 ÷ 3을 굳이 분수로 나타내면 다음과 같다.

$$6 \div 3 = \frac{6}{3}$$

이때 $\frac{6}{3}$ 과 2는 같은 값이다. $\frac{6}{3}$ 이 $\frac{6 \div 3}{3 \div 3} = \frac{2}{1} = 2$가 되듯이, 분수에서는 분모와 분자에 같은 값을 곱하거나 나눌 수 있다. 특히 **분모와 분자를 같은 값으로 나누는 것**을 약분이라고 한다.

한편 다음 식과 같이 분모가 다른 분수는 더하거나 뺄 수 없다.

$$\frac{2}{3} + \frac{5}{7} = \cancel{\frac{7}{10}}$$

왜 그럴까? 다음 식과 같이 '간단한 소수로 표현할 수 있는 수'를 활용하여 그렇게 계산하면 잘못된 결과가 나온다는 사실을 확인할 수 있다.

$$\frac{1}{2} + \frac{1}{2} = \frac{2}{4} = \frac{1}{2}$$

$\frac{1}{2}$ 은 0.5이므로 0.5+0.5=1이 되어야 하는데, 위의 식에서는 0.5+0.5=0.5 가 되므로 말이 안 된다. 하지만 여전히 이해가 되지 않는 사람도 있을 것이다. 그러니 조금 다른 관점에서 살펴보도록 하자.

여기서 한 가지 질문을 하겠다.

2(cm)와 5(m)를 더하면 어떻게 되는가?

2(cm)+5(m)=7(cm+m)라고 답하지는 않을 것이다. 두 숫자의 단위가 cm와 m로 서로 다르기 때문에, 가장 먼저 할 일은 단위를 통일하는 것이다. 5(m)=500(cm)이므로 이 문제는 다음과 같은 식으로 나타낼 수 있다.

$$2(cm) + 5(m) = 2(cm) + 500(cm) = 502(cm)$$

분수의 덧셈과 뺄셈도 이러한 방식으로 접근하면 된다. 분수 계산을 다루기 전에 분수의 의미부터 살펴보자.

$\frac{2}{3}$ 는 $\frac{1}{3}$ 이 2개 있다는 뜻이므로 $\frac{2}{3} = 2 \times \frac{1}{3}$ 이라고 볼 수 있다. 마찬가지로 $\frac{5}{7}$ 는 $\frac{1}{7}$ 이 5개 있다는 뜻이므로 $\frac{5}{7} = 5 \times \frac{1}{7}$ 이라고 볼 수 있다. 즉 $\frac{2}{3}$ 와 $\frac{5}{7}$ 의 덧셈은 다음과 같이 나타낼 수 있다.

$$\frac{2}{3} + \frac{5}{7} = 2 \times \frac{1}{3} + 5 \times \frac{1}{7}$$

$\frac{1}{3}$ 과 $\frac{1}{7}$ 은 앞서 소개한 2(cm)와 5(m)를 더하는 문제에서의 단위가 다른 상태에 해당한다. 그 문제에서 단위를 통일했듯이 이 분수 덧셈 문제에서는 분모를 통일해야 한다. 이렇게 **2개 이상의 분수의 분모를 통일하는 것**을 **통분**이라고 한다. 통분할 때는 최소공배수를 이용한다. $\frac{1}{3}$ 의 분모인 3과 $\frac{1}{7}$ 의 분모인 7의 최소공배수는 $3 \times 7 = 21$ 이므로 다음과 같이 계산할 수 있다.

$$\frac{2}{3} + \frac{5}{7} = \frac{2 \times 7}{3 \times 7} + \frac{5 \times 3}{7 \times 3} = \frac{14}{21} + \frac{15}{21} = \frac{29}{21}$$

덧셈이 가능한 이유는 다음 식과 같이 '$\frac{1}{3}$ 이 2개인 것'과 '$\frac{1}{7}$ 이 5개인 것'의 계산을 '$\frac{1}{21}$ 이 14개인 것'과 '$\frac{1}{21}$ 이 15개인 것'의 계산으로 변형하여 분모(단위)를 통일했기 때문이다.

$$\frac{2}{3} + \frac{5}{7} = \frac{14}{21} + \frac{15}{21} = 14 \times \frac{1}{21} + 15 \times \frac{1}{21}$$

한편 수학에서는 어떤 계산법에 이름을 붙이면 그와 반대 방향으로 계산하는 방법에도 이름을 붙인다. **통분과 반대되는 방향으로 계산하는 방법**은 **부분분수 분해**라고 한다. 즉 통분으로 통일한 분모를 원래 식으로 되돌리는 것이다.

고등학교 수학에서는 이 책에서도 다룰 예정인 $\sum$, 미분, 적분을 배우는데, 부분분수 분해는 그때 활용된다.

통분

$$\frac{2}{3} + \frac{5}{7} = \frac{14}{21} + \frac{15}{21} = \frac{29}{21}$$

부분분수 분해

원주율은 초등학교 때 3.14라고 배우지만 구체적인 정의가 무엇인지 물으면 금방 답하기 어려운 사람이 많을 것이다. 원주율은 다음과 같이 나타낼 수 있다.

$$원주율 = (원주) \div (원의 지름)$$

일본에서는 원주율과 관련된 재미있는 에피소드가 있었다. 2003년 도쿄대학교 입학시험에 다음과 같은 문제가 출제된 것이다.

"원주율이 3.05보다 크다는 것을 증명하라."

시험 문제를 본 수험생들은 크게 당황했을 것이다(참고로 이 문제의 해답은 이 장의 '칼럼'에서 다룬다). 이 문제는 원주율의 정의를 간접적으로 물어보는 것이었다.

원주율의 정의를 제대로 배운 사람도 있겠지만, 대부분이 기억하는 것은 '3.14'라는 숫자나 '$\pi$'라는 기호일 것이다. 그렇다 보니 원주율의 정의를 묻는 질문에 '3.14'부터 떠올린 수험생들도 적지 않았을 것이다.

3.14라는 숫자는 '원주율의 정의를 바탕으로 계산된 결과'이지, 원주율의 정의를 묻는 질문에 대한 답은 아니다. 하지만 평소에 '원주율' 하면 자동적으로 '3.14'만 떠오르니까 그런 질문을 받으면 당황하는 것이다.

앞서 '원주율=(원주)÷(원의 지름)'이라고 했는데, 이 정의가 떠오르지 않는다면 어떻게 유도할 수 있을까? 우선 '원주율'이라는 단어부터 파헤쳐보자. '율'이라는 단어가 있으니까 무언가를 나눗셈한 값이라고 예상할 수 있다. 그리고 '원주'라는 단어가 있으니까 원의 둘레를 이용하는 것이라고 예상할 수 있다. 다음으로 원주율이 포함된 공식을 떠올려보자. 예를 들면 원의 둘레를 구하는 공식이 있다.

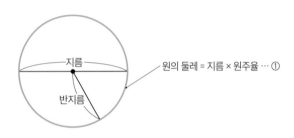

원주율을 $\pi$, 반지름을 $r$(지름은 반지름의 2배이므로 $2r$)이라고 하여, '원의 둘레 $=2\pi r$'이라는 공식으로 배운 사람이 많을 것이다.

원의 둘레를 구하는 공식 ①에서 양변을 지름($2r$)으로 나누면 다음과 같다.

(원의 둘레)÷**(지름)**=(지름)×원주율÷**(지름)**

밑줄 친 **(지름)**÷**(지름)**은 1이므로 다음과 같이 나타낼 수 있다.

(원의 둘레)÷(지름)=1×원주율

좌변과 우변을 바꿔 쓰면 다음과 같이 공식을 유도할 수 있다.

$$\text{원주율} = (\text{원의 둘레}) \div (\text{지름})$$

이러한 과정으로부터, '원의 둘레를 구하는 공식'은 사실 원주율의 정의를 식으로 나타낸 것이라는 사실을 알 수 있다. 수학 공식은 잘 외우면서 정의는 기억하지 못하는 사람이 많을 것이다. 하지만 학교에서 공식을 활용하는 법도 제대로 배웠으니까 그것을 활용하는 편이 좋다.

또한 정해진 활용 방법을 따르지 않더라도, 공식에서부터 역산하여 정의를 알아내는 식으로 활용할 수도 있다.

# 도쿄대학교 입학시험에 나온 원주율 문제

앞서 소개한 "원주율이 3.05보다 크다는 것을 증명하라"라는 문제를 풀어보자.

원주율의 정의는 알지만 이 문제를 어떻게 해석하고 풀어야 할지 감이 잡히지 않는 사람도 있을 것이다. 이 문제는 '원'주율에 대한 것이므로 기하학(도형) 문제이다. 기하학(도형) 문제는 직관을 요하는 경우가 많아서 풀기 어려운 편이다. 그러니 '기하학의 왕도'인 '좌표'를 활용해보도록 하자.

과거에 유클리드는 "기하학에는 왕도가 없다"라고 했는데, 이후에 데카르트는 '좌표'를 활용함으로써 기하학에도 왕도가 있다는 것을 보여주었다.

이 문제는 피타고라스 정리를 사용하므로 먼저 피타고라스 정리에 대해 알아보겠다.

## 피타고라스 정리

직각삼각형의 빗변의 길이가 $c$,

나머지 두 변의 길이가 $a, b$일 때 다음이 성립한다.

$$a^2 + b^2 = c^2$$

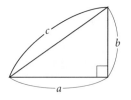

다음과 같이 세 변의 길이가 각각 3, 4, 5인 직각삼각형이 대표적인 예이다.

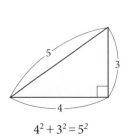

$$4^2 + 3^2 = 5^2$$

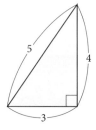

$$3^2 + 4^2 = 5^2$$

이번 문제에서 증명해야 하는 원주율 $\pi$는 원주와 지름에 관련된 개념이므로 우선 좌표평면 위에 원점을 중심으로 하는 원을 그린다. 이때 원의 지름은 이후에 계산하기 쉽도록 10(반지름 5)이라고 한다. 원은 대칭인 도형이므로 전체의 $\frac{1}{4}$인 부분만 고려하여 이 원주 위에 있는 점을 설정한다. 반지름이 5이므로 점 A(5, 0)와 점 D(0, 5)가 원 위에 있다. 그리고 점 B(4, 3)와 점 C(3, 4)도 원 위에 있다. 점 B와 C가 원 위에 있다는 것은 앞서 소개한 '세 변의 길이가 각각 3, 4, 5인 직각삼각형'을 통해 알 수 있다. 이 직각삼각형의 빗변의 길이가 5이고 원의 반지름도 5이므로 점 B와 C는 원 위의 점이 된다.

직각삼각형의 빗변(5)과 원의 반지름(5)이 같다.

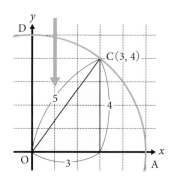
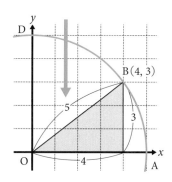

원주 위에 있는 점 A, B, C, D를 잇는다.

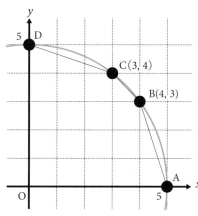

그림을 보면 호 AD의 길이가 선분 AB, BC, CD의 길이의 합보다 크다는 것을 알 수 있다. 호 AD의 길이는 (지름)×(원주율 $\pi$)의 $\dfrac{1}{4}$ 이므로 다음과 같다.

$$10 \times \pi \times \frac{1}{4} = \frac{5}{2}\pi$$

선분 AB, BC, CD의 길이는 피타고라스 정리를 활용하여 구할 수 있다.

$AB = \sqrt{1^2 + 3^2} = \sqrt{10}$

$BC = \sqrt{1^2 + 1^2} = \sqrt{2}$

$CD = \sqrt{1^2 + 3^2} = \sqrt{10}$

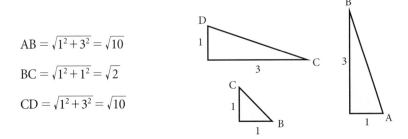

호 AD의 길이는 선분 AB, BC, CD의 길이의 합보다 크므로 다음이 성립한다.

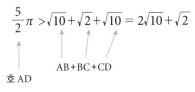

$$\frac{5}{2}\pi > \sqrt{10} + \sqrt{2} + \sqrt{10} = 2\sqrt{10} + \sqrt{2}$$

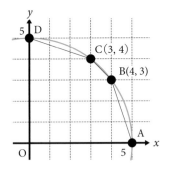

$\sqrt{2}$ 는 제곱하면 2가 되는 양수로, 1.41421356이라고 통째로 외우는 사람도 있을 것이다.

$$\sqrt{2} = 1.41421356\cdots\cdots$$

**밑줄 친 부분을 버리면** $\sqrt{2}$ 는 1.41보다 큰 수라는 뜻이 된다.

$\sqrt{10}$ 은 제곱하면 10이 되는 양수로 3.16228이다.

$$\sqrt{10} = 3.16228\cdots\cdots$$

**밑줄 친 부분을 버리면** $\sqrt{10}$ 은 3.16보다 큰 수라는 뜻이 된다.

$$\frac{5}{2}\pi > 2\sqrt{10} + \sqrt{2} > 2 \times 3.16 + 1.41 = 7.73$$

위 식의 양변에 $\frac{2}{5}\,(=0.4)$를 곱하면 다음과 같다.

$$\pi > 3.092$$

따라서 $\pi$는 3.092보다 큰 값이므로 3.05보다 크다는 깃이 증명되었다.

# 08 육십분법, 호도법과 라디안

각도를 길이로 나타내는 이유

30°, 45°처럼 각도를 '도(°)'라는 단위로 나타내는 방법을 육십분법이라고 한다.

육십분법은 일상에서 자주 사용하므로 익숙하고 이해하기도 쉽지만, 응용하기 어렵다는 단점이 있다. 그러한 단점을 보완한 것이 호도법이다.

호도법은 각도를 호의 길이로 나타내는 방법이다. 반지름이 1인 원에서 '반지름과 길이가 같은 호에 대한 중심각의 크기'를 1라디안(1[rad]) 또는 1호도라고 한다. 따라서 길이가 $\theta$인 호에 대한 중심각의 크기는 $\theta$[rad]이다. 육십분법의 단위인 "°'는 생략할 수 없지만, 호도법의 단위인 [rad]는 생략하는 경우가 많다. 라디안은 반지름을 뜻하는 라틴어 'radius'에서 유래된 표현으로 영국의 공학자 톰슨이 도입한 것으로 알려져 있다.

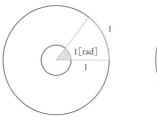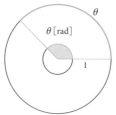

지금부터 중심각과 호의 길이의 관계에 대해 살펴보자.

다음 중 왼쪽 그림과 같이, 반지름이 1인 원의 반지름을 한 바퀴 돌리면 중심각은 360°가 된다.

그리고 다음 중 오른쪽 그림과 같이, 반지름이 1인 원의 원주를 구하면 $2\pi r$ 의 $r$에 1을 대입하여 $2\pi \times 1 = 2\pi$가 된다.

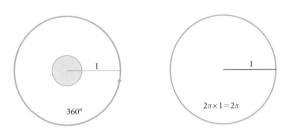

$360°$와 $2\pi$는 같은 부분을 가리키므로 다음과 같은 식이 성립한다.

$$360° = 2\pi$$

위 식의 양변을 2로 나누면 다음과 같다.

$$180° = \pi \cdots\cdots ★$$

이것이 육십분법과 호도법의 관계를 나타내는 식이다.

호도법을 육십분법으로 바꿀 때는 다음과 같이 관계식 ★을 직접 활용한다.

$$\frac{\pi}{3} = \frac{180°}{3} = 60°, \ \frac{3\pi}{4} = \frac{3 \times 180°}{4} = 3 \times 45° = 135°$$

이와 반대로 육십분법을 호도법으로 바꿀 때는 관계식 ★의 양변에 어떤 수를 곱하거나 나눈다. 예를 들어 $45°$를 호도법으로 나타내는 경우에는 관계식 ★의 양변에 $\frac{1}{4}$을 곱하면 된다.

$$45° = \frac{\pi}{4}$$

내가 가르친 학생들 중에는 원주율인 3.14……와 180°가 같다는 것을 납득할 수 없다고 말하는 경우도 있었다. 그것은 매우 날카로운 관점에서 비롯된 의문인데, 호도법의 단위가 생략되었기 때문에 발생하는 문제이다. 예를 들어 '12 = 1'이라는 식을 보면 말이 안 된다고 생각하는 사람이 많을 것이다. 하지만 이 식에 다음과 같이 단위를 추가하면 바로 이해가 될 것이다.

$$12[\text{개}] = 1[\text{다스}]$$

호도법에서는 $\pi[\text{rad}] = 180°$라고 단위가 생략되어 있다는 점을 기억하기 바란다.

육십분법은 이해하기는 쉽지만 각도를 길이로 표현하는 삼각함수에서 응용하기에는 불편하다. 특히 삼각함수를 미분하거나 적분할 때 계산 과정이 매우 복잡해진다. 그런 경우에 활용하는 것이 호도법이다.

# 09 이름이 어려운 회전체

원뿔대, 원환면, 한잎쌍곡면

다음 그림과 같이 직사각형을 어떤 직선을 축으로 회전시켰을 때 만들어지는 것을 원기둥이라고 한다. 우리에게 매우 익숙한 도형이다.

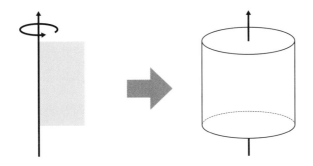

직사각형을 어떤 직선 축에서 약간 떨어뜨린 후에 회전시키면 두루마리 휴지나 바움쿠헨 같은 모양의 도형이 된다.

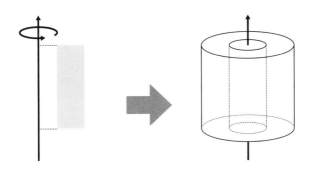

직각삼각형을 어떤 직선을 축으로 회전시켰을 때 만들어지는 도형을 원뿔이라고 한다.

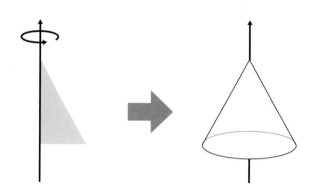

예전에는 원뿔을 '원추'라고 했는데, '추'는 송곳을 뜻하는 말로 원뿔과 송곳 모두 끝이 뾰족하다는 공통점이 있다.

한편 사다리꼴을 어떤 직선을 축으로 회전시켰을 때 만들어지는 종이컵 모양의 도형을 원뿔대라고 한다.

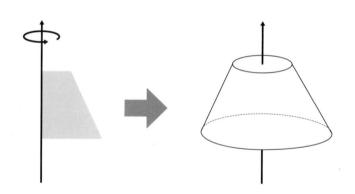

원뿔대인 종이컵을 자세히 살펴보면 신경 쓰이는 점이 세 가지 있다. 종이컵은 왜 원기둥이 아닌 원뿔대 모양일까? 그리고 종이컵 윗부분이 둥글게 말려 있는 이유와 종이컵의 밑면이 약간 떠 있는 이유는 무엇일까?

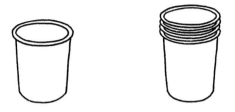

우선 종이컵이 원뿔대 모양인 이유 중 하나는 종이컵을 겹쳐서 보관할 수 있도록 하기 위해서다. 원기둥 모양은 쌓아도 겹쳐지지 않으므로 공간을 많이 차지하게 된다. 한편 종이컵 밑면이 약간 떠 있는 이유 중 하나는 겹쳐져 있는 종이컵을 쉽게 뺄 수 있도록 하기 위해서다. 실제로 밑면이 떠 있지 않은 종이컵을 겹쳐놓고 하나만 빼려고 해보면 얼마나 불편한지 알 수 있다.

종이컵의 윗부분이 둥글게 말려 있는 이유는 음료를 편하게 마실 수 있도록 하기 위해서다. 윗부분이 둥글게 말려 있지 않으면 종이컵을 지지해주는 힘이 없으므로, 음료가 담긴 컵을 손으로 잡았을 때 컵이 찌그러져서 마시기 불편해진다. 또한 윗부분이 말려 있지 않으면 종이에 입술을 베일 가능성도 있다.

원이 좌우대칭을 이루도록 하는 직선을 축으로 회전시키면 구가 만들어진다.

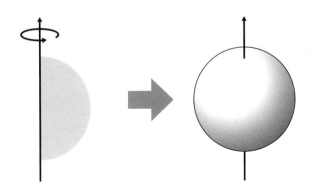

원을 어떤 직선 축에서 약간 떨어뜨려서 회전시키면 도넛 모양의 도형이 되는데 이를 **원환면(토러스)**이라고 한다.

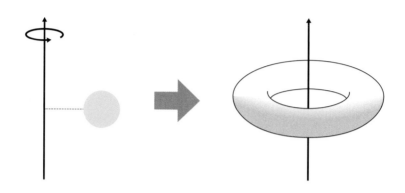

과거에 어떤 롤 플레잉 게임에서는 화면에 나타난 직사각형 지도를 보면서 배를 타고 동쪽으로 계속 이동하면 그 지도의 서쪽 끝에 도착하게 되어 있었다. 그런 현상이 일어난 것으로 보아 게임 속의 지구는 구가 아니라, 직사각형의 위아래를 연결하여 원기둥을 만든 후 원기둥의 양 끝(처음 직사각형의 왼쪽과 오른쪽)을 연결했을 때 만들어지는 토러스(도넛 모양) 형태였던 것으로 볼 수 있다.

한편 다음 중 가장 오른쪽 그림과 같이 평행하지도 않고 교차하지도 않는 두 직선의 위치 관계를 꼬인 위치라고 한다.

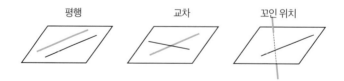

다음 중 왼쪽 그림과 같이 기준이 되는 축과 꼬인 위치에 있는 직선을 회전시키면, 오른쪽 그림과 같이 아름다운 도형이 만들어지는데 이를 한잎쌍곡면이라고 한다.

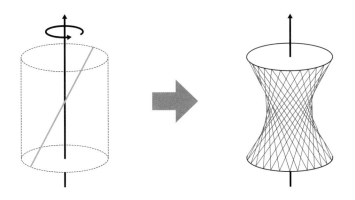

제 **2** 장

‐‐‐‐‐‐‐‐‐

√‾에 관련된
수학 용어

‐‐‐‐‐‐‐‐‐

한 변의 길이가 5cm인 정사각형의 넓이는 $5^2 = 25\text{cm}^2$이다. cm²는 '제곱센티미터'라고 읽으며 제곱은 같은 수를 두 번 곱한다는 뜻이다.

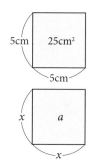

**어떤 수 $x$를 제곱하여 $a$가 될 때**, 다시 말해 $x^2 = a$일 때, $x$를 $a$의 제곱근이라고 한다.

제곱근은 2개인데, 양의 제곱근을 $x = \sqrt{a}$, 음의 제곱근을 $x = -\sqrt{a}$ 라고 표현한다. $\sqrt{\phantom{a}}$ 는 근호 또는 루트라고 한다. $\sqrt{\phantom{a}}$ 기호는 'root'의 첫 글자인 '$r$'을 변형한 것에서 유래했다고 알려져 있다.

$5^2 = 25$, $(-5)^2 = 25$이므로 5와 $-5$는 둘 다 제곱하면 25니까 25의 제곱근은 5와 $-5$이다.

수학의 정의는 매우 엄밀하기 때문에 혼동하기 쉬운 개념이 많다. 예를 들면 '36의 제곱근'과 '$\sqrt{36}$'이 있다.

'36의 제곱근'은 6과 $-6$이므로 2개이고, $\sqrt{36}$은 6인데, 제곱근을 배우기 시작하는 단계에서는 $\sqrt{36} = \pm 6$이라고 착각하는 일이 자주 발생한다. 이는 '제곱근'과 '양의 제곱근 계산(루트를 없애는 계산)'을 혼동한 예이다.

36의 제곱근은 양의 제곱근 $\sqrt{36}$과 음의 제곱근 $-\sqrt{36}$으로 2개이다. 하지만 이것만으로는 충분히 설명되지 않는다. 왜냐하면 $\sqrt{36}$은 루트를 사용하지 않고 간단히 6이라고 표현할 수 있기 때문이다. 따라서 $\sqrt{36} = \sqrt{6^2} = 6$이라고 계산하여 36의 제곱근은 $\sqrt{36}=6$과 $\sqrt{36}=-6$이라고 하는데, 이때 착각하여 $\sqrt{36}=$ $\pm 6$이라고 생각하는 것이다.

$\sqrt{36}=\pm 6$이라고 혼동하지 않도록 제곱근의 정의를 제대로 이해하는 것이 중요한 만큼, '계산에 활용할 수 있는 형태'로 기억하는 것도 중요하다.

$\sqrt{a}$는 $a$의 양의 제곱근이니까 **제곱하면 $a$가 되는 양수**라고 이해하면 앞서 이야기한 것처럼 혼동할 일은 없을 것이다.


지금부터는 제곱근이라는 단어를 분석해보자. 제곱근의 영어 표현인 'square root'에서 'square'는 정사각형 또는 제곱이라는 뜻이다. 한 변의 길이가 양수 $x$인 정사각형의 넓이는 $x \times x = x^2$이므로, 'square'는 제곱과 관련된 표현이라는 것을 알 수 있다.

또한 'root'에는 뿌리라는 뜻 외에 근원이라는 뜻도 있으므로, 'square root'는 정사각형의 근원이 되는 수라고 풀이할 수 있다. 예를 들어 넓이가 2인 정사각형의 근원이 되는 것을 떠올려보면 한 변의 길이가 그에 해당한다고 볼 수 있는 것이다.

그 정사각형의 한 변의 길이인 $\sqrt{2}$는 분수로 나타낼 수 없는 무리수이다. 지금부터 귀류법을 활용하여 $\sqrt{2}$가 무리수임을 증명해보자.

**R**(실수)

$\sqrt{2}, -\sqrt{2}, \pi$ (무리수)

**Q**(유리수)

$1, 2, \dfrac{4}{3}$

먼저 $\sqrt{2}$가 유리수라고 가정한다. 그러면 $\sqrt{2}$는 양의 유리수이므로, $m$, $n$이 자연수이자 서로소{$\gcd(m, n)=1$}라고 할 때 다음과 같이 나타낼 수 있다.

$$\sqrt{2} = \frac{m}{n}$$

분모를 없애기 위하여 양변에 $n$을 곱한 후 제곱하면 다음과 같다.

$$2n^2 = m^2$$

좌변이 짝수이므로 우변의 $m$도 짝수니까 $m = 2M$이라고 표현할 수 있다. 이것을 위 식에 대입하면 다음과 같다.

$$2n^2 = (2M)^2 \iff 2n^2 = 4M^2 \iff n^2 = 2M^2$$

이번에는 우변이 짝수이므로 좌변의 $n$도 짝수니까 $n = 2N$이라고 표현할 수 있다. 그러면 $n = 2N$, $m = 2M$이므로, $m$, $n$은 서로소$\{\gcd(m, n) = 1\}$가 아니다 $\{\gcd(m, n) = \gcd(2M, 2N) = 2$이다$\}$.

따라서 $\sqrt{2}$는 유리수가 아니므로 무리수라는 것을 증명할 수 있다.

# 분모의 유리화

### 분모의 유리화가 필요한 이유

분모의 유리화라는 것을 기억하고 있는가?

$$\frac{1}{\sqrt{3}} = \frac{1 \times \sqrt{3}}{\sqrt{3} \times \sqrt{3}} = \frac{\sqrt{3}}{3}$$

대략적으로 설명하자면, 위 식과 같이 **분모에 $\sqrt{\phantom{3}}$ 가 있는 형태를 $\sqrt{\phantom{3}}$ 가 없는 형태로 바꾸는 것을** 분모의 유리화라고 한다.

분모의 $\sqrt{3}$ 은 1.7320508075688773……이라는 규칙성 없이 무한히 계속되는 수로, 분수 형태로 나타낼 수 없는 무리수이다. 이 **무리수를 분수 형태로 나타낼 수 있는 유리수로 만드는 것을** 유리화라고 한다.

중학교 수학에서 분모를 유리화하는 계산을 많이 접해봤을 것이다. 그래서 내가 가르치는 중학생들에게 왜 분모를 유리화해야 하는지 물어본 적이 있다. 그때 돌아오는 대답은 '선생님이 유리화하지 않으면 안 된다고 했으니까', '유리화하지 않으면 시험 문제를 틀리게 되니까', '수가 간단해지니까' 등으로, 납득할 만한 답변이 돌아온 적은 거의 없다. 그렇다면 왜 분모의 유리화가 필요한 것일까?

처음에 제시한 식으로 돌아가서 생각해보자.

$$\frac{1}{\sqrt{3}}$$

이것이 대강 어느 정도의 수인지 바로 알 수 있는가?

물론 바로 알 수 있는 사람도 없지는 않겠지만 나는 바로 떠오르지 않는다. 왜냐하면 다음과 같이 $\sqrt{3}$을 1.7320508……이라 두고 계산하는 것은 어렵기 때문이다.

$$\frac{1}{\sqrt{3}} = \frac{1}{1.7320508075688773\cdots\cdots} = 1 \div 1.7320508075688773\cdots\cdots$$

만약 $\dfrac{1}{\sqrt{3}}$과 $\dfrac{\sqrt{3}}{3}$ 중에서 어느 쪽이 간단한 수인지 모르겠다거나 오히려 $\dfrac{1}{\sqrt{3}}$이 더 간단해 보인다면, $1 \div 1.7320508075688773\cdots\cdots$을 계산기를 사용하지 않고 손으로 직접 계산해보기 바란다. $1.7320508075688773\cdots\cdots$처럼 소수점 이하가 무한히 계속되는 수로 나눗셈을 하는 것은 어려운 일이다. 하지만 분모를 유리화하면 다음과 같이 비교적 쉽게 답을 구할 수 있다.

$$\frac{1}{\sqrt{3}} = \frac{1 \times \sqrt{3}}{\sqrt{3} \times \sqrt{3}} = \frac{\sqrt{3}}{3} = \frac{1.7320508075688773\cdots\cdots}{3} \fallingdotseq 0.577\cdots\cdots$$

분모를 유리화하는 목적은 수학 시험 문제를 맞히는 데 있는 게 아니라, 계산을 편리하게 함으로써 수를 파악하기 쉽게 만드는 데 있다.

중학교 수학 이후에는 문자를 자주 사용하기 때문에 구체적인 수를 구해야 하는 경우가 줄어들지만, 마지막 식까지 계산하여 구체적인 수를 알아내는 것은 매우 중요하다. 그렇기 때문에 **구체적인 수를 파악하기 위하여 분모를 유리화하는 것이다.**

반대로 말하면, 구체적인 수를 알아내지 않아도 되는 경우에는 분모를 유리화하지 않아도 된다. 학생들을 가르치다 보면 "왜 이번에는 분모를 유리화하지 않나요?"라고 질문해올 때가 있는데, 구체적인 수를 파악할 필요가 없는 문제를 풀 때에는 분모를 유리화하지 않아도 된다는 점도 기억해두기 바란다.

한편 분모에 $\sqrt{\phantom{x}}$ 만 있는 분수만이 유리화해야 하는 대상인 것은 아니다. 다음과 같은 수의 분모를 유리화하는 경우도 있다.

$$\frac{3+\sqrt{5}}{1+\sqrt{5}}$$

이런 경우에도 유리화하는 방법은 같으므로 분모를 유리수로 만드는 수를 분모와 분자에 곱해주면 된다.

이 문제에서는 분모와 분자에 $1-\sqrt{5}$를 곱하면 다음과 같은 결과를 얻을 수 있다.

$$\begin{aligned}
\frac{3+\sqrt{5}}{1+\sqrt{5}} &= \frac{3+\sqrt{5}}{1+\sqrt{5}} \times \frac{1-\sqrt{5}}{1-\sqrt{5}} = \frac{(3+\sqrt{5})(1-\sqrt{5})}{(1+\sqrt{5})(1-\sqrt{5})} \\
&= \frac{3-3\sqrt{5}+\sqrt{5}-(\sqrt{5})^2}{1^2-(\sqrt{5})^2} \\
&= \frac{3-3\sqrt{5}+\sqrt{5}-5}{1-5} \\
&= \frac{-2-2\sqrt{5}}{-4} \\
&= \frac{1+\sqrt{5}}{2}
\end{aligned}$$

이 결과는 다음 페이지의 '03. 황금비와 금강비'에서 활용된다.

# 황금비와 금강비

예술성(황금비) VS 실용성(금강비)

제곱근은 중학교 3학년 때 배우는데, 실제로 적용된 예를 보지 못한 상태에서 배우기 때문에 제곱근이 왜 필요한지 의문을 가지는 사람도 많을 것이다.

물론 중학교 때에는 이차방정식, 이차함수, 피타고라스 정리 등 제곱근을 직접 활용하는 단원이 있기 때문에 제곱근을 배워야 그 단원에서 구체적인 계산을 할 수 있다.

하지만 일상생활에서 제곱근이 실제로 적용된 예를 접한다면 제곱근에 대한 이해가 더욱 깊어질 것이다. 지금부터 제곱근이 적용된 사례로서 황금비와 금강비(우리나라에서는 '금강비', 일본에서는 '백은비'라고 표현한다-옮긴이)에 대하여 살펴보겠다. 우선 황금비란 다음과 같이 표현되는 비를 뜻한다.

$$1 : \frac{1+\sqrt{5}}{2} \fallingdotseq 1 : 1.618\cdots\cdots$$

황금비는 **인간이 아름다움을 느끼는 비율**이라고 정의되며, 이집트의 피라미드, 그리스의 파르테논 신전, 프랑스의 에투알 개선문과 같은 역사적인 건축물이나, 「밀로의 비너스」, 레오나르도 다빈치의 「모나리자」와 같은 미술 작품에서도 찾아볼 수 있다. 현대에는 디자인이나 사진의 구도

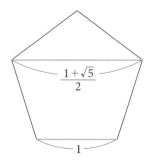

에도 활용되고 있다.

정오각형에서도 황금비를 찾을 수 있다. 정오각형의 한 변의 길이를 1이라고 할 때 대각선의 길이는 $\dfrac{1+\sqrt{5}}{2}$ 이므로 '정오각형의 한 변 : 대각선'은 황금비가 된다. 한편 정오각형의 모든 대각선을 그리면 별 모양이 된다.

**세로 길이와 가로 길이의 비가 황금비인 직사각형**을 황금사각형이라고 한다. 일반적인 크기의 명함이 황금비에 가까우며, 다음 그림과 같이 황금사각형의 긴 변에 정사각형을 덧붙인 직사각형도 황금사각형이 된다.

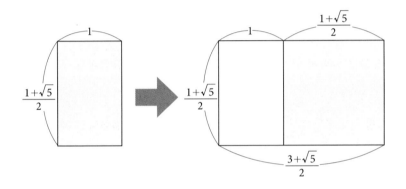

위 그림 중 오른쪽 직사각형의 세로 길이와 가로 길이의 비는 다음과 같다.

$$\frac{1+\sqrt{5}}{2} : \frac{3+\sqrt{5}}{2}$$

비는 곱셈을 할 수 있으므로 2를 곱하면 다음과 같다.

$$1+\sqrt{5} : 3+\sqrt{5}$$

이 비를 $(1+\sqrt{5})$로 나누면, '02. 분모의 유리화'에서 구한 결과를 이용하여 다음과 같이 황금비가 된다는 사실을 확인할 수 있다.

$$1 : \frac{3+\sqrt{5}}{1+\sqrt{5}} = 1 : \frac{1+\sqrt{5}}{2}$$

다음 그림과 같이 황금사각형을 정사각형으로 분할하고 모서리에 있는 점을 곡선으로 이어나가면 소용돌이가 그려진다. 이 소용돌이 모양은 앵무조개 껍데기에서도 볼 수 있다.

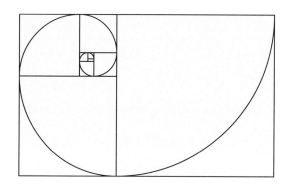

물론 이러한 황금비가 우연에 의한 것이라고 생각하는 사람도 있을 것이다. 그리고 그러한 우연성 때문에 예술 작품이 더 아름답게 느껴지는 것인지도 모른다.

하지만 예술가가 비슷한 수준의 아름다운 작품을 꾸준히 만들어낼 수 있는 것은 아니다. 그러니 과거의 작품에서 인간이 아름다움을 느끼는 요소를 찾아내어 다음 작품에 적용하는 것은 좋은 방법이다.

살바도르 달리의 그림이나 르 코르뷔지에의 건축물에서는 황금비를 찾아볼 수 있다.

그들의 작품에 황금비가 있었던 것은 단순한 우연일지도 모른다. 하지만 반대로 생각하면 황금비를 염두에 두고 작품을 만드는 것이 좋은 창작 방법 중 하나가 될 수도 있다.

예술 작품에 황금비가 숨겨져 있다면, **실용적인 제품에 적용되는 비율**로는 금강비가 있다. 금강비는 ① $1 : \sqrt{2}$, ② $1 : 1+\sqrt{2}$의 두 가지로 정의된다. 이 책에서는 ① $1 : \sqrt{2}$가 적용된 예시를 소개하겠다.

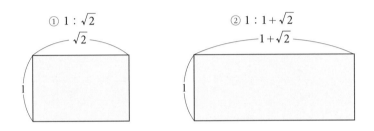

금강비는 특히 동양인들이 선호하는 비율로 알려져 있는데, 일본의 경우 이세신궁이나 호류사의 오층탑 등 과거의 건축물에서 쉽게 찾아볼 수 있다. 최근 건축물인 도쿄의 스카이트리에도 금강비가 적용되었다.

금강비는 일상생활에서도 쉽게 찾을 수 있다. 가장 친근한 예가 종이 규격을 나타내는 A판과 B판이다.

A판과 B판 종이는 세로 길이와 가로 길이의 비가 금강비기 때문에 반으로 접거나 2배로 확대해도 세로 길이와 가로 길이의 비율이 바뀌지 않는다.

이러한 성질 때문에 복사기에서 '확대'나 '축소'를 선택해도 인쇄된 글자가 여백을 침범하거나 여백이 늘어나는 일은 일어나지 않는다.

반대로 생각하면, 종이 규격이 금강비가 아닌 경우에 복사기에서 확대나 축소를 하면 인쇄되는 글자가 여백을 침범하거나 여백이 늘어날 가능성이 있다. A4 용지를 가지고 그 사실을 직접 확인해보자. A4 용지 2장을 붙이면 A3 용지가 되고, 반으로 자르면 A5 용지가 된다. A4 용지는 세로 길이(짧은 쪽)가 210mm, 가로 길이(긴 쪽)가 297mm로 비율은 $1 : \sqrt{2}$이다.

이제 A4 용지와 A3 용지의 비율을 살펴보자.

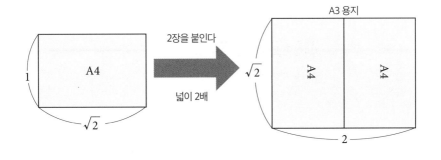

A3 용지

2장을 붙인다

넓이 2배

A4 용지가 A3 용지가 되려면 세로 길이는 1에서 $\sqrt{2}$로 $\sqrt{2}$배 확대되고, 가로 길이는 $\sqrt{2}$에서 2로 $\sqrt{2}$배 확대되어야 한다. 즉 A4 용지의 세로 길이와 가로 길이를 각각 $\sqrt{2}$배 확대한 것이 A3 용지이다. 그렇기 때문에 A3 용지의 세로 길이와 가로 길이의 비도 바뀌지 않을 것이다. 이 내용을 식으로 확인하면 다음과 같으므로 금강비가 유지된다는 것을 알 수 있다.

$$\sqrt{2} : 2 = \sqrt{2}(\div\sqrt{2}) : 2(\div\sqrt{2}) = 1 : \sqrt{2}$$

A4 용지가 A3 용지가 되려면 가로와 세로의 길이가 $\sqrt{2}$배, 즉 약 1.414배 확대되어야 하는데, 이 숫자를 어디서 본 적이 있는가? 복사기에서 A4 용지를 A3 용지로 확대할 때 '141%'라고 표시된다. 종이의 넓이를 2배(복사 용지 2장을 붙인 크기)로 만들기 위해 세로 길이와 가로 길이를 $\sqrt{2}$배(약 1.414배) 하는 것이다.

# 04 피타고라스 정리

증명을 통해 키우는 수학적 감각

피타고라스 정리는 기원전부터 존재하던 것으로, 가장 유명한 정리라고 해도 과언이 아니다. **피타고라스 정리**의 의미는 다음 그 림과 같은 **직각삼각형에서 빗변의 길이가 $c$이고 나머지 두 변의 길이가 $a$, $b$일 때 $a^2 + b^2 = c^2$이 성립한다는** 것이다.

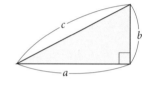

이 정리는 세 변 $a$, $b$, $c$의 제곱으로 이루어져 있는데, 과거에는 제곱을 '평방' 이라고 표현했으므로 '삼평방의 정리'라고 부르기도 했다.

피타고라스 정리는 피타고라스 이전에도 존재했지만, 피타고라스 학파가 최 초로 증명했다고 알려져 있으므로 '피타고라스'라는 이름이 붙었다. 피타고라 스 이전에는 '직각삼각형의 제곱에 관련된 예측' 정도였던 것으로 볼 수 있다.

피타고라스 정리는 중학교 때 배우는데, 활용하는 방법을 습득하기 위해 많 은 문제를 풀었을 것이다. 그 덕분에 피타고라스 정리와 관련된 문제는 잘 풀 수 있게 되었지만, 정작 그 정리를 어떻게 증명하는지 물으면 선뜻 대답하지 못하는 사람이 많다.

나 역시 고등학교에서 특강을 하면서 피타고라스 정리를 증명하지 못하는 학생들을 많이 만났다. 기초가 부족한 학생들이 많았던 것이다.

그러니 피타고라스 정리를 증명하는 구체적인 방법을 몇 가지 소개하겠다. 평범한 방법부터 우아한 방법까지, 과거에 많은 수학자들이 찾아낸 다양한 증명법이 지금까지 전해지고 있다.

오른쪽 그림과 같은 직각삼각형 4개(①, ②, ③, ④)를 붙여서 다음 중 왼쪽 그림과 같은 정사각형을 만든다. 그러면 중앙에 있는 정사각형의 넓이는 $c \times c = c^2$이다. 다음으로 직각삼각형 ②, ③을 다음 중 오른쪽 그림과 같이 이동시킨다.

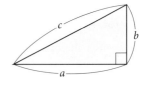

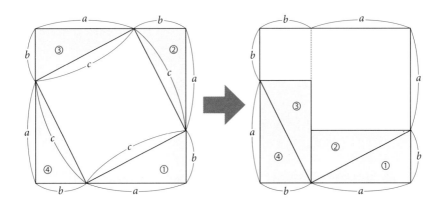

위의 두 정사각형에서 직각삼각형 ①, ②, ③, ④를 제거하고 남은 부분의 넓이를 구한다. 둘 다 정사각형에서 직각삼각형 ①, ②, ③, ④를 뺀 것이므로 넓이는 같다.

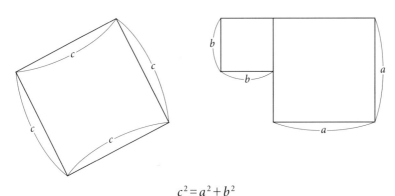

$$c^2 = a^2 + b^2$$

수식을 사용하면 앞 페이지에서 직각 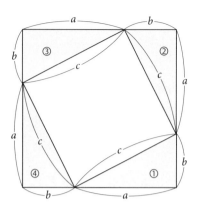 삼각형 4개(①, ②, ③, ④)를 이용해서 가장 먼저 만들었던 정사각형을 가지고 피타고라스 정리를 유도할 수 있다.

오른쪽 정사각형은 한 변의 길이가 $a+b$이므로 전체 정사각형의 넓이는 $(a+b)^2$이다.

정사각형의 넓이는 직각삼각형 4개(①, ②, ③, ④)의 넓이와 그 직각삼각형 으로 둘러싸여 있는 정사각형의 넓이를 더하여 구할 수도 있다.

$$\left(a \times b \times \frac{1}{2}\right) \times 4 + (c \times c) = 2ab + c^2$$

위 식을 정리하면 다음과 같이 나타낼 수 있다.

$$(a+b)^2 = \left(a \times b \times \frac{1}{2}\right) \times 4 + (c \times c)$$

$$a^2 + 2ab + b^2 = 2ab + c^2$$

$$a^2 + b^2 = c^2$$

이 방법과 달리 좀 더 직접적으로 피타고라스 정리를 구하는 방식도 있다. 다음 중 왼쪽 그림과 같이 직각삼각형 ①, ②, ③, ④를 가운데 있는 정사각형 안에 넣는다. 그런 후에 생긴 정사각형을 ⑤라고 한다. 큰 정사각형의 넓이(①, ②, ③, ④, ⑤의 합)는 $c \times c = c^2$이다.

다음으로 할 일은 넓이가 '$c \times c = c^2$'인 정사각형에서 '$a^2 + b^2$'을 만들어내는 것이다. 우선 다음 중 오른쪽 그림과 같이 직각삼각형 ②, ③을 이동시킨다.

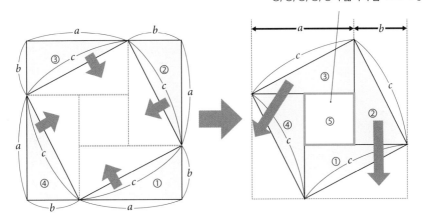

①, ②, ③, ④, ⑤의 넓이의 합 「$c \times c = c^2$」

그 결과 만들어진 도형이 다음 중 오른쪽 그림과 같이 2개의 큰 정사각형이라는 것을 알 수 있다. 그러면 정사각형의 넓이는 $a^2 + b^2$이 된다.

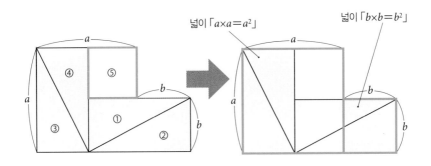

넓이 「$a \times a = a^2$」

넓이 「$b \times b = b^2$」

따라서 $c^2 = a^2 + b^2$이라고 증명할 수 있다.

또 다른 증명법으로는 직각삼각형을 확대하거나 축소하는 독특한 방식이 있다. 이 방법은 이후에 다룰 코사인 법칙의 증명에서도 활용된다.

오른쪽 그림과 같은 직각삼각형의 각 변에 각각 $a$, $b$, $c$를 곱하여 확대된 삼각형을 만들고, 그 삼각형을 각각 ①, ②, ③이라고 한다.

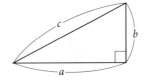

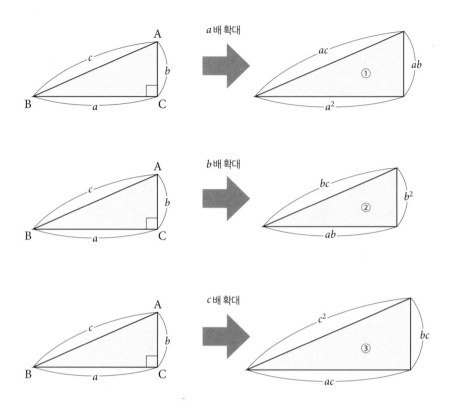

삼각형 ①, ②를 다음 페이지의 그림과 같이 붙이고, 그 사이에 생긴 공간에 삼각형 ③을 끼워 넣는다(삼각형 ①의 높이 'ab'와 삼각형 ②의 밑변의 길이 'ab'가 둘 다 세로 길이가 된다).

삼각형 ②의 빗변의 길이 'bc'와 삼각형 ③의 높이 'bc'가 일치하고, 삼각형 ①의 빗변의 길이 'ac'와 삼각형 ③의 밑변의 길이 'ac'가 일치하므로, 삼각형 ③은 두 삼각형 사이에 딱 맞게 들어간다.

이 직사각형의 가로 길이에 주목하라.

$b^2 + a^2$과 $c^2$이 같으므로 $a^2 + b^2 = c^2$이 성립한다.

피타고라스 정리를 증명하는 방법은 100가지가 넘는데, 그중에는 아주 유명한 사람이 남긴 것도 있다. 특히 레오나르도 다 빈치가 증명한 방법이 독특하

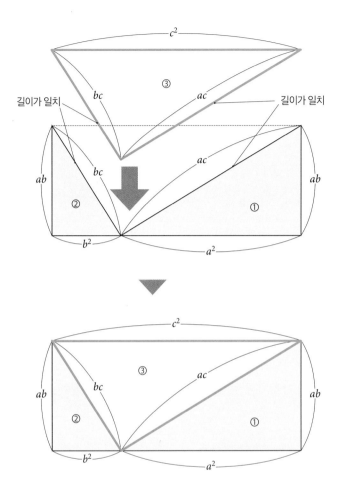

고 흥미로우므로 마지막으로 소개하겠다.

다음 그림과 같이 변 BC를 한 변으로 하는 정사각형 BFGC를 ①, 변 CA를 한 변으로 하는 정사각형 ACHI를 ②, 변 AB를 한 변으로 하는 정사각형 ABDE를 ③이라고 할 때, 사각형 ①과 ②의 넓이의 합이 사각형 ③의 넓이와 같다는 것을 보이면 피타고라스 정리가 증명이 된다.

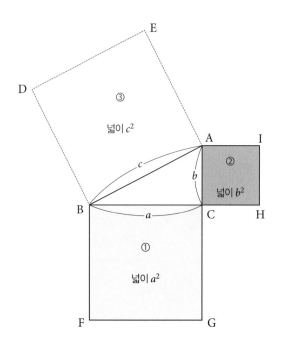

다음 중 왼쪽 그림과 같이 점 F, C, I를 잇고, 점 G, H를 잇는다.

그리고 오른쪽 그림과 같이 선분 FI를 기준으로 떨어뜨린다.

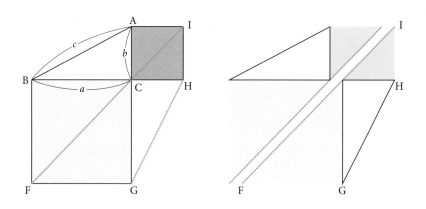

그러고 나서 사각형 FGHI를 떼어내어 좌우대칭이 되도록 뒤집은 후에 90°

회전시킨다. 그리고 원래 있던 자리에 붙인다.

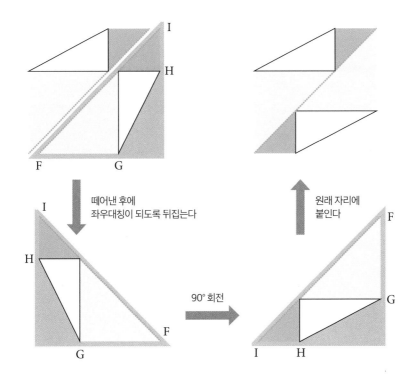

이제 도형에 보조선을 긋고 다음 중 왼쪽 그림처럼 화살표 방향으로 직각삼각형을 이동시킨다.

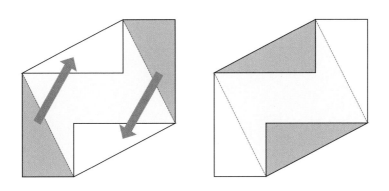

이렇게 만들어진 도형의 넓이와 이 증명이 시작될 때 제시한 도형의 넓이는 같다.

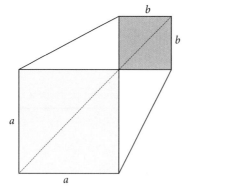
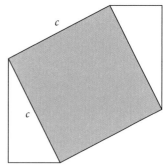

$$a^2 + b^2 = c^2$$

이렇게 피타고라스 정리를 증명할 수 있다.

# 피타고라스의 세 쌍
피타고라스 정리가 성립하게 하는 수

피타고라스의 세 쌍은 피타고라스 정리 $a^2 + b^2 = c^2$ 을 만족시키는 자연수 $a, b, c$를 가리킨다.

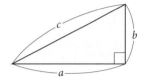

피타고라스의 세 쌍은 무한히 많은데, 지금부터 그 사실에 대해 구체적으로 알아보자. 예를 들어 $a = 3$, $b = 4$, $c = 5$일 때 $3^2 + 4^2 = 5^2$이 성립하는데, $a, b, c$에 2를 곱하여 $a = 6$, $b = 8$, $c = 10$일 때와, 3을 곱하여 $a = 9$, $b = 12$, $c = 15$일 때도 피타고라스 정리가 성립한다. 간단한 예이지만, 피타고라스의 세 쌍을 2배, 3배로 늘려도 피타고라스의 세 쌍이 되므로, 피타고라스의 세 쌍이 무한히 많다는 것을 바로 알 수 있다. 하지만 이러한 피타고라스의 세 쌍은 쉽게 찾을 수 있으므로 그다지 흥미롭지 않다.

**피타고라스의 세 쌍 중에서 $a, b, c$가 서로소**인 경우를 원시 피타고라스의 세 쌍이라고 한다. 원시 피타고라스의 세 쌍도 개수가 무한하다고 알려져 있다.

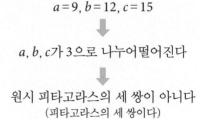

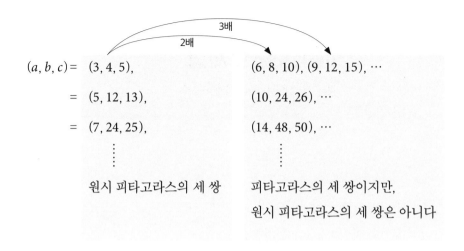

$(a, b, c) = (3, 4, 5),$       $(6, 8, 10), (9, 12, 15), \cdots$

$= (5, 12, 13),$       $(10, 24, 26), \cdots$

$= (7, 24, 25),$       $(14, 48, 50), \cdots$

원시 피타고라스의 세 쌍       피타고라스의 세 쌍이지만,
원시 피타고라스의 세 쌍은 아니다

지금부터 원시 피타고라스의 세 쌍을 구해보자. 이때 필요한 것은 다음과 같은 홀수이다.

$$1, 3, 5, 7, 9, 11, 13, 15, 17, 19, 21, 23, 25, \cdots\cdots$$

자연수를 제곱한 수(1, 4, 9, 16, 25, 36, ……)를 제곱수라고 하는데, 홀수는 $1+3$, $1+3+5$, $1+3+5+7$, ……처럼 1부터 차례대로 더하면 제곱수가 된다는 성질이 있다.

홀수 2개의 합은 $1+3=4$이므로 $2^2$이고, 홀수 3개의 합은 $1+3+5=9$이므로 $3^2$이고, 홀수 4개의 합은 $1+3+5+7=16$이므로 $4^2$이고, 홀수 5개의 합은 $1+3+5+7+9=25$이므로 $5^2$이며, 이러한 결과는 이후에도 계속 이어진다.

그러면 이 현상을 그림으로 나타내보자. 다음과 같이 ◢ 모양으로 홀수를 더하는 것이다.

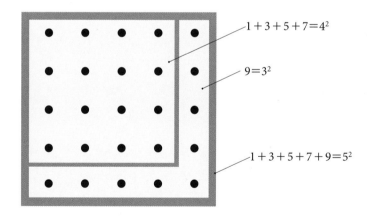

| $1$ | $1+3$ | $1+3+5$ | $1+3+5+7$ |
|---|---|---|---|
| $=1^2$ | $=4=2^2$ | $=9=3^2$ | $=16=4^2$ |
| | (홀수 2개의 합) | (홀수 3개의 합) | (홀수 4개의 합) |

┛로 구분된 부분이 제곱 형태로 나타낼 수 있는 제곱수($9, 25, 49, 81, \cdots\cdots$) 인 경우에 다음 그림과 같이 피타고라스의 세 쌍을 만들 수 있다.

$1+3+5+7=4^2$

$9=3^2$

$1+3+5+7+9=5^2$

위의 그림에서 $3^2+4^2=5^2$이므로, $(x, y, z) = (3, 4, 5)$라는 피타고라스의 세 쌍을 구할 수 있다. 다시 한번 홀수 중에서 제곱수($9, 25, 49, 81, \cdots\cdots$)를 찾아 보자.

$$1, 3, 5, 7, 9, 11, 13, 15, 17, 19, 21, 23, 25, \cdots\cdots$$

$25 = 5^2$이 있으므로 다음과 같이 나타낼 수 있다.

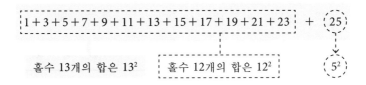

따라서 $5^2 + 12^2 = 13^2$이므로 $(x, y, z) = (5, 12, 13)$을 구할 수 있다. 이렇듯 제곱으로 나타낼 수 있는 홀수 $3^2, 5^2, 7^2, 9^2, \cdots\cdots$을 기준으로 생각하면 원시 피타고라스의 세 쌍도 무한히 만들 수 있다.

다만 이 방법은 직접 실행하기 어렵다는 것이 단점이다. 따라서 원시 피타고라스의 세 쌍을 구하는 공식을 소개하겠다.

$p, q$가 자연수이고 $p > q$이며, $p$와 $q$ 중 하나는 짝수이고 하나는 홀수일 때 다음이 성립한다.

$$(a, b, c) = (p^2 - q^2, 2pq, p^2 + q^2)$$

$p = 2, q = 1$을 대입하면 다음과 같다.

$$(a, b, c) = (2^2 - 1^2, 2 \times 2 \times 1, 2^2 + 1^2) = (4 - 1, 4, 4 + 1) = (3, 4, 5)$$

$p = 3, q = 2$를 대입하면 다음과 같다.

$$(a, b, c) = (3^2 - 2^2, 2 \times 3 \times 2, 3^2 + 2^2) = (9 - 4, 12, 9 + 4) = (5, 12, 13)$$

$p = 4, q = 3$을 대입하면 다음과 같다.

$$(a, b, c) = (4^2 - 3^2, 2 \times 4 \times 3, 4^2 + 3^2) = (16 - 9, 24, 16 + 9) = (7, 24, 25)$$

$p=4, q=1$을 대입하면 다음과 같다.

$$(a, b, c) = (4^2 - 1^2,\ 2 \times 4 \times 1,\ 4^2 + 1^2) = (16-1,\ 8,\ 16+1) = (15,\ 8,\ 17)$$

이렇듯 공식에 대입함으로써 원시 피타고라스의 세 쌍을 무한히 만들 수 있다. 수학에서 '무한히 많다'는 사실을 보여주는 방법 중 하나가 공식을 만드는 것이다. 공식은 매우 편리하고 컴퓨터로 활용하기도 좋아서 복잡한 계산을 자동적으로 시키는 데에 큰 도움이 된다.

# 06 택시 수와 라마누잔

### 1729는 평범한 수일까?

여기서는 '인도의 마술사'라고 불리는 수학자 라마누잔의 '택시 수'에 대해 소개하겠다.

라마누잔이 찾은 공식은 3,000가지가 넘는다. 그중에는 현대의 최신 이론을 활용하지 않으면 증명할 수 없는 것들도 있으므로 라마누잔이 얼마나 뛰어난 사람이었는지 짐작할 수 있다.

그 덕분에 인도의 마술사라고 불리는 라마누잔이었지만 정작 그는 수학에서 필요로 하는 증명은 하지 않았다. **증명이 되어야 '공식'이라고 불릴 수 있으므로, 증명이 없는 것은 '공식'이 아니라 '추측'에 지나지 않는다.**

라마누잔이 증명을 하지 않았던 이유는 정식 교육을 받지 못한 상태에서 독자적으로 수학을 연구했기 때문에 증명하는 습관이 없어서였다.

라마누잔이 다른 수학자들과 확연히 다른 점은, 기초적인 수학 교육을 받지 못했음에도 불구하고 고급 수학을 연구했다는 점과 그가 필요에 의해서 공식을 발견한 것이 아니라는 점이다.

대부분의 수학 공식은 어떤 목적을 가지고 만들어진다. 만약 어떤 추측이 증명됨으로써 수학의 여러 난제가 해결될 수 있다면(예를 들어 'ABC 추측'이 증명되면 '페르마의 마지막 정리' 같은 중요한 문제도 더 쉽게 증명할 수 있다), 수학자들은 그 추측이 참이라는 것을 밝혀내려 하고, 그렇게 연구를 하다 보면 어떤 공식이 만들어지는 것이다.

하지만 라마누잔은 달랐다. 라마누잔이 발견한 공식은 도출해내는 과정도, 필요한 이유도 없었다. 라마누잔은 자신의 공식에 대해 "꿈에서 만난 신이 알려주었다"라고 설명할 뿐이어서 공식이 만들어진 과정은 현재까지도 수수께끼로 남아 있다.

라마누잔이 발견한 공식은 신용카드의 보안 시스템, 인터넷 망 연구, 블랙홀 연구 등에 활용되고 있다. 하지만 그러한 공식은 라마누잔이 살던 시대에 필요해서 만들어진 것이 아니었다. 신용카드가 등장한 것은 1950년대의 일이고, 인터넷 망이 보급된 것은 그로부터 훨씬 이후의 일이다. 모두 라마누잔이 살던 시대에는 없던 것들이다.

현대에도 널리 활용되고 있는 공식들을 그렇게 오래전에 발견했다는 것은 매우 어려우면서도 가치 있는 일이지만, 수학에서는 증명되지 않은 공식은 '추측'에 불과하다고 본다. 하지만 라마누잔이 발견한 공식이 추측이 아닌 엄연한 공식으로서 현대까지 전해지고 활용되는 데에는 이유가 있다.

라마누잔이 찾은 공식을 대신 증명해준 사람이 있었던 것이다. 케임브리지대학교의 교수였던 수학자 하디가 바로 그 사람이다. 하디 교수가 라마누잔을 영국으로 불러들인 덕분에 현대의 우리는 라마누잔의 공식을 알 수 있게 되었다. 하지만 안타깝게도 라마누잔은 영국으로 거처를 옮긴 후 급격한 환경 변화 때문에 건강 상태가 악화되고 말았다.

라마누잔이 입원해 있을 때 하디가 병문안을 간 일화는 유명하다. 그때 하디가 타고 간 택시의 번호는 1729였는데, 하디는 아무 특징이 없는 평범한 숫자라고 생각했다. 하지만 택시 번호를 들은 라마누잔은 "평범하지 않아요. 매우 재미있는 숫자네요. **1729는 두 세제곱의 합으로 나타낼 수 있는 방법이 두 가지인 수 중에서 가장 작은 수입니다**"라고 답했다. 라마누잔이 말한 그 두 가지 방법은 다음과 같다.

$$1729 = 12^3 + 1^3 = 10^3 + 9^3$$

두 세제곱의 합으로 나타낼 수 있는 방법이 한 가지인 수로는 $2 = 1^3 + 1^3$, $9 = 2^3 + 1^3$, $28 = 3^3 + 1^3$과 같이 1729보다 작은 수가 있지만, 방법이 두 가지인 수는 아니다. 이 결과는 라마누잔이 스무 살 즈음에 계산해두었던 것으로, 그 때까지 기억하고 있었기 때문에 그렇게 답할 수 있었던 것이다.

이 일화가 전해지면서 1729는 '택시 수'라고 불리며 유명해지게 되었다.

제 **3** 장

수와 식에 관련된
수학 용어

# 정의, 정리, 공식, 명제

수학에서 중요한 용어들의 차이를 이해하자

내가 수험생이었던 1999년, 도쿄대학교에서 출제했던 문제는 지금까지도 회자되고 있다.

(1) 일반각 $\theta$에 대한 $\sin\theta$, $\cos\theta$를 정의하라.

(2) (1)에서 정의한 내용을 바탕으로 일반각 $\alpha$, $\beta$에 대하여 다음을 증명하라.

$$\sin(\alpha+\beta)=\sin\alpha\cos\beta+\cos\alpha\sin\beta$$

$$\cos(\alpha+\beta)=\cos\alpha\cos\beta-\sin\alpha\sin\beta$$

(1)은 삼각함수의 정의, (2)는 삼각함수의 덧셈정리를 증명하는 문제이다. 어렵게 꼰 문제가 아니라 교과서에 반드시 나오는 단순한 문제지만, 정답률은 매우 낮았다고 한다. 해답은 5장의 '14. 덧셈정리'에서 다룰 예정이다. 이 문제를 통해 많은 수험생들이 '정의'와 '정리'의 의미를 제대로 이해하지 못하고 있다는 점이 화제가 되었다.

초등학교나 중학교에서 정의나 정리라는 표현을 접하긴 했지만, 구체적으로 어떤 의미인지 알지 못한 채 문제 풀이만 했던 것으로 기억하는 사람도 있을 것이다. 여기서는 그러한 용어의 의미를 살펴보겠다.

우선 이러한 용어는 **규칙으로 정해진 것**(그렇다고 가정하는 것)과 **증명된 것**으로 나뉜다.

| 규칙으로 정해진 것(그렇다고 가정하는 것) | 증명된 것 |
| --- | --- |
| 정의, 공리 | 정리, 보조 정리, 공식, 명제 |

지금부터 각 용어에 대해 자세하게 알아보자.

**정의**  **용어의 의미를 서술한 것으로서, 규칙이나 약속을** 가리킨다.

1장에서 소개한 원주율은 '(원주) ÷ (원의 지름)'이라고 정의된다. 또 다른 예로, 2로 나누어떨어지는 정수를 짝수, 2로 나누어떨어지지 않는 (2로 나누면 1이 남는) 정수를 홀수라고 정의한다.

**공리**  **이유를 불문하고 참이라고 인정하는 것을 공리라고 한다.** 이론의 전제가 되는 가정이 없어도 또는 증명하지 않아도 참이라고 받아들여지는 것이라고 이해해도 좋다. 예를 들어, '아무리 큰 자연수 $n$이라고 해도 그 수의 다음 자연수인 $n+1$이 존재한다'도 공리이다.

**정리**  **공리에서 도출되었거나 정의된 용어로 구성되었으며 참이라는 것을 증명할 수 있는 문장이나 식을 정리라고 한다.** 앞서 예로 든 삼각함수의 덧셈정리 외에도 피타고라스 정리, 원주각과 중심각의 관계에 대한 정리 등이 있다.

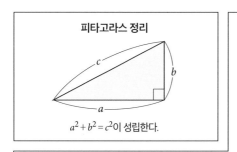

**피타고라스 정리**

$a^2 + b^2 = c^2$이 성립한다.

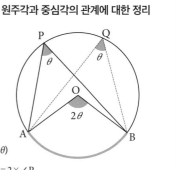

**원주각과 중심각의 관계에 대한 정리**

하나의 호(AB)에 대한 원주각의 크기는 일정하다. ∠P = ∠Q(= θ)
하나의 호(AB)에 대한 중심각의 크기는 원주각의 2배이다. ∠Q = 2 × ∠P

한편 증명이 끝났을 때는 '증명 끝'이라고 쓰는 것이 좋은데, 짧게 줄여서 써야 하는 경우도 있다. 그럴 때는 **증명이 끝났다는 것을 나타내기 위해 'Q. E. D.'라고 적거나 □나 ■ 등의 기호를 사용하기도 한다.**

'Q. E. D.'는 라틴어 'Quod Erat Demonstrandum('이상이 내가 증명하려는 내용이었다'라는 뜻-옮긴이)'에서 유래되었는데, 유클리드가 자신의 저서인 『원론』에서 사용하면서 널리 퍼지기 시작했다.

□와 ■는 할모스 기호라고 하는데 1950년에 수학자 폴 할모스가 수학적인 문맥에서 처음 사용한 데서 이름이 붙여졌다.

**보조 정리** 복잡하고 중요한 정리를 증명하기 위해 이용되는 정리를 가리킨다.

공식　　정리를 수식으로 표현한 것이다. 수를 나타내는 문자를 이용하여 간결하게 표현한 계산 규칙을 가리킨다. 예를 들면 다음과 같은 곱셈 공식이 있다.

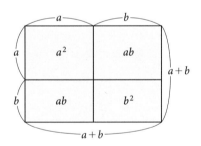

$$(a+b)^2 = a^2 + 2ab + b^2$$

명제　　객관적으로 참인지 거짓인지 판단할 수 있는 문장을 명제라고 한다. **명제는 'P이면 Q이다(P ⇒ Q)'라는 형식으로 표현될 때가 많은데, P를 가정, Q를 결과라고 한다.**

명제가 옳을 때는 참, 옳지 않을 때는 거짓이라고 한다. 수학에서는 명제가 참이라는 것을 증명하기 위하여 명제가 옳지 않은 예, 즉 반례를 열거함으로써 명제가 거짓임을 보인다.

프랑스의 수도는 파리이므로,

'프랑스의 수도' ⇒ '파리'는 참인 명제이다.

미국의 수도는 뉴욕이 아니므로,

'미국의 수도' ⇒ '뉴욕'은 거짓인 명제이다.

(미국의 수도는 워싱턴 D.C.이다.)

# 결합법칙, 교환법칙, 분배법칙

세 법칙이 의미하는 것

교과서에 실린 법칙 중에는 왜 필요한지 이해되지 않는 것들도 있다. 그중 하나가 **결합법칙**인데, 참고서에서는 다음 식과 같이 괄호를 붙여서 나타낸다.

$$a+b+c=(a+b)+c=a+(b+c)$$

$$abc=(ab)c=a(bc)$$

위의 두 식에서 괄호가 어떤 의미인지 알아보자. 예를 들어 다음과 같은 문제가 있다.

$$① \ 3+4×5 \qquad ② \ (3+4)×5$$

①은 $4×5$를 먼저 계산하고, ②는 괄호 안을 먼저 계산한다.

$$① \ 3+4×5=3+20=23$$

$$② \ (3+4)×5=7×5=35$$

①, ②에서 알 수 있듯이, 계산식에 괄호가 있는 경우에는 괄호 안부터 계산한다. 즉 가장 먼저 해야 하는 계산, 우선적으로 해야 하는 계산에 괄호를 붙이는 것이다. 그렇다면 결합법칙의 괄호가 어떤 의미인지 알아보기 위해 '$a+b+c$'와 같이 항이 3개인 경우를 예로 들어 살펴보자.

'$48+63+37$'이라는 식을 보자. 이 식이 주어지면 아무리 암산의 달인이라고 해도 한 번에 계산하지는 못할 것이다. 왼쪽부터 순서대로 계산하여 $48+63+37=111+37=148$이라고 하는 사람이 있는가 하면, 계산하기 쉽도록 오른쪽부터 계산하여 $48+63+37=48+100=148$이라고 하는 사람도 있을 것이다.

이 계산을 자세히 풀어서 쓰면 다음과 같다.

$$48+63+37=(48+63)+37=111+37=148$$
$$48+63+37=48+(63+37)=48+100=148$$

괄호는 가장 먼저 해야 하는 계산, 우선적으로 해야 하는 계산에 붙이는 기호인데, 괄호를 처음 두 항($48+63$)에 붙여서 계산하든 뒤의 두 항($63+37$)에 붙여서 계산하든 결과는 동일하다. '괄호를 어디에 붙여도' 계산 결과는 같으니까 계산을 어디서부터 시작해도 상관없다는 뜻이다. 즉 다음과 같이 정리할 수 있다.

**'결합법칙은 계산 순서를 자유롭게 정할 수 있다는 뜻이다.'**

앞서 결합법칙의 예를 들면서 '덧셈'과 '곱셈'의 결합법칙만 소개하고, 뺄셈과 나눗셈의 예는 들지 않았다. 그 이유는 **'뺄셈'과 '나눗셈'은 결합법칙이 성립하지 않기 때문**이다.

예를 들어 '$72 \div 12 \div 3$'을 계산할 때, 왼쪽부터 순서대로 계산하면 다음과 같이 옳은 결과가 나온다.

$$72 \div 12 \div 3=(72 \div 12) \div 3=6 \div 3=2$$

하지만 오른쪽부터 순서대로 계산하면 다음과 같이 잘못된 결과가 나온다.

$$72 \div 12 \div 3 = 72 \div (12 \div 3) = 72 \div 4 = 18$$

뺄셈도 이와 마찬가지로, 왼쪽부터 순서대로 계산하는 것만 가능하다. 한편 나눗셈은 결합법칙이 성립하지 않지만 곱셈은 결합법칙이 성립한다는 성질을 활용하면, 나눗셈을 '역수의 곱셈(뒤집어서 곱하기)'으로 바꿈으로써 다음 식과 같이 계산 순서를 바꾸어도 같은 결과가 나오도록 만들 수 있다.

$$72 \div 12 \div 3 = 72 \times \frac{1}{12} \times \frac{1}{3} = \left(72 \times \frac{1}{12}\right) \times \frac{1}{3} = 6 \times \frac{1}{3} = 2$$

$$72 \div 12 \div 3 = 72 \times \frac{1}{12} \times \frac{1}{3} = 72 \times \left(\frac{1}{12} \times \frac{1}{3}\right) = 72 \times \frac{1}{36} = 2$$

교환법칙은 다음과 같이 두 수의 위치를 바꾸어도 같은 결과를 얻을 수 있다는 법칙이다.

$$a + b = b + a$$

$$ab = ba$$

결합법칙과 마찬가지로, 덧셈과 곱셈에서는 성립하지만, 뺄셈과 나눗셈에서는 성립하지 않는다.

덧셈: $5 + 2 = 2 + 5$ ⟹ 교환법칙이 성립한다

곱셈: $6 \times 3 = 3 \times 6$ ⟹ 교환법칙이 성립한다

뺄셈: $5 - 2 \neq 2 - 5$ ⟹ 교환법칙이 성립하지 않는다

나눗셈: $6 \div 3 \neq 3 \div 6$ ⟹ 교환법칙이 성립하지 않는다

당연한 말이지만, 수학뿐만 아니라 일상생활에서도 교환법칙이 성립하는 경우는 많지 않다. 수학에서는 교환법칙이 성립하는 문제를 많이 풀기는 하지만, 실제로 교환법칙이 성립하지 않는 경우가 더 많기 때문에 성립하는 쪽에 특별히 이름을 붙여주는 것이다.

목욕을 한 후에 야식을 먹는 것과 야식을 먹은 후에 목욕을 하는 것은 같지만, 속옷을 입은 후에 옷을 입는 것과 옷을 입은 후에 속옷을 입는 것은 다르다. 양말을 신은 후에 신발을 신는 것과 신발을 신은 후에 양말을 신는 것도 마찬가지로 다르다.

이렇듯 일상생활에서도 실행하는 순서를 바꾸었을 때 결과가 이상해지는 일은 얼마든지 더 찾을 수 있다. 그러니 순서를 바꾸어도 결과가 달라지지 않는 것은 특별한 일이다.

**분배법칙**은 다음 식과 같이 **괄호가 있는 곱셈을 풀 때 이용된다**. 분배법칙은 '**세로 길이×가로 길이 = 직사각형의 넓이**'로 설명할 수 있다.

$$a(b+c) = ab+ac$$

세로 길이×가로 길이 $= ① + ②$

직사각형의 넓이

$$(a+b)c = ac+bc$$

$$(a+b)(c+d) = ac+ad+bc+bd$$

세로 길이×가로 길이 $= ③ + ④ + ⑤ + ⑥$

직사각형의 넓이

앞서 다음과 같은 곱셈 공식을 소개했다.

$$(a+b)^2 = a^2 + 2ab + b^2$$

이 식도 $(a+b)^2 = (a+b)(a+b)$라고 바꾸면 위의 $(a+b)(c+d)$와 같은 방식으로 계산되었다는 것을 알 수 있다.

## 절댓값

수직선과 좌표평면에서 절댓값을 정의한다

절댓값을 처음 접하는 것은 중학교 수학에서 양수와 음수를 다룰 때인데, 음수에서 마이너스 부호를 떼어 양수로 만드는 것이라고 기억하는 사람이 많을 것이다. 예를 들어 $-3$의 절댓값은 마이너스 부호를 뗀 결과인 $|-3|=3$이 된다.

물론 절댓값은 마이너스를 플러스로 만드는 기호로, 구체적인 수의 절댓값이라면 그 정도로만 이해해도 문제 될 것이 없다. 하지만 $x$와 같이 양수인지 음수인지 알 수 없는 미지수가 포함된 식이나 응용 문제에서는 어려움이 있을 수 있으므로, 지금부터 절댓값을 정확하게 정의해보자.

**절댓값은 원점 O로부터 떨어진 거리를 나타내는 값**이다. 다음 수직선을 보자.

$|2|$ 는 원점 O와 점 A$(2)$ 사이의 거리이므로 2이다.

$|-2|$ 는 원점 O와 점 B$(-2)$ 사이의 거리이므로 2이다.

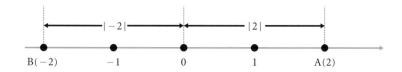

절댓값은 '원점 O로부터 떨어진 거리'라고 정의하면 절댓값을 시각적으로 떠올릴 수 있다. 또한 $a$, $b$와 같이 양수인지 음수인지 알 수 없는 문자라도 절댓값을 사용하면 모두 양수로 취급할 수 있다.

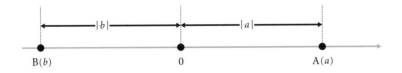

지금까지는 1차원인 수직선을 이용했는데, 이제 2차원인 좌표평면에서 절댓값의 의미를 알아보자. 다음 그림과 같이 P$(a, b)$라는 점이 있을 때, 피타고라스 정리를 사용하면 원점 O와 점 P 사이의 거리 OP는 $\sqrt{a^2+b^2}$이다.

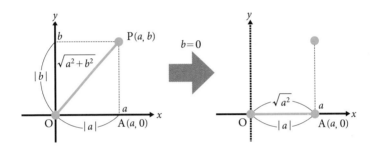

여기서 $b=0$이라고 하면 두 점 사이의 거리는 $\sqrt{a^2+b^2}=\sqrt{a^2}\cdots$①이 된다. 점 P에서 $b=0$인 것이 점 A이니까, 원점 O와 점 A 사이의 거리는 $|a|\cdots$②이며, ①과 ②의 거리는 같으므로 $\sqrt{a^2}=|a|$가 된다. 이 식은 문자가 포함된 식의 루트를 제거할 때 활용된다.

'$\sqrt{a^2}=a$'라고 외우고 있는 사람도 있을 것이다. 하지만 이 식은 $a$가 0 이상인 경우에만 성립한다. 예를 들어 $a=-5$이면 $\sqrt{(-5)^2}=-5$가 아니라 $\sqrt{(-5)^2}=|-5|$ $=5$이다.

마지막으로 3차원인 공간에서 절댓값의 의미를 알아보자. Q$(a, b, c)$라는 점이 있을 때, 피타고라스 정리를 두 번 사용하면 원점 O와 점 Q의 거리 OQ는 $\sqrt{a^2+b^2+c^2}$이다.

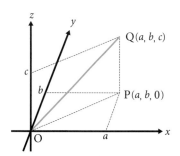 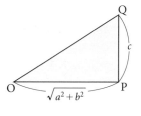

$$OQ^2 = OP^2 + PQ^2 = (\sqrt{a^2 + b^2})^2 + c^2 = a^2 + b^2 + c^2$$

따라서 $OQ = \sqrt{a^2 + b^2 + c^2}$이다.

수학 용어

수와 식에 관련된

**가우스 기호**

올림, 내림, 반올림을 수식으로 표현한다

일상생활에서는 수를 어림잡아서 파악하기 위해 내림(버림), 올림, 반올림을 이용하는데, 이를 표현할 때 활용하는 기호가 **가우스 기호** [ ]이다.

**가우스 기호는 '내림'을 나타내는 기호로, 실수 $x$에 대하여 $x$의 정수 부분인 $n$을 $[x]$라고 표현한다.** 가우스 기호는 1808년에 가우스가 정수론에 관련된 논문에서 처음으로 사용했고, 그래서 가우스의 이름이 붙여졌다. 내림을 나타내는 기호이므로 다음과 같이 밑줄 친 소수 부분을 버릴 수 있다.

$$0{\sim}0.99999\cdots\cdots \implies 0 \qquad 3{\sim}3.99999\cdots\cdots \implies 3$$
$$1{\sim}1.99999\cdots\cdots \implies 1 \qquad 4{\sim}4.99999\cdots\cdots \implies 4$$
$$2{\sim}2.99999\cdots\cdots \implies 2 \qquad 5{\sim}5.99999\cdots\cdots \implies 5$$

몇 가지 예를 통해 가우스 기호를 제거해보자. 자연수는 버려야 하는 소수 부분이 없으므로 그대로 가우스 기호가 제거된다.

$$[1.75] = 1 \qquad [2.83] = 2 \qquad [3] = [3.000\cdots\cdots] = 3$$

1.75의 소수 부분인 0.75, 2.83의 소수 부분인 0.83이 버려졌으므로 가우스 기호가 '내림'을 나타내는 기호라는 것을 확인할 수 있다. 한편 **실수의 소수 부분**

은 0 이상 1 미만인 값이다. 정수 부분만 있는 3은 그대로 가우스 기호가 제거된다.

원주율 $\pi$와 같은 무리수도 가우스 기호를 이용하면 소수 부분을 제거할 수 있으므로 정수가 된다.

$$[\sqrt{3}] = [1.7320508\cdots\cdots] = 1 \qquad [\pi] = [3.1415926535\cdots\cdots] = 3$$

가우스 기호를 사용했을 때의 결과를 수직선에서 나타내보면, 다음 그림과 같이 왼쪽 가까이에 있는 정수에 해당한다. 이런 식으로 감을 잡는 것이 중요하다.

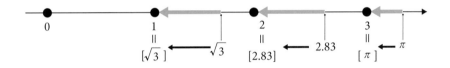

다음으로 음수에 가우스 기호를 사용한 경우를 살펴보자. $[-1.75]$는 어떤 값이 될까?

$[1.75] = 1$이지만 $[-1.75] = -1$이 아니다.

이 경우에 $[-1.75] = [-1 - 0.75\cdots\cdots]$와 같이 분해하여 정수 부분을 꺼내려고 하면 문제가 발생한다. 실수의 소수 부분은 0 이상 1 미만인 값이므로 $-0.75$는 그 조건에 맞지 않기 때문이다. 따라서 소수 부분을 0 이상 1 미만인 값으로 만들기 위해 정수 부분을 $-1$에서 $-2$로 조정해야 한다. 따라서 $[-1.75] = [-2 + 0.25]$와 같이 정수 부분과 소수 부분으로 분해되므로 $[-1.75] = -2$가 된다. 또 다른 예를 살펴보자.

'자연로그의 밑'이라고 하는 $e = 2.718281828\cdots\cdots$에 마이너스 부호를 붙인 $-e$를 가우스 기호에 넣은 $[-e]$는 다음과 같다.

$$[-e] = [-2.718281828\cdots\cdots] = [-3 + 0.28171817\cdots\cdots] = -3$$

음수에 가우스 기호를 사용하는 것은 바로 이해하기 어려울 수 있으나, 수직선을 활용하면 이해하는 데 도움이 된다.

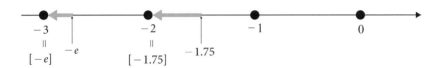

한편 소수 부분도 가우스 기호를 이용하여 나타낼 수 있다.

어떤 수 $x$에서 정수 부분은 $[x]$이니까 전체$(x)$에서 정수 부분인 $[x]$를 빼면 소수 부분이 되므로 $x-[x]$라고 나타내면 된다.

$$x = [x] + (\text{소수 부분}) \longrightarrow [x]\text{를 이항한다} \longrightarrow (\text{소수 부분}) = x - [x]$$

구체적인 예를 들어보면, 1.75의 소수 부분인 0.75는 $1.75 - 1 = 0.75$인데, $x = 1.75$라고 하면 $[x] = [1.75] = 1$이므로 $x - [x] = 1.75 - 1 = 0.75$이다. 원주율 $\pi$의 경우에는 $[\pi] = 3$이므로 $\pi - [\pi] = \pi - 3$이다.

가우스 기호와 같은 역할을 하는 것으로서 바닥함수라는 것이 있는데, $\lfloor x \rfloor$와 같이 나타낸다. $\lfloor x \rfloor = [x]$이므로 $\lfloor 1.75 \rfloor = 1$이다.

지금까지는 수의 '내림'을 가우스 기호를 이용하여 나타냈다. 이제부터 수의 '올림'을 가우스 기호로 나타내는 방법을 알아보자.

예를 들어 1.75는 소수 부분을 올림 하면 2가 된다. 하지만 가우스 기호를 이용하면 $[1.75] = 1$이 된다. 가우스 기호를 활용하여 2로 만들려면 어떻게 해야 할까?

바로 음수를 이용하면 된다. 앞서 $[-1.75] = -2 \cdots$①라고 했다. 마이너스 부호가 붙기는 했지만 1.75와 2의 관계식이 만들어졌다. 마이너스 부호를 없애면 목적이 달성되므로 식 ①의 양변에 −1을 곱하면 −[−1.75]=2가 되어 '올림'을 표현할 수 있다.

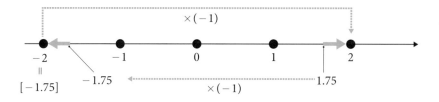

식으로 표현하면 −[−$x$]이다. 중력 가속도인 $g$≒9.80665를 올림 하여 10으로 만들려면 −[−$g$]라고 하면 된다. 다음과 같은 과정을 통해 직접 확인할 수 있다.

$$-[-g] = -[-9.80665] = -(-10) = 10$$

이렇듯 가우스 기호를 활용하여 올림을 나타낼 수도 있지만, 올림 역할만 하는 것도 있다. 바로 천장함수인데 $\lceil x \rceil$와 같이 나타낸다. 예를 들어 $\lceil -1.75 \rceil$ = −1, $\lceil g \rceil$ = 10이다.

다음으로 반올림에 대해 알아보자. 반올림은 숫자를 깔끔하게 나타내는 방법 중 하나로, 구하려는 자리의 한 자리 아래 숫자가 4 이하(4, 3, 2, 1, 0)이면 내리고 5 이상(5, 6, 7, 8, 9)이면 올려서 한 자리 위의 수에 1을 더하는 것이다. 구체적으로 표현하면 다음과 같다.

0.5~1.499999……를 반올림하면 1

1.5~2.499999……를 반올림하면 2

2.5~3.499999……를 반올림하면 3

3.5~4.499999……를 반올림하면 4

반올림과 가우스 기호의 관계를 살펴보면, 0.5만큼 차이가 난다는 것을 알수 있다.

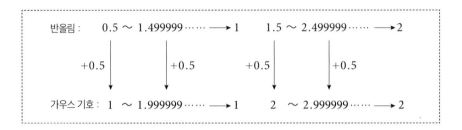

따라서 $[x+0.5]$라고 표현함으로써 반올림을 나타낼 수 있다. 구체적인 예를들어 확인해보자.

4.3을 반올림하면 4이고, 4.7을 반올림하면 5인데, 가우스 기호를 이용하여다음과 같이 나타내면 원하는 결과를 얻을 수 있다.

$$[4.3+0.5] = [4.8] = 4$$
$$[4.7+0.5] = [5.2] = 5$$

# 05

# 집합

수학의 밑바탕이 되는 집합의 용어를 이해하자

범위가 분명하게 정해진 것들의 모임을 집합이라고 하며, **집합을 구성하는 하나하**
**나의 요소**를 집합의 원소라고 한다. 일본에서는 고등학교까지는 '요소'라고 하
고, 대학교 이후에는 '원소'라고 하는 경우가 많다(우리나라에서는 모두 '원소'라고
칭한다-옮긴이).

전체집합은 'Universal set'라고 하므로 $U$로 나타내는 경우가 많다.

한 자리 자연수(1부터 9까지의 자연수)의 집합을 $U$라고 하면 다음과 같이 나타
낼 수 있다.

$$U = \{1, 2, 3, 4, 5, 6, 7, 8, 9\}$$

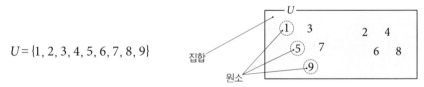

집합을 구성하는 1, 2, 3, ……, 9가 이 집합의 원소이다. 이렇듯 **원소를 하나씩**
**열거하여 나타내는 방식**을 원소 나열법이라고 한다.

**집합의 원소 $a$가 집합 $A$에 포함되어 있을 때 '$a$는 집합 $A$에 속한다'고 하며, $a \in A$라고**
**표현한다. $b$가 집합 $A$의 원소가 아닐 때는 $b \notin A$라고 표현한다.** 구체적인 예를 들면
다음과 같다.

$U = \{1, 2, 3, 4, 5, 6, 7, 8, 9\}$에 1과 2가 포함되므로 $1 \in U$, $2 \in U$

$U = \{1, 2, 3, 4, 5, 6, 7, 8, 9\}$에 0과 $-1$은 포함되지 않으므로 $0 \notin U$, $-1 \notin U$

집합 A의 원소 중에서 홀수인 원소의 집합을 S, 짝수인 원소의 집합을 T라고 해보자.

$S = \{1, 3, 5, 7, 9\}$

$T = \{2, 4, 6, 8\}$

위의 그림을 보면 집합 S와 T는 집합 U에 포함되어 있다는 것을 알 수 있다. 이때 집합 S와 T는 집합 U의 **부분집합**이라고 하며, 집합 사이에 포함하거나 포함되는 관계를 **포함 관계**라고 한다.

이렇게 구체적인 예가 있는 경우에는 부분집합을 구하는 것이 어렵지 않지만, 수학에서는 추상적인 집합을 다룰 때가 있다. 그런 경우에는 수학 용어를 가지고 부분집합을 이해하는 것이 중요하므로 지금부터 집합과 관련된 용어의 정의를 소개하겠다.

집합 S의 모든 원소가 집합 U의 원소일 때, 즉 '$x \in S$'이면 '$x \in U$'가 성립할 때, **집합 S는 집합 U의 부분집합이라고 하며 $S \subset U$라고 표현한다.** 예를 들어 $S = \{1, 3, 5, 7, 9\}$의 원소는 모두 $U = \{1, 2, 3, 4, 5, 6, 7, 8, 9\}$의 원소이므로 $S \subset U$이다.

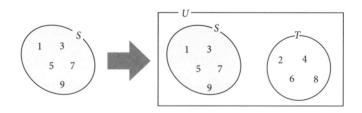

한편 위의 오른쪽 그림처럼 **둘 이상의 집합 사이의 관계를 시각적으로 나타낸 것을** **벤 다이어그램**이라고 한다.

다음으로 $T = \{2, 4, 6, 8\}$의 원소도 모두 $U = \{1, 2, 3, 4, 5, 6, 7, 8, 9\}$의 원소이므로 $T \subset U$이다.

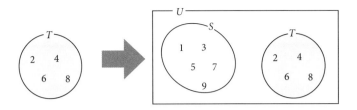

이 집합은 원소의 개수가 많지 않기 때문에 하나씩 열거할 수 있지만, 원소의 개수가 많은 경우에는 이렇게 나타내기 힘들다. 그럴 때는 다음과 같이 원소가 만족해야 하는 조건을 제시하는 방법인 **조건제시법**을 이용하면 된다.

$$S = \{n \mid n \text{은 한 자리 자연수 중에서 홀수인 수}\}$$
$$T = \{n \mid n \text{은 한 자리 자연수 중에서 짝수인 수}\}$$

다음으로 합집합과 교집합(공통부분)에 관해 알아보자.

**두 집합 $A$, $B$에 대하여, 집합 $A$와 $B$를 합한 집합**을 합집합이라 하며, $A \cup B$(∪는 '컵'이나 '또는'이라고 읽는다)**와 같이 나타낸다. 또한 집합 $A$와 $B$의 공통부분**을 교집합이라 하며, $A \cap B$(∩는 '캡'이나 '그리고'라고 읽는다)**와 같이 나타낸다.** 벤 다이어그램으로 나타내면 다음 그림과 같다.

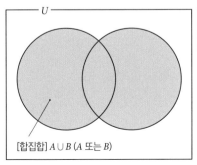

[합집합] $A \cup B$ ($A$ 또는 $B$)

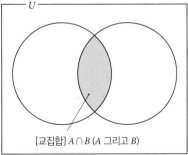

[교집합] $A \cap B$ ($A$ 그리고 $B$)

주사위를 던져서 나온 수를 예로 들어 생각해보자. 전체집합은 $U = \{1, 2, 3, 4, 5, 6\}$이고, 집합 $A$는 짝수($A = \{2, 4, 6\}$), 집합 $B$는 4 이하의 수($B = \{1, 2, 3, 4\}$)라고 하자.

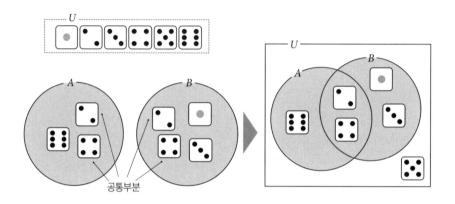

벤 다이어그램을 보면 교집합은 $A \cap B = \{2, 4\}$, 합집합은 $A \cup B = \{1, 2, 3, 4, 6\}$이라는 것을 알 수 있다. 한편 5는 집합 $A$와 $B$ 중 어느 쪽에도 속하지 않는다. 이런 원소로 이루어진 집합을 여집합이라고 한다.

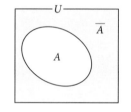

**여집합**은 **전체집합이 $U$이고 $U$의 부분집합이 $A$일 때, 전체집합 $U$에서 집합 $A$를 뺀 집합으로, $\overline{A}$ 또는 $A^c$**(compliment의 c)**라고 나타낸다.** 여집합 $\overline{A}$는 $A$에 포함되지 않는 것들의 집합이라고도 말할 수 있다. 여집합 $\overline{A}$는 전체집합 $U$에서 집합 $A$를 뺀 집합이므로 집합 $A$와 공통부분이 없다($A \cap \overline{A} = \varnothing$).

이를 조건 제시법으로 나타내면 $\overline{A} = \{x \mid x \in U$ 그리고 $x \notin A\}$이다.

한편 **집합 $A$의 원소의 개수가 유한할 때, 원소의 개수는 $n(A)$ 또는 #$A$라고 표현한다.**

전체집합 $U = \{1, 2, 3, 4, 5, 6, 7, 8, 9\}$의 원소의 개수는 9, 홀수의 집합인 부분집합 $S$의 원소의 개수는 5, 짝수의 집합인 부분집합 $T$의 원소의 개수는 4이므로, 다음과 같이 나타낼 수 있다.

$n(U)=9,\ n(S)=5,\ n(T)=4$

$\#U=9,\ \#S=5,\ \#T=4$

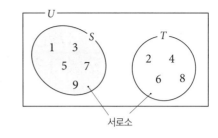

서로소

한편 집합 $S$와 $T$는 공통인 원소가 없다. **집합 사이에 공통인 원소가 없는 경우**를 서로소라고 한다. 집합에서는 **원소가 아예 없는 집합**을 공집합이라 하고 $\varnothing$이라고 나타낸다. 그리스 문자 $\phi$(파이)와 비슷하지만 다른 기호이다.

서로소는 공통부분이 없으므로 $S\cap T=\varnothing$이라고 나타낼 수도 있다.

# 06

## 거듭제곱, 지수, 차수, 멱승, 오름차순, 내림차순

### 지수와 거듭제곱의 차이

중학교 수학 과정에서는 $3 \times 3 \times 3 \times 3 \times 3$을 $3^5$(3의 5제곱)으로 간단하게 나타내는 거듭제곱을 배운다. 거듭제곱은 말 그대로 거듭해서 곱한다는 뜻이다(거듭하여(累) 곱한다(乘)고 하여 누승(累乘)이라고도 한다). 거듭제곱에는 각 부분에 해당하는 용어가 있는데, $3^5$에서 5에 해당하는 부분을 지수라 하고, 3에 해당하는 부분을 밑이라고 한다. 한편 $3^3$, $3^4$, $3^5$과 같은 표현법을 도입한 것은 데카르트라고 알려져 있다.

물론 $3^5$ 정도는 거듭제곱 형식으로 만들지 않고 곱셈을 그대로 적을 수 있지만, 아보가드로수(어떤 물질 1몰에 들어 있는 입자의 수-옮긴이)인 '60000000000000 0000000000'이라면 어떨까? 일일이 적기도 불편하고 0을 하나라도 빠뜨릴까봐 걱정이 될 것이다. 아보가드로수를 읽어보면 '6000해'인데 '해'는 평소에 거의 사용할 일이 없기 때문에 어느 정도인지 가늠이 안 될 가능성이 높다. 그런 수를 나타낼 때 활용하는 것이 지수이다.

지수는 **일상생활에서 자주 사용하지 않는 아주 큰 수나 아주 작은 수를 자주 사용하는 수로 바꿔주는 역할을 한다.** 아보가드로수는 다음과 같이 짧게 표현할 수 있다.

$$6\underbrace{00000000000000000000000}_{\text{0이 23개}} = 6 \times 10^{23}$$

그럼 다음과 같은 예를 살펴보자.

$$a \times a \times a \times b \times b = a^3 b^2 \quad \begin{array}{l} a\text{의 지수는 } 3 \\ b\text{의 지수는 } 2 \end{array}$$

이 경우에 $a$의 지수는 3, $b$의 지수는 2이다.

이 예에서는 $a$와 $b$를 합하여 총 5개의 문자를 곱하고 있는데, 이때 5를 가리키는 용어가 차수이다. 차수는 **문자식 전체에서 문자를 곱한 수**를 가리키는 말로, $x^3 y^2$은 5차식이다.

고등학교 수학에서는 $\sqrt{3} = 3^{\frac{1}{2}}$처럼 지수 부분이 자연수가 아닌 경우도 다룬다. 거듭제곱은 곱셈을 한 '횟수'를 나타내기 때문에 $\sqrt{3}$을 3의 거듭제곱으로 나타내는 것이 자연스럽지 않아 보인다. 그런 경우에 사용하는 것이 **멱승**이다 (우리나라에서는 고등학교에서 지수함수를 배울 때 지수 부분이 자연수가 아닌 경우를 다루지만, 용어를 구분하여 사용하지는 않는다-옮긴이). 멱승은 **지수 부분이 자연수가 아닌 경우에도 활용**할 수 있으므로 $\sqrt{3}$은 3의 멱승이라고 표현할 수 있다.

$x$의 멱승

$$x^0, \quad x^{\frac{1}{2}}, \quad x^{\frac{2}{3}}, \quad x^{-1}, \quad x^{-2}, \quad x^{-3}, \quad x^{\sqrt{2}}, \quad x^{\pi}, \quad \cdots$$

$x$의 누승

$$x^1, \quad x^2, \quad x^3, \quad x^4, \quad x^5, \quad x^6, \quad \cdots$$

요즘 일본에서는 중학교나 고등학교에서 멱승을 누승(즉 거듭제곱)으로 바꿔서 사용하고 있는데, '멱'이라는 표현이 사라지는 것이 왠지 아쉽기도 하다.

예를 들어 다항식에서 **차수가 낮은 것부터 높은 것 순으로 나열하는 방식**을 '오름차순'이라 하고, **차수가 높은 것부터 낮은 것 순으로 나열하는 방식**을 '내림차순'이라 하는데, 예전에는 오름차순을 승멱순, 내림차순을 강멱순이라고 표현했다.

차수가 낮은 것에서 높은 것 순으로

오름차순: $1 + x + x^2 + x^3 + x^4 = x^0 + x^1 + x^2 + x^3 + x^4$

차수가 높은 것에서 낮은 것 순으로

내림차순: $x^4 + x^3 + x^2 + x + 1 = x^4 + x^3 + x^2 + x^1 + x^0$

$(1$은 $x^0$, $x$는 $x^1$이다.$)$

# 필요조건, 충분조건, 필요충분조건
일상적인 표현으로 이해하자

'$p$이면 $q$이다($p \Rightarrow q$)'라는 형태의 명제가 참일 때 다음과 같이 표현한다.

$q$는 $p$가 성립하기 위한 필요조건

$p$는 $q$가 성립하기 위한 충분조건

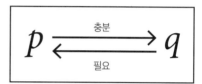

즉 다음과 같이 정리할 수 있다.

$p \Rightarrow q$가 참일 때, $p$는 충분조건, $q$는 필요조건

$q \Rightarrow p$가 참일 때, $q$는 충분조건, $p$는 필요조건

'$p \Rightarrow q$'가 참이고 '$q \Rightarrow p$'도 참일 때 $p$와 $q$는 서로 필요충분조건이라고 하며 $p \Leftrightarrow q$와 같이 나타낸다.

**'최소한 충족해야 하는 조건'이 필요조건이고, '그것만 충족하면 충분한 조건, 여러 조건 중 하나에 해당하는 조건'이 충분조건이다.** 필요조건의 반대가 충분조건이므로, 필요조건이 무엇인지 알면 충분조건도 이해할 수 있다.

필요조건과 충분조건은 헷갈리기 쉬우므로 구체적인 예를 통해 알아보도록 하자. 지금부터 최근 인기를 끌고 있는 과일인 샤인머스캣을 이용하여 필요조건과 충분조건에 대해 살펴보겠다. 우선 다음 명제는 참이다.

$$\text{'샤인머스캣}(p)\text{'} \Rightarrow \text{'과일}(q)\text{'}$$

'샤인머스캣$(p)$'은 여러 '과일$(q)$' 중 하나이므로(즉 여러 조건 중 하나에 해당하므로) 충분조건이다. 그 반대는 필요조건이므로 다음과 같이 정리할 수 있다.

'샤인머스캣'은 '과일'이기 위한 충분조건…①
'과일'은 '샤인머스캣'이기 위한 필요조건…②

충분
샤인머스캣 ⇄ 과일
필요

$p$를 나타내는 집합을 $P$, $q$를 나타내는 집합을 $Q$라고 하면 집합의 포함 관계로 표현할 수 있다. 포함 관계를 이용하여 필요조건과 충분조건을 나타내면 이해하는 데 도움이 된다.

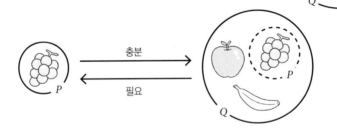

수식을 예로 들어보자. $x^2 = 4$를 풀면 $x = \pm 2$이므로, '$x = 2$' $\Rightarrow$ '$x^2 = 4(\Leftrightarrow x = \pm 2)$'는 참이다.

'$x = 2$'는 '$x^2 = 4(\Leftrightarrow x = \pm 2)$'의 해 중에서 하나이므로(즉 여러 조건 중 하나에 해당하므로) 충분조건이다. 그 반대가 필요조건이므로 다음과 같이 정리할 수 있다.

$$\text{`}x=2\text{'} \xrightarrow{\text{충분}} \xleftarrow{\text{필요}} \text{`}x^2=4(\Leftrightarrow x=\pm2)\text{'}$$

‘$x=2$’는 ‘$x^2=4(\Leftrightarrow x=\pm2)$’가 성립하기 위한 충분조건

‘$x^2=4(\Leftrightarrow x=\pm2)$’는 ‘$x=2$’가 성립하기 위한 필요조건

앞에서는 '샤인머스캣($p$)이면 과일($q$)이다'라는 예를 통해 '$p$이면 $q$이다 ($p \Rightarrow q$)'라는 형태의 명제에 대해 알아보았다.

'$p$이면 $q$이다($p \Rightarrow q$)'라는 명제에 대하여, $p$와 $q$의 순서를 바꾼 명제인 '$q$이면 $p$이다($q \Rightarrow p$)'를 명제의 '역' 이라고 한다. 앞의 예를 활용하여 나타내면 '과일 ($q$)이면 샤인머스캣($p$)이다'가 된다.

역

$p$와 $q$의 순서를 바꾼다

'$p$이면 $q$이다($p \Rightarrow q$)'라는 명제에 대하여, $p$와 $q$를 부정한 명제인 '$\overline{p}$이면 $\overline{q}$이다($\overline{p} \Rightarrow \overline{q}$)'를 명제의 '이'라 고 한다. 앞의 예를 활용하여 나타내면 '샤인머스 캣이 아니면($\overline{q}$) 과일이 아니다($\overline{p}$)'가 된다.

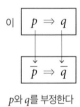

이

$p$와 $q$를 부정한다

'$p$이면 $q$이다($p \Rightarrow q$)'라는 명제에 대하여, $p$와 $q$의 순서를 바꾼 후에 부정한 명제인 '$\overline{q}$이면 $\overline{p}$이다($\overline{q} \Rightarrow \overline{p}$)' 를 명제의 '대우'라고 한다. 앞의 예를 활용하여 나 타내면 '과일이 아니면($\overline{q}$) 샤인머스캣이 아니다 ($\overline{p}$)'가 된다.

대우

$p$와 $q$의 순서를 바꾼 후 부정한다

이러한 관계를 정리하면 다음 그림과 같다.

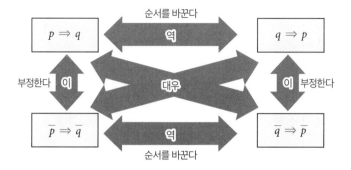

지금부터 참인 명제 $p \Rightarrow q$의 역, 이, 대우에 대하여 자세히 살펴보자. 예로 사용할 명제는 ① '샤인머스캣$(p) \Rightarrow$ 과일$(q)$'과 ② '$x > 3(p) \Rightarrow x > 0(q)$'이다.

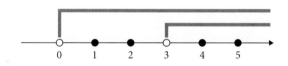

명제 ①의 역('$q$이면 $p$이다')은 '과일$(q) \Rightarrow$ 샤인머스캣$(p)$'인데, 과일에는 샤인머스캣뿐만 아니라 포도, 바나나, 오렌지 등 여러 가지가 있으므로 이 명제는 거짓이다. 이 예를 포함하여, **명제의 역은 원래의 명제와 참, 거짓이 일치하지 않는 경우가 많다.** 수식이 포함된 명제 ②의 역도 살펴보자.

명제 ②의 역('$q$이면 $p$이다')은 '$x > 0(q) \Rightarrow x > 3(p)$'인데, $x$가 0보다 클 때 언제나 $x$는 3보다 큰 것이 아니라 $x = 1$, $x = 2$라는 반례가 존재한다.

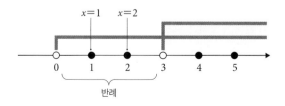

명제 ①의 이('$\overline{p}$이면 $\overline{q}$이다')는 '샤인머스캣이 아니면($\overline{p}$) 과일이 아니다 ($\overline{q}$)'인데, 명제의 역과 마찬가지로 샤인머스캣이 아니어도 포도, 바나나, 오렌지 등의 과일이 있으므로 이 명제는 거짓이다. 이 예를 포함하여, **명제의 이는 원래의 명제와 참, 거짓이 일치하지 않는 경우가 많다.**

'실생활에서 수학은 도움이 되지 않는다' $\Rightarrow$ '수학 공부를 하지 않는다'

이렇게 생각하는 학생들이 있을 것이다. 그런 학생들에게 실생활에서 수학이 도움이 되도록 지도하려고 아무리 노력해도 소용이 없다는 것은 다음과 같이 이 명제의 이가 참이 아닌 것을 보면 알 수 있다.

'실생활에서 수학은 도움이 된다' $\Rightarrow$ '수학 공부를 한다'

수식이 포함된 명제 ②의 이도 살펴보자.

명제 ②의 이('$\overline{p}$이면 $\overline{q}$이다')는 '$x \leq 3(\overline{p}) \Rightarrow x \leq 0(\overline{q})$'인데, $x$가 3 이하일 때 언제나 $x$는 0 이하인 것이 아니라 $x = 1$, $x = 2$라는 반례가 존재한다.

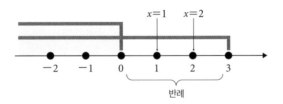

명제 ①의 대우('$\overline{q}$이면 $\overline{p}$이다')는 '과일이 아니다($\overline{q}$) $\Rightarrow$ 샤인머스캣이 아니다($\overline{p}$)'가 된다. **이 명제는 참이다. 대우의 참, 거짓은 원래의 명제와 일치한다.** 이 성질은 매우 중요하다. 수식이 포함된 명제 ②의 대우도 살펴보자.

명제 ②의 대우('$\overline{q}$이면 $\overline{p}$이다')는 '$x \le 0(\overline{q}) \Rightarrow x \le 3(\overline{p})$'인데, $x$가 0 이하일 때 언제나 $x$는 3 이하이다.

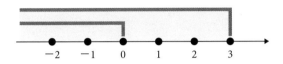

수학에서는 부정 표현이 있는 명제가 참인 것을 보여주기 어려운 경우가 많다. 그럴 때는 명제의 대우가 참이라는 것을 보여주는 것이 유용한 기술 중 하나다.

제 **4** 장

= = = = = = = =

# 방정식과 관련된
# 수학 용어

= = = = = = = =

# 01 방정식과 항등식

등호(=)의 뜻이 다르다

등호( = )가 포함된 식을 등식이라고 한다. 등호의 왼쪽에 있는 식을 '좌변', 등호의 오른쪽에 있는 식을 '우변'이라고 하며, 좌변과 우변을 합쳐서 '양변'이라고 한다.

$$\underbrace{\text{'좌변'} = \text{'우변'}}_{\text{양변}}$$

등식에서는 **양변에 같은 수를 더하거나 빼거나 곱하거나 나눌 수 있다.** 이러한 등식은 방정식과 항등식으로 나뉜다.

**방정식은 '$x$'와 같은 미지수나 변수가 포함된 등식**으로, 방정식의 답은 해라고 하며 방정식의 해를 구하는 것을 '방정식을 푼다'라고 표현한다.

다음 방정식을 풀면서 방정식과 관련된 용어의 뜻을 확인해보자.

$$x - 3 = 7 \cdots ①$$

①의 '$x$', '$-3$', '$7$'을 항이라고 한다. 미지수 '$x$'의 차수가 1이므로 일차, 사용되는 미지수의 종류가 $x$ 하나이므로 일원이라고 하며, 합쳐서 일원일차방정식이라고 한다.

방정식은 양변에 같은 수를 더하거나 빼거나 곱하거나 0을 제외한 수로 나누어도 된다. 예를 들어 ①의 양변에 3을 더해보자.

$$x-3+3=7+3$$

$$x=7+3\cdots②$$

①과 ②를 비교해보면, 좌변의 $-3$이 우변으로 가서 $+3$이 되었다. 이처럼 **좌변의 항을 부호를 바꾸어서 우변으로 옮기거나 우변의 항을 부호를 바꾸어서 좌변으로 옮기는 것을 이항**이라고 한다.

**항등식은 '$x$'와 같은 변수가 어떤 값을 가지더라도 성립하는 등식을 가리킨다.**

나중에 소개할 오일러의 공식($e^{i\theta}=\cos\theta+i\sin\theta$)과 같이, '공식'이라고 불리는 것들이 항등식에 해당한다. 예를 들어 다음의 곱셈 공식(③), 인수분해 공식(④)도 항등식이므로 어떤 수를 대입해도 성립한다.

$$(x+a)(x+b)=x^2+(a+b)x+ab \qquad \cdots③$$
$$a^2-b^2=(a-b)(a+b) \qquad\qquad \cdots④$$

④에 $a=5$, $b=3$을 대입하면 좌변은 $5^2-3^2=25-9=16$이 되고, 우변은 $(5-3)(5+3)=2\times8=16$이 되므로 양변의 값이 일치한다는 것을 알 수 있다. 하지만 그런 사실을 확인하는 정도로는 항등식이 얼마나 유용한지 이해하기 어렵다. 항등식은 공식으로 활용하면 여러 가지 복잡한 계산을 간단하게 만들어준다. 예를 들어 '$59^2-41^2$'은 ④에 $a=59$, $b=41$을 대입하여 다음과 같이 쉽게 계산할 수 있다.

$$59^2-41^2=(59-41)(59+41)=18\times100=1800$$

이러한 '인도식 계산법'은 효율적이라고 알려져 있는데, 그 계산법의 배경에는 항등식이 있는 것이다.

한편 ④는 다음 그림과 같이 도형으로 바꾸어서 표현할 수도 있다.

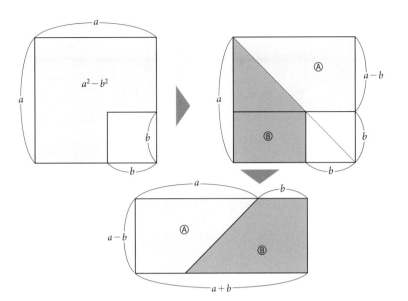

# 부등식과 절대부등식

음수를 곱하면 부등호의 방향이 바뀌는 이유

등호 관계(양변의 값이 같은 관계)를 나타내는 것이 등식이라면, **크거나 작다는 부등호 관계를 나타내는 것은 부등식**(○ < □)이다.

부등식 계산은 등식 계산과 거의 비슷한데 한 가지 주의해야 할 점이 있다. 바로 **양변에 음수를 곱하거나 나누면 부등호의 방향이 바뀐다**는 것이다.

부등식에서 음수를 곱하면 부등호의 방향이 바뀐다는 것을 학교에서 배운 기억이 있을 텐데, 그렇게 되는 이유는 무엇일까? 아마 공식처럼 외우고 있는 사람이 많을 것이다. 이번 기회에 이유를 확실하게 이해하고 넘어가도록 하자. 우선 부등호의 방향이 바뀌는 것은 다음과 같은 경우일 때다.

**양변에 음수를 곱하거나, 양변을 음수로 나누거나, 양변을 역수로 나타낼 때**

여기서는 양변에 음수를 곱하는 경우를 살펴보겠다.

'$x$가 3보다 크다'를 부등식으로 나타내보자.

답변은 다음과 같은 두 가지 방식 중 하나일 것이다.

① $x > 3$

② $3 < x$

좌변에 $x$를 두는 경우
가 많기 때문에 ①과 같
은 방식이 익숙할 것이

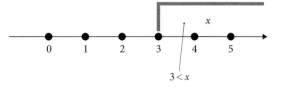

$$3 < x$$

다. 그런데 부등식에서는 <, >를 둘 다 사용하면 헷갈리기 쉬우므로 여기서
는 < 만 쓰기 위해 ②와 같이 표현하기로 한다.

②는 부등식을 수직선 위에 표현하는 것과 대응이 잘 된다는 장점도 있다.

①과 ②는 좌변과 우변을 바꾼 것이므로 부등호의 방향이 바뀐다는 것이
핵심이다. 이제부터 양변에 $-1$을 곱하면 부등호의 방향이 바뀐다는 것을
$-x < -3$…※이라는 식을 통해 알아보자.

우선 식 ※의 좌변에 있는 $-x$를 우변으로 이항하면 $0 < x - 3$이 된다. 그리
고 우변의 $-3$을 좌변으로 이항하면 $3 < x$(②)가 된다. ②와 ①은 표기하는 방
법이 다를 뿐 같은 뜻이다. 따라서 $-x < -3$은 $x > 3$(①)이라고 할 수 있다.

즉 음수를 곱했을 때 부등식의 부등호 방향이 바뀌는 것은 '이항'과 '①을
②로 만드는 것과 같이 부등식의 좌변과 우변을 바꾸기'라는 두 가지 과정이
합쳐진 결과일 뿐이다. 다만 이 두 가지 과정을 매번 반복하는 것은 번거로운
일이므로, 부등식에서 음수를 곱하거나 나눌 때 부등호의 방향이 바뀐다고 외
워두는 것이다.

앞서 등식은 $x$가 특정한 값을 가질 때만 성립하는 방정식과 $x$가 어떤 값을
가지더라도 성립하는 항등식으로 나뉜다고 했다.

부등식에도 이와 비슷한 개념이 있다. 항등식과 비슷한 성질을 가진 부등식,
**즉 $x$가 어떤 값을 가지더라도 성립하는 부등식**을 절대부등식이라고 한다.

**일반적으로 부등식이라고 하면 $x$가 특정한 범위에 있는 값을 가질 때만 성립하는
부등식**을 가리키는데, 이러한 부등식은 절대부등식이라는 용어에 대응시켜서
조건부등식이라고 부르기도 한다.

|  | 등식 | 부등식 |
|---|---|---|
| $x$가 특정한 값을 가질 때만 성립 | 방정식 | (조건)부등식 |
| $x$가 어떤 값을 가지더라도 성립 | 항등식 | 절대부등식 |

항등식에 '공식'이라는 이름을 붙이듯이, 절대부등식에도 '산술평균 – 기하평균의 부등식', '코시 – 슈바르츠 부등식', '삼각부등식'과 같이 이름이 붙여져 있는 것들이 많다.

# 산술평균 - 기하평균의 부등식

대표적인 절대부등식에 대해 알아본다

절대부등식 중 하나인 산술평균 - 기하평균의 부등식에 대해 알아보자. $a > 0$, $b > 0$ 일 때 다음이 성립한다.

$$\frac{a+b}{2} \geq \sqrt{ab}$$

우변은 $a$와 $b$를 곱하여 $\sqrt{\phantom{x}}$ 를 씌운 것으로, 곱으로 이루어진 수의 평균을 뜻하며 '기하평균'이라고 한다. 좌변의 $\frac{a+b}{2}$ 는 일반적으로 평균이라고 부르는 것인데 기하평균과 구분하기 위하여 '산술평균'이라고 한다. 이 부등식이 성립한다는 것을 증명해보자.

$A \geq B$인 경우에 $A - B$를 계산하여 0보다 크다는 것을 보여주면 된다. 즉 $A - B = (식의 계산 결과) \geq 0$을 보여주는 것이다. 좌변인 $A$, 우변인 $B$가 양수인 경우에는 각각을 제곱한 $A^2 - B^2$을 계산하여 0보다 크다는 것을 보여줘도 된다. 그렇다면 실제로 계산을 해보자.

$$\left(\frac{a+b}{2}\right)^2 - (\sqrt{ab})^2 = \frac{a^2 + 2ab + b^2}{4} - ab = \frac{a^2 - 2ab + b^2}{4} = \left(\frac{a-b}{2}\right)^2$$

$\left(\frac{a-b}{2}\right)^2$은 제곱인 식이므로 0보다 크기 때문에 $\left(\frac{a-b}{2}\right)^2 \geq 0$이다.

따라서 산술평균 - 기하평균의 부등식이 성립한다는 것이 증명된다.

한편 $\left(\frac{a-b}{2}\right)^2 \geq 0$도 절대부등식이 된다.

원을 이용하면 산술평균 – 기하평균의 부등식을 시각적으로 증명할 수 있다. 우선 길이가 $a$인 선분과 $b$인 선분을 다음 그림과 같이 잇고, 이렇게 해서 생긴 AB를 원의 지름으로 둔다. 그러고 나서 그다음의 그림과 같이 중심을 O라 하고, 점 P, Q, R을 설정한다. 지름의 길이가 $a+b$이므로 반지름 OR은 $\frac{a+b}{2}$가 된다. PQ의 길이는 $\sqrt{ab}$라고 되어 있다. OR(반지름)은 PQ보다 길기 때문에 산술평균 – 기하평균의 부등식을 시각적으로 확인할 수 있다.

그렇다면 PQ의 길이가 왜 $\sqrt{ab}$인지 알아보자.

OQ는 반지름이므로 길이는 $\frac{a+b}{2}$이고, OP는 $a - \frac{a+b}{2} = \frac{a-b}{2}$이다.

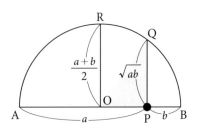

삼각형 OPQ는 직각삼각형이므로 다음과 같이 피타고라스 정리를 이용하면 PQ의 길이를 구할 수 있다.

$$PQ^2 + OP^2 = OQ^2$$
$$\left(\frac{a-b}{2}\right)^2 + PQ^2 = \left(\frac{a+b}{2}\right)^2$$
$$\frac{a^2 - 2ab + b^2}{4} + PQ^2 = \frac{a^2 + 2ab + b^2}{4}$$
$$PQ^2 = ab$$
$$PQ = \sqrt{ab}$$

한편 PQ의 길이는 다음 세 가지 그림과 같은 '방멱의 정리'를 이용하여 쉽게 구할 수 있다.

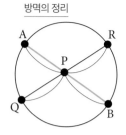
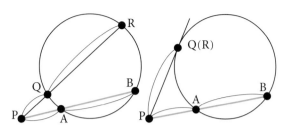

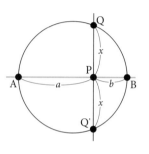

방멱의 정리란 원주 위에 점 A, B, R, Q가 있을 때 PA×PB＝PQ×PR이 성립한다는 것이다. 왼쪽 그림과 같이 PQ＝$x$라 하고 PQ'＝$x$라 하면, 방멱의 정리에 따라 PA×PB＝PQ×PQ'가 성립한다. 따라서 $a \times b = x \times x$이므로 $x^2 = ab$이고 $x = \sqrt{ab}$이다.

원을 이용하여 산술평균－기하평균의 부등식을 증명하는 방법은 더 있다.

반지름이 $a$인 원과 반지름이 $b$인 원을 다음 중 왼쪽 그림과 같이 점 T에서 접하게 한다. 이때 점 T를 접점이라 하고 두 원의 관계는 '외접'이라고 하며, 두 원의 중심 사이의 거리 AB는 각 원의 반지름의 합인 $a+b$이다. 한편 두 원의 관계가 다음 중 오른쪽 그림과 같은 경우를 내접이라고 한다. 내접인 경우 두 원의 중심 사이의 거리 AB는 각 원의 반지름의 차인 $|a-b|$이다. 그럼 지금부터 산술평균－기하평균의 부등식을 도출해보자. 이번에는 $a>b$라고 한다. AB의 길이는 $a+b$, AC의 길이는 $a-b$이다.

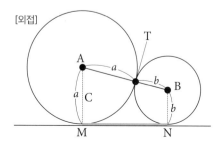
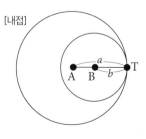

방정식과 관련된 수학 용어

4

삼각형 ACB는 직각삼각형이므로 다음과 같이 피타고라스 정리를 이용하면 BC의 길이를 구할 수 있다.

$$(a-b)^2 + BC^2 = (a+b)^2$$

$$a^2 - 2ab + b^2 + BC^2 = a^2 + 2ab + b^2$$

$$BC^2 = 4ab$$

$$BC = 2\sqrt{ab}$$

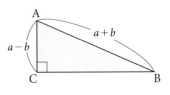

AB ≥ BC이므로 $a+b \geq 2\sqrt{ab}$이다.

$$\frac{a+b}{2} \geq \sqrt{ab}$$

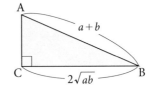

양변을 2로 나누면 산술평균 - 기하평균의 부등식이 된다.

한편 AB ≥ BC인 것은 빗변이 밑변보다 길기 때문인데, 수식을 이용하여 확인할 수도 있다.

AC의 길이는 양수(AC ≥ 0)이므로 삼각형 ABC에 피타고라스 정리를 활용하면 $AB^2 = AC^2 + BC^2 \geq 0^2 + BC^2 = BC^2$이 되기 때문에 AB ≥ BC라는 것을 알 수 있다.

# 04 인수분해

인수분해란 분해하는 것이 아니라 모으는 것

$$(x+2)(x+3) = x^2 + 5x + 6$$

좌변과 같이 괄호가 있는 식을 분배법칙을 이용하여 괄호가 없는 식으로 만드는 것을 전개라고 한다. 그리고 다음과 같이 전개와 반대되는 과정을 인수분해라고 한다.

$$x^2 + 5x + 6 = (x+2)(x+3)$$

위 식의 우변에는 생략된 것이 한 가지 있다. 바로 $(x+2)$와 $(x+3)$ 사이의 곱셈 부호 '×'이다. ×를 생략하지 않고 쓰면 다음과 같다.

$$x^2 + 5x + 6 = (x+2) \times (x+3)$$

이렇게 **곱셈 형태의 하나의 식(단항식)으로 모으는 것**이 인수분해이다. 요즘에는 인수분해라는 표현을 일상생활에서 쓰는 사람들이 많은데, '분해'라는 말 때문인지 '분해한다'는 뜻으로 사용되는 경우도 있다. 그런데 인수분해는 '분해한다'는 뜻보다 하나로 모은다고 생각하는 쪽이 적절하다. 그렇다면 왜 인수분해라는 표현을 썼는지 궁금해질 것이다. 다음 질문에 답해보자.

$$x^2 + 5x + 6 = (x+2) \times (x+3)$$

위 식에서 $(x+2)$와 $(x+3)$이라는 부분을 가리키는 명칭은 무엇인가?

답은 '인수'이다.

$$x^2 + 5x + 6 = \underset{\text{인수}}{(x+2) \times (x+3)}$$

여러 개의 인수로 나누기 때문에 인수분해인 것이다. 다음과 같이 21을 곱셈 형태로 나타내는 경우에 3과 7도 인수이므로 이것도 인수분해이다.

$$21 = \underset{\text{인수}}{3 \times 7}$$

다만 이 경우에 3과 7은 소수이므로 특별히 '소'인수분해라고 한다.

이렇듯 곱셈 형태로 모으는 것이 인수분해인데, 인수분해는 주로 계산을 편리하고 알기 쉽게 나타내기 위해 사용된다. 문자식 계산에서는 인수분해를 함으로써 계산이 쉬워지고, 일상생활에서는 무언가를 구성하는 요소 하나하나를 파악하는 데 도움이 된다.

커버 크기: 253×181×20mm

액정 보호 필름 크기: 240×170×3mm

나는 태블릿 PC나 스마트폰을 구입할 때 커버나 액정 보호 필름도 함께 사는 편이다. 요즘에는 기계의 모델명이 비슷하다 보니 다른 모델의 커버나 액정 보호 필름을 잘못 주문하는 경우가 있다. 그래서 지금은 그런 실수를 하지 않도록 크기를 제대로 확인한 후에 주문한다. 크기는 인수분해되어 적혀 있는 경우가 많아서 한눈에 파악하기 좋다.

14351은 소수인가, 아니면 합성수인가?

컴퓨터가 있다면 바로 판별할 수 있겠지만, 에라토스테네스의 체 등을 이용하여 직접 손으로 계산하면서 판별하는 것은 어려운 일이다. 답을 말하기 전에 한 가지 문제를 더 내겠다. '113×127'을 계산해보라.

이 문제는 손으로 직접 계산할 수 있는 것처럼 보인다. 실제로 계산해보면 113×127＝14351이므로 처음에 질문했던 수 14351은 소수가 아니라 합성수라는 것을 알 수 있다. 이 예와 같이 곱셈을 계산(113×127)하는 일은 간단하지만, 어떤 수를 소인수분해(14351＝○×□) 하는 일은 쉽지 않다.

왜냐하면 곱셈 계산은 한 번만 하면 답을 얻을 수 있지만, 소수인지 판별하기 위해서는 나눗셈을 몇 번이고 반복해야 하기 때문이다.

앞에서 예로 든 수는 3자리×3자리이니까 컴퓨터를 이용하면 바로 답을 구할 수 있지만, 300자리×300자리처럼 엄청나게 큰 수는 아무리 최신 컴퓨터라도 소수인지 판별하는 데 1억 년 이상의 시간이 걸릴 것이다.

**곱셈은 간단하고 인수분해는 복잡하다는 특징**을 활용한 것이 RSA 암호이다. RSA는 이 암호를 발명한 매사추세츠 공과대학교의 수학자 세 사람(로널드 리베스트, 아디 샤미르, 레오나르도 애들먼)의 이름 첫 글자를 따서 만들어진 용어다.

암호란 전달하고 싶은 정보를 특정한 사람만이 읽을 수 있도록 어떤 조작을 가하여 무의미한 문자나 기호의 나열로 바꿔놓는 것이다.

암호화된 글을 암호문, 암호화되기 전의 글을 평문이라고 한다.

위의 경우에는 평문을 반대로 읽은 것이 암호문이고, 암호문을 반대로 읽은 것이 평문이 된다.

일반적으로 암호는 '암호화하는 사람(X)'이 암호문과 함께 암호를 푸는 데 필요한 키(공통키)를 만든다. 암호문이 유출되더라도 다른 사람이 암호를 풀지 못한다면 문제 될 게 없지만, 암호를 풀기 위한 키가 유출되면 아무리 복잡하고 어려운 암호라도 풀리고 만다.

이러한 한계점을 보완해, 암호를 만드는 데 필요한 키와 암호를 푸는 데 필

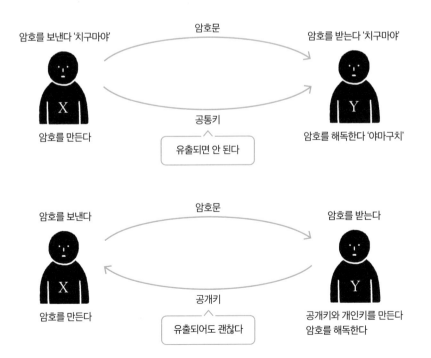

요한 키를 공개키와 개인키로 구분하고, 암호를 푸는 데 필요한 개인키를 타인에게 보내지 않는 것이 RSA 암호이다. 이때 개인키를 만드는 데에 아주 큰 소수가 이용된다.

암호를 만들기 위한 공개키와 암호를 풀기 위한 개인키를 Y가 만든다. Y는 암호를 만들기 위한 공개키는 X에게 보내고, 개인키는 계속 가지고 있다. X가 공개키를 이용하여 암호를 만들고 Y에게 보낸다. 이렇게 암호를 만든 사람이 자신이 만든 암호를 풀지 못한다는 것이 RSA 암호의 장점이다.

즉 개인키를 주고받지 않으므로 유출될 위험이 없는 것이다.

# 06 근의 공식, 판별식, 켤레

근의 공식의 중요성을 생각한다

지금부터 이차방정식 $ax^2 + bx + c = 0 (a \neq 0)$의 근의 공식에 대해 알아보자.

$$x = \frac{-b \pm \sqrt{b^2 - 4ac}}{2a} \left( x = \frac{-b + \sqrt{b^2 - 4ac}}{2a} \text{와 } x = \frac{-b - \sqrt{b^2 - 4ac}}{2a} \right) \cdots \text{※}$$

학창시절에 근의 공식을 배울 때 정확한 의미를 이해하지 못한 사람도 있을 것이다. 여기서는 근의 공식의 의미와 근의 공식을 유도하는 방법에 대해 소개하겠다.

어떤 이차방정식에서 근의 공식의 $\sqrt{\phantom{x}}$ 안에 있는 '$b^2 - 4ac$'가 양수이면 그 이차방정식은 서로 다른 실근 2개를 갖는다. '$b^2 - 4ac$'가 양수인지 음수인지에 따라서 근의 개수가 달라지기 때문에 '$b^2 - 4ac$'를 판별식이라 하고, 영문 표기(Discriminant)의 첫 글자 D를 이용하여 나타낸다.

'$b^2 - 4ac$'의 값이 제곱수일 때는 쉽게 인수분해하여 답을 구할 수 있고, '$b^2 - 4ac$'의 값이 제곱수가 아닐 때는 두 근의 관계를 켤레라고 한다.

'$2x^2 + 3x + 1 = 0$'인 경우에 $a = 2, b = 3, c = 1$이므로 근의 공식에 대입하면 다음과 같다.

$$x = \frac{-3 \pm \sqrt{3^2 - 4 \times 2 \times 1}}{2 \times 2} = \frac{-3 \pm \sqrt{1}}{4} = \frac{-3 \pm 1}{4}$$

따라서 2개의 근은 $x = \dfrac{-3+1}{4} = -\dfrac{1}{2}$ 과 $x = \dfrac{-3-1}{4} = -1$이다.

'$2x^2 + 3x - 1 = 0$'인 경우에 $a = 2$, $b = 3$, $c = -1$이므로 근의 공식에 대입하면 다음과 같다.

$$x = \frac{-3 \pm \sqrt{3^2 - 4 \times 2 \times (-1)}}{2 \times 2} = \frac{-3 \pm \sqrt{17}}{4}$$

따라서 2개의 근은 $\dfrac{-3+\sqrt{17}}{4}$ 과 $\dfrac{-3-\sqrt{17}}{4}$ 이고, 이러한 근의 관계를 켤레라고 한다.

$b^2 - 4ac > 0$일 때는 두 근이 루트를 포함한 무리수가 된다. 한편 $b^2 - 4ac < 0$일 때는 허수(이후에 다룰 예정이다)를 포함한 수가 되는데, 이를 켤레 복소수라고 한다.

이차방정식의 근의 공식이 가지는 의미는, 이후에 다룰 허수까지 포함하여 **'이차방정식은 반드시 해가 존재하고, 그 값을 구체적으로 구할 수 있다'는 것을 보장한다**는 데 있다. 일반적으로 수학에서의 문제는 풀 수 있는지 없는지 알 수 없다. 하지만 이차방정식은 근의 공식이 있으므로 반드시 풀 수 있다는 것을 알 수 있다.

대학교에서 수학을 배우면 '존재성'과 '유일성'이라는 개념을 접하게 된다. 즉 **해가 존재하는지(존재성), 어떤 방식을 사용해도 얻어지는 해는 한 가지뿐인지(유일성)**가 중요하다. 그렇게 중요한 개념인 '존재성'과 '유일성'을 모두 담고 있는 것이 '이차방정식의 근의 공식'이다.

근의 공식은 루트를 포함한 계산이 있으므로 손으로 직접 푸는 것이 번거로워서 어려워하는 사람이 많을 것이다. 하지만 그만큼 루트 계산을 익히는 데 알맞은 문제이기도 하다. 또한 컴퓨터는 단순한 계산을 잘하므로 컴퓨터를 활용하기에도 좋다.

그럼 지금부터는 근의 공식을 직접 유도해보자. 이차방정식을 풀기 위해서는 완전제곱식으로 만드는 것이 핵심이다. 완전제곱식으로 만들 때 문자가 있는 분수가 나오면 번거로워지니까, 먼저 $ax^2 + bx + c = 0 (a \neq 0)$의 양변에 $4a$를 곱한다.

$$4a^2x^2 + 4abx + 4ac = 0 (a \neq 0)$$

'$4a^2x^2 + 4abx$'를 완전제곱식으로 만들기 위해 다음과 같이 정리한다.

$$4a^2x^2 + 4abx + b^2 - b^2 + 4ac = 0$$

밑줄 친 부분을 인수분해하고, '$-b^2 + 4ac$'는 우변으로 이항한다.

$$(2ax + b)^2 = b^2 - 4ac$$

양변에 루트를 씌우고 $+b$를 이항한다.

$$2ax = -b \pm \sqrt{b^2 - 4ac}$$

양변을 $2a$로 나눈다.

$$x = \frac{-b \pm \sqrt{b^2 - 4ac}}{2a}$$

이 과정에서 양변에 '$4a$'를 곱한다는 생각을 하는 것이 어려울 수 있다. 물론 양변에 '$4a$'를 곱하지 않아도 근의 공식을 유도할 수 있다. 다만 그런 경우에는 중간에 나오는 $\sqrt{a^2}$을 $\sqrt{a^2} = a$가 아니라 $\sqrt{a^2} = |a|$라고 해야 한다는 것을 유의하기 바란다.

# 제 5 장

# 함수와 관련된
# 수학 용어

# 좌표평면(데카르트 평면)

획기적인 아이디어는 벌레에서 시작되었다

"스무 살까지 살지 못할 수도 있습니다."

의사에게 이런 말을 들었다면 어떤 생각이 들까?

두려움에 벌벌 떨 것 같은 나와는 달리, 의사의 진단을 뒤엎고 병약한 신체를 최대한 활용하여 역사에 이름을 남긴 인물이 있다. 바로 지금부터 소개할 '좌표평면'을 고안해낸 데카르트이다.

데카르트는 근대 철학의 기초를 마련한 인물로서, 저서인 『방법서설』을 통해 "나는 생각한다, 고로 나는 존재한다", "어려운 문제는 작게 분할하여 풀어라" 같은 말을 남긴 것으로 유명하다. 그러다 보니 데카르트가 수학자라는 게 의아할 수도 있지만, 사실은 철학뿐만 아니라 수학에서도 대단한 업적을 쌓은 사람이다. 그중 대표적인 것이 좌표평면($xy$평면)이다.

중학교 수학 시간에서 일차함수와 이차함수를 배우면서 $x$축과 $y$축을 긋고 그래프를 그린 경험이 있을 것이다. 그때 배운 좌표평면을 고안해낸 사람이 바로 데카르트이다.

수학 시간에 좌표평면을 배우며 계산 문제만 풀어야 했던 안 좋은 기억을 가진 사람도 있겠지만, 사실 좌표평면을 이용하면 **수식을 시각화할 수 있고, 도형 문제를 직관이 아닌 계산을 통해 풀 수도 있다.** 특히 도형 문제에서 보조선을 그어야 할 때 어려움을 겪는 일이 많은데, 그런 문제도 좌표평면을 이용하면 정해진 계산법에 따라서 답을 구할 수 있다.

과거에 유클리드는 도형에 관련된 문제를 쉽게 푸는 방법은 없다는 뜻에서 '기하학에는 왕도가 없다'고 했는데, 좌표평면을 이용하여 도형 문제를 푸는 것이 기하학의 왕도가 된 셈이다. 좌표평면을 활용하는 구체적인 사례 중 하나가 1장 칼럼에서 소개한 도쿄대학교의 입학시험 문제였다.

데카르트가 좌표평면이라는 개념을 생각해낼 수 있었던 것은 '벌레' 덕분이었다. 어느 날 잠에서 깬 데카르트는 천장에 붙어 있는 벌레를 보고, 친구에게 벌레의 위치를 어떻게 표현해야 제대로 전달할 수 있을지 고민했다. 그리고 구석에서 오른쪽으로 4, 위로 3인 위치에 벌레가 있다고 표현하면 상대방이 이해할 수 있을 것이라고 생각했다.

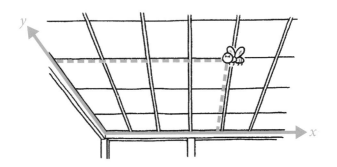

침대에 누운 채로 이리저리 궁리한 결과가 이후 수학 연구에 크게 기여하는 개념이 된 것이다. 그럼 지금부터 수직선상의 좌표부터 살펴보도록 하자.

실수 0에 대응하는 점을 원점이라 하고, '점 O'라고 표현한다. **하나의 직선 위에 점 O를 잡고, 그 점을 기준으로 직선을 두 부분으로 나누면 한쪽은 양수, 다른 한쪽은 음수이며, 음수 쪽에서 양수 쪽으로 향하는 것을 양의 방향이라고 한다.**

다음으로 **직선 위에 점 P를 잡고 하나의 실수 $x$에 대응시킬 때, $x$를 P의 좌표라 하고 P($x$)라고 표현한다.** 점(1)을 A, 점($-2$)를 B라고 하면, A(1), B($-2$)가 되는 것이다.

이렇듯 직선 위에 수를 대응시켜서 나타낼 때 이 직선을 수직선이라고 한다. 또한 좌표가 포함된 수직선을 좌표축이라고 한다.

오른쪽 그림과 같이 좌표축 2개가 원점 O를 통과하면서 직각으로 교차하도록 그려보자. 이때 수직선 하나를 $x$축, 다른 하나를 $y$축이라고 한다.

**이렇게 만들어진 평면 위에 점 P를 잡고 두 실수 $x$와 $y$에 대응시키면, 이 순서쌍 $(x, y)$를 P의 좌표라 하고, P$(x, y)$라고 표현한다.**

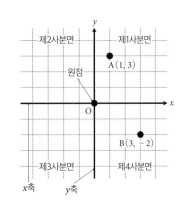

원점 O에서 $x$축의 양의 방향으로 1, $y$축의 양의 방향으로 3만큼 이동한 좌표를 A$(1, 3)$, 원점 O에서 $x$축의 양의 방향으로 3, $y$축의 음의 방향으로 2만큼 이동한 좌표를 B$(3, -2)$라고 표현한다. 이렇게 순서쌍으로 점의 위치를 정하는 방법을 좌표계라 하고, 좌표축이 직교하는 경우를 직교좌표계라고 한다.

좌표평면은 $x$축과 $y$축이라는 2개의 축에 의해 4개의 영역으로 나뉜다.

각 영역을 오른쪽 위에서부터 반시계 방향으로 각각 제1사분면, 제2사분면, 제3사분면, 제4사분면이라고 한다. 한편 좌표축 위에 있는 점(원점, $x$축 위의 점, $y$축 위의 점)은 어느 사분면에도 속하지 않는다.

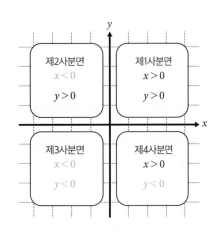

## 함수

주변에서 쉽게 접할 수 있는 사례를 통해 새롭게 이해하자

좌표평면에서 활발하게 사용되는 함수에 대해서 살펴보자. 함수라는 용어는 중학생 때부터 들어왔을 것이다. '함수란 무엇인가'라는 질문을 받으면 선뜻 대답하지 못하는 사람도 있겠지만, 대략적으로 설명하자면 **'수를 연결시키는 대응 관계'**라고 할 수 있다.

학교에서는 수를 '변수'라고 하며 $x$나 $y$ 등의 문자를 이용하여 나타내기 때문에, **'$x$값이 정해지면 그에 대응하여 $y$값이 하나로 정해질 때, $y$는 $x$의 함수라고 한다'**고 가르친다. 그때의 변수 $x$를 독립 변수, 변수 $y$를 종속 변수라고 한다. 데이터 관련 분야에서는 $x$를 설명 변수, $y$를 목적 변수라고도 한다.

자동판매기에서 1,400원짜리 캔 커피를 구입하는 경우를 예로 들어보자. 캔 커피 1개는 1,400원, 2개는 $1,400 \times 2 = 2,800$원, …, 5개는 $1,400 \times 5 = 7,000$원이다. 사려고 하는 캔 커피의 개수와 필요한 금액이 대응을 이루고 있으므로, 이 예는 함수에 해당한다. 그렇다면 이 관계를 식으로 나타내보자.

$x$를 캔 커피의 수량, $y$를 금액이라고 하면, $x \times 1400 = y$가 성립하므로, 이 식을 정리하면 $y = 1400x$가 된다.

함수는 $y = 1400x$와 같이 우변에 $x$가 포함된 식으로 나타낼 때도 있고, **$x$가 포함된 식을 $f(x)$라고 줄여서 $y = f(x)$와 같이 나타낼 때도 있다.** 이렇게 긴 식을 짧게 정리하면 $x$에 값을 대입할 때 어떤 값을 대입했는지 분명하게 보여줄 수 있다.

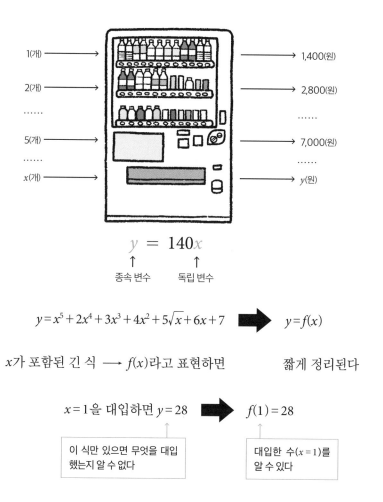

$$y = 140x$$

↑         ↑
종속 변수    독립 변수

$$y = x^5 + 2x^4 + 3x^3 + 4x^2 + 5\sqrt{x} + 6x + 7 \quad \blacktriangleright \quad y = f(x)$$

$x$가 포함된 긴 식 ⟶ $f(x)$라고 표현하면      짧게 정리된다

$$x = 1을\ 대입하면\ y = 28 \quad \blacktriangleright \quad f(1) = 28$$

| 이 식만 있으면 무엇을 대입<br>했는지 알 수 없다 | 대입한 수($x = 1$)를<br>알 수 있다 |

수와 수의 관계를 변수 $x$와 $y$로 바꾸어서 함수로 나타내면, 공식에 따라 정해진 방식으로 계산할 수 있게 되고 그래프를 그려서 시각화할 수 있게 된다.

함수 ⟶ 다양한 계산을 할 수 있다

좌표평면에 나타냄으로써 시각화할 수 있다

한국과 중국에서는 함수를 나타내는 한자로 '函数'를 사용하는데, 여기서 函 (함)은 '상자 안에 물건을 넣는다', '물건을 넣는 상자'라는 뜻이다. 그렇다 보니 함수를 설명할 때에 상자나 블랙박스를 예로 드는 경우가 많다. 일본에서는

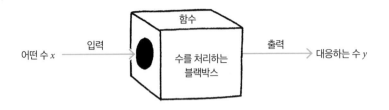

1945년까지는 '函数'라는 표현을 사용했지만, '函'이 상용한자에서 제외되면서 '關数'라고 표현하게 되었다.

# 일대일 대응

내가 주문한 음식이 반드시 내 자리로 오는 이유

평범한 일상에서 외식이란 매우 즐거운 이벤트 중 하나이다. 멋진 식당에서 메뉴판을 보면서 먹고 싶은 음식을 고르는 순간도 그러한 즐거움에 한몫한다.

그런데 잘 생각해보면 전혀 모르는 사이인 식당 직원이 내가 주문한 음식을 틀림없이 나에게 가져다주는 것이 대단한 일처럼 느껴지기도 한다.

살다 보면 누군가의 이야기를 듣다가 단어 하나를 잘못 들어 착각하는 바람에 큰 오해를 불러일으키는 일도 있는데, 식당에서는 손님이 주문한 대로 음식이 주인을 찾아가는 것이다.

그렇다면 식당 직원은 어떻게 손님에게 요리를 실수 없이 가져다줄 수 있는 것일까? 거기에는 수학이 숨어 있다.

손님이 식당에 들어가면 직원은 손님이 앉을 자리를 안내한다. 대부분의 경우 자리에는 번호가 매겨져 있는데, 식당 직원은 그 번호를 활용함으로써 음식을 잘못 가져다주는 실수를 예방하는 것이다.

예를 들어 손님이 '스테이크 정식'을 주문했다고 해보자. 그러면 다음 중 ① 번 그림처럼 '손님'과 '주문한 음식(스테이크 정식)'을 대응시키는 것이 아니라, ②번 그림처럼 '손님이 앉은 자리의 번호'와 '주문한 음식(스테이크 정식)'을 대응시킴으로써 정확하게 음식을 가져다주는 것이다.

이렇게 두 가지 대상을 대응시키는 것을 수학에서는 '일대일 대응'이라고 한다. 만약 식당 직원이 손님의 이름을 하나하나 외워서 주문을 받는다면 이름과

메뉴를 기억하는 데 노력이 필요하고 실수할 가능성도 크다. 일한 지 얼마 안
된 직원이라면 더욱 힘들 것이다. 그러한 수고를 덜고 실수를 줄이기 위해 '번
호를 경유하는 것'이다. 바로 이것이 '급할수록 돌아가라'는 말을 실천한 수학
의 기술 중 하나이다.

# 일차함수

일차함수를 이해하는 데 필요한 용어를 알아본다

함수를 설명하면서 소개했던 자동판매기 예시에서 $y = 1400x$라는 일차함수가 나왔다. 이 식처럼 **변수 $y$가 변수 $x$의 일차식으로 표현된 함수 $y = ax + b(a \neq 0)$를 일차함수**라고 한다. 일차함수는 오른쪽 그림과 같이 그래프로 그리면 **직선**이 된다. 이때 $a$를 **기울기**, $b$를 **절편**(또는 $y$절편)이라고 하며, $a$와 $b$를 **파라미터**라고도 한다. **$a$는 $x$가 1만큼 증가할 때 $y$가 증가한 양의 비율(증가분)을 나타내고, $b$는 $y$축과의 교점인 $y$좌표를 나타낸다.**

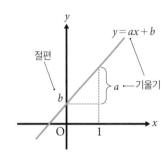

일차함수는 그래프로 나타내면 직선이 되는데, **이 직선은 $a > 0$일 때는 오른쪽 위로 향하고 $a < 0$일 때는 오른쪽 아래로 향한다.**

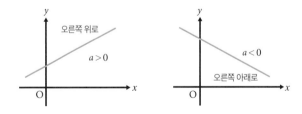

기울기가 $0(a = 0)$인 경우에는 $y = b$가 되는데 이를 **상수함수**라고 한다. 상수함수 $y = b$는 **$x$가 어떤 값을 가지든지 $y$는 $b$이므로 $x$축에 평행한 직선**이 된다. 한편 $y$축에 평행한 직선은 $y$가 어떤 값을 가지든지 $x$값은 한 가지이므로 $x = c$라는 형

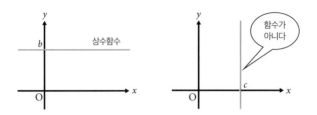

태가 된다.

변수가 가지는 값의 범위를 변수의 변역이라고 한다. $x$의 변역을 정의역, $x$에 대응하는 $y$의 변역을 치역이라고 한다. 정의역이 $1 \le x < 3$과 같이 한정된 경우는 그래프로 나타내면 이해하기 쉽다.

변역: 변수가 가지는 값의 범위

- 정의역: $x$의 변역(변수 $x$가 가지는 값의 범위)
- 치역: $y$의 변역(변수 $y$가 가지는 값의 범위)

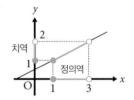

예를 들어 함수 $y = \dfrac{1}{2}x + \dfrac{1}{2}$의 정의역이 $1 \le x < 3$일 때 치역은 $1 \le y < 2$가 된다. 한편 함수의 최댓값과 최솟값은 치역을 알면 구할 수 있다. $y = \dfrac{1}{2}x + \dfrac{1}{2}$ $(1 \le x < 3)$의 최솟값은 $1 (x = 1)$이고 최댓값은 존재하지 않는다. $x = 3$일 때 $y = 2$가 최댓값이라고 생각할 수 있으나 $x = 3$은 정의역을 벗어나므로 최댓값이 아니다. 그렇다면 $x = 2.99999999\cdots$일 때 $y = 1.999\cdots$가 최댓값이라고 생각할 수도 있겠지만, 값이 정해지지 않았기 때문에 최댓값이라고 할 수 없다.

이렇듯 **최댓값과 최솟값은 존재하지 않는 경우가 있는데**, 대신하여 사용할 수 있는 개념이 있다. 바로 상한과 하한이다. 상한과 하한이 무엇을 의미하는지 수직선을 이용해 알아보자. $1 \le x < 3$인 경우와 $2 < x < 3$인 경우의 상한과 하한은 다음과 같다.

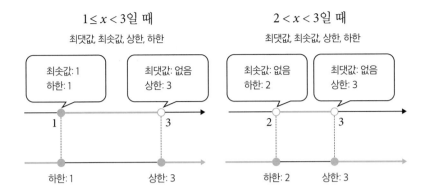

변수 $x$, $y$에 대한 부등식이 주어졌을 때, 부등식을 만족하는 점이 존재하는 범위를 부등식의 영역이라고 한다. 지금부터 일차부등식 $y > \frac{1}{2}x + 1$이 나타내는 영역에 대해 알아보자. 먼저 좌표평면은 직선 $y = \frac{1}{2}x + 1$에 의해 2개의 영역으로 나뉜다.

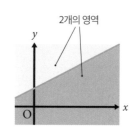

2개의 영역

여기서 $x = 2$인 경우를 생각해보면, $y > \frac{1}{2} \times 2 + 1 = 2$로 다음 중 왼쪽 그림과 같이 표현할 수 있다. 마찬가지로 $x = 4$인 경우를 생각해보면, $y > \frac{1}{2} \times 4 + 1 = 3$이므로 다음 중 가운데 그림과 같이 직선 $y = \frac{1}{2}x + 1$의 위쪽 영역이라는 것을 알 수 있다. 이런 식으로 $x$값을 바꿔가면서 계산함으로써 $y > \frac{1}{2}x + 1$이 직선 $y = \frac{1}{2}x + 1$의 위쪽 영역이고, $y < \frac{1}{2}x + 1$은 직선 $y = \frac{1}{2}x + 1$의 아래쪽 영역이라는 것을 알 수 있다.

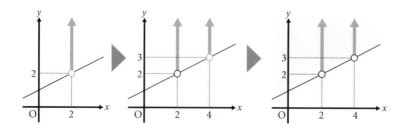

이러한 내용을 정리하면 다음과 같다.

부등식 $y > ax+b$가 나타내는 영역은 직선 $y = ax+b$의 위쪽 영역

부등식 $y < ax+b$가 나타내는 영역은 직선 $y = ax+b$의 아래쪽 영역

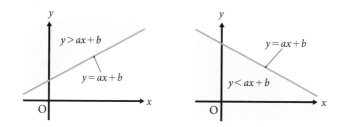

일차부등식의 영역을 활용하여 문제를 푸는 방식 중 하나로 **선형계획법**이 있다. 선형이란 직선이라는 뜻으로, 일차식을 나타낸다. 선형을 일차라고 바꿔말하는 경우도 많다. 선형계획법이란 **몇 가지 일차부등식을 만족하는 조건하에서 일차식의 최댓값 또는 최솟값**(최적해라고도 함)**을 구하는 방법**이다.

선형계획법은 다음과 같은 단계로 이루어진다.

**문제 정의**  달성해야 할 목적과 만족해야 할 제약 조건을 설정한다
**문제를 수식으로 표현**  일차방정식과 일차부등식을 이용하여 문제를 수식으로 만든다
**문제 해결**  수식으로 표현한 문제를 푼다

선형계획법은 자원 배분, 생산 계획, 물류, 재무 관리 등 실생활의 다양한 문제를 해결하는 데에 이용할 수 있다. 선형계획법을 활용함으로써 조직은 더 나은 의사결정을 할 수 있고 효율을 높일 수 있으며 자원을 절약할 수 있다. 그럼 문제를 풀어보자.

다음의 연립부등식이 나타내는 영
역을 D라고 한다.

$x \geq 0 \cdots ①$

$y \geq 0 \cdots ②$

$2x + y - 10 \leq 0 \cdots ③$

$x + 2y - 8 \leq 0 \cdots ④$

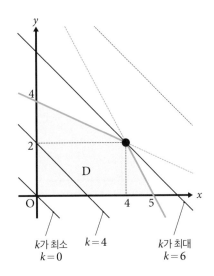

점 P$(x, y)$가 영역 D 안에 있을 때,
$x + y$의 최댓값과 최솟값을 구해보자.

$2x + y - 10 = 0$과 $x + 2y - 8 = 0$의 교점은 $(4, 2)$이다.

①~④의 영역을 좌표평면에서 나타내면 위의 그림과 같다.

①~④의 제약 조건을 충족하면서 $x + y$가 최댓값일 때와 최솟값일 때의 $x, y$
값을 구하면 된다. $x + y = k$라고 하면 $y = -x + k$이므로 $x + y$의 최댓값과 최솟
값을 구하는 문제는 직선 $y = -x + k$의 절편의 최댓값과 최솟값을 구하는 문제
로 바꿀 수 있다.

직선 $y = -x + k$가 위의 그림에서 표시한 영역을 통과하면서 절편($+k$)을 최
대 또는 최소가 되게 하면 되므로, $(4, 2)$를 통과할 때가 최대, 원점 O를 통과할
때가 최소가 된다.

최댓값: $(4, 2)$를 통과할 때 6 ($x + y = k$에 $x = 4, y = 2$를 대입한다)

최솟값: $(0, 0)$을 통과할 때 0 ($x + y = k$에 $x = 0, y = 0$을 대입한다)

하지만 선형계획법에도 한계가 있다. 선형계획법은 변수 사이의 관계가 일

차라는 것을 전제로 하고 있으므로, 선형이 아닌(비선형) 관계인 문제에는 적합하지 않은 경우가 많다. 게다가 선형계획법은 특정한 가정과 제약을 바탕으로 하기 때문에 현실 상황을 언제나 반영하지는 않는다.

선형계획법은 복잡한 시스템을 최적화하기 위해 사용할 수 있는 강력한 수학적 무기이지만, 그러한 한계가 있다는 점을 유념하여 신중하게 활용해야 한다.

## 06 이차함수
파라볼라 안테나의 모양을 살펴본다

변수 $y$가 변수 $x$의 이차식으로 표현된 함수 $y=ax^2+bx+c(a \neq 0)$를 이차함수라고 한다. $y=x^2$ 또는 $y=-x^2$의 그래프는 다음 그림과 같이 $y$축을 대칭축으로 하여 좌우대칭을 이루는 포물선이다. 포물선의 대칭축을 포물선의 축이라 하고, 포물선과 축의 교점을 포물선의 꼭짓점이라고 한다. $y=x^2$ 또는 $y=-x^2$의 축은 $y$축이고 꼭짓점은 원점 O이다. $y=x^2$처럼 **이차함수의 최솟값이 꼭짓점**인 경우를 아래로 볼록, $y=-x^2$처럼 **이차함수의 최댓값이 꼭짓점**인 경우를 위로 볼록이라고 한다.

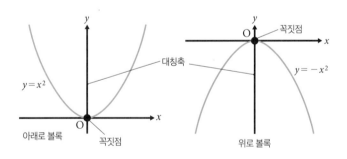

이차함수의 그래프인 포물선 모양은 우리 주변에서 쉽게 찾아볼 수 있다. 포물선이라는 말 그대로 던져진 공이 날아가는 궤적, 분수가 뿜어져 나오는 궤적이 대표적인 예이다.

또 다른 예로 위성 안테나가 있다. 위성 안테나는 그림과 같은 접시 모양의

안테나로 '파라볼라 안테나'라고 한다. 이때 파라볼라
는 포물선이라는 의미다.

포물선의 대칭축(y축)을 중심으로 회전시켰을 때 만
들어지는 것을 '포물면'이라고 한다. 포물면은 대칭축
에 평행하게 들어오는 빛이나 전파를 반사시켜서 '초
점'이라고 하는 한 점으로 모으는 성질이 있다.

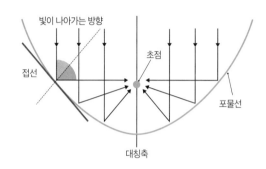

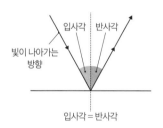

빛이나 전파가 포물면에 부딪쳐서 반사되는 경우, 위 그림과 같이 입사각과
반사각은 같다는 '반사의 법칙'을 따르므로, 부딪친 지점에 접하는 직선(접선)
의 기울기에 따라 반사된다. 인공위성의 전파를 한곳으로 모으는 파라볼라 안
테나도 다음에 나올 그림과 같이 그러한 성질을 활용한 것이다.

파라볼라 안테나는 접시 모양인 부분의 안쪽에 전파를 수신하는 기구가 있
다. 접시 모양인 부분이 '포물면', 수신하는 기구가 '초점'에 해당한다.

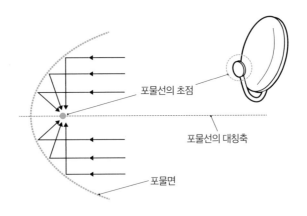

포물선의 초점

포물선의 대칭축

포물면

이와 반대로 초점에서 뻗어 나가는 빛이나 전파는 포물면에서 반사되고 대칭축과 평행하게 뻗어 나가는 성질이 있다. 손전등이나 자동차 헤드라이트도 그러한 성질을 활용하여 빛이 확산되지 않고 한곳으로 집중되게 하므로 주변을 밝게 해주고, 할로겐 히터도 열원을 한곳으로 집중시켜서 따뜻하게 해준다.

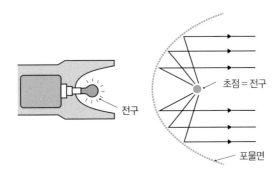

전구

초점 = 전구

포물면

앞서 파라볼라 안테나의 구조를 소개했다. 파라볼라 안테나에서 전파를 수신하는 기구는 이차함수의 초점에 해당하기 때문에 한가운데에 오도록 설정되어 있다. 실제로 파라볼라 안테나를 보면 전파를 수신하는 기구의 위치가 한가운데가 아닌 것처럼 보인다. 그렇다 보니 파라볼라 안테나의 초점의 위치는 한가운데가 아니라고 생각하는 사람도 있을 것이다. 하지만 한가운데에 있는 게 사실이다.

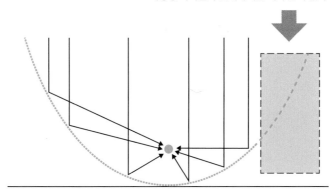

가정용 파라볼라 안테나에는 이 부분이 없다

　수신하는 기구의 위치가 한가운데가 아닌 것처럼 보이는 이유는 파라볼라 안테나가 좌우대칭을 이루지 않기 때문이다. 특히 가정용 파라볼라 안테나는 위의 그림과 같은 모양인 경우가 많으므로, 초점의 위치가 한가운데에서 약간 벗어난 것처럼 보여서 수신 기구도 약간 아래쪽에 있는 것처럼 보인다.

# 제곱완성, 제곱식, 완전제곱식

이차함수를 정리하는 기술

$$x^2 + 2x + 1 \text{을 인수분해하면 } x^2 + 2x + 1 = (x+1)^2 \quad \cdots ①$$
$$\text{다항식} \qquad\qquad \text{완전제곱식}$$

우변이 괄호의 제곱으로만 이루어진 식으로 깔끔하게 정리되어 있다. ①처럼 **괄호의 제곱으로만 이루어진 식**을 완전제곱식이라고 한다. 하지만 다항식이 ①처럼 언제나 완전제곱식이 되는 것은 아니다. 예를 들어 $x^2 + 2x + 2$는 괄호의 제곱으로만 이루어진 식이 아니라, 다음과 같이 괄호의 제곱에 $+1$이 추가된 형태가 된다.

$$x^2 + 2x + 2 = (x+1)^2 + 1 \quad \cdots ②$$
$$\text{다항식} \qquad\qquad \text{제곱식}$$

이렇듯 **괄호의 제곱에 여분의 수가 추가된 형태**를 제곱식이라고 한다. 제곱식 중에서 특별한 경우가 완전제곱식인 것이다. ①, ②와 같이 **다항식을 제곱식으로 만드는 과정**을 제곱완성이라고 한다. 제곱완성은 **이차함수 그래프의 꼭짓점을 구할 때, 이차방정식의 해를 구할 때, 이차방정식의 근의 공식을 증명할 때 활용된다.** 한편 $y = x^2 + 2x + 2$와 같이 괄호의 제곱이 포함되지 않은 형태를 이차함수의 일반형, $y = (x+1)^2 + 1$과 같은 제곱식을 이차함수의 표준형이라고 한다.

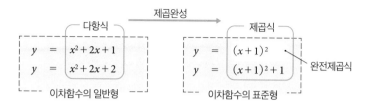

실제로 제곱완성을 실행하면서 그 순서를 살펴보자. $x^2 - 2px + p^2 = (x-p)^2$ 을 예로 들어보겠다.

좌변의 $p^2$을 우변으로 이항하면 $x^2 - 2px = (x-p)^2 - p^2$이 된다.

$$x^2 - 2px + p^2 = (x-p)^2 \xrightarrow[\text{$p^2$을 우변으로 이항}]{} x^2 - 2px = (x-p)^2 - p^2$$
완전제곱식                                                        제곱식

이항한 식을 살펴보면, $x$의 계수인 $-2p$의 절반인 $-p$가 괄호의 제곱 안에 들어가 있다. 그리고 이 $-p$를 제곱한 $p^2$을 **빼도록** 되어 있다.

$$x^2 - 2px = (x-p)^2 - p^2$$
절반     제곱을 뺀다

이제 구체적인 식을 예로 들어서 제곱완성을 실행해보자.

$$x^2 - 6x = (x-3)^2 - 3^2 = (x-3)^2 - 9$$
절반     제곱을 뺀다

일차항 $x$의 계수가 양수일 때도 제곱완성 방식은 동일하다.

$$x^2 + 8x = (x+4)^2 - 4^2 = (x+4)^2 - 16$$
절반     제곱을 뺀다

상수항이 있는 경우에는 상수항을 제외하고 진행하면 된다.

$$x^2 + 4x + 5 = (x+2)^2 - 2^2 + 5 = (x+2)^2 + 1$$

절반    제곱을 뺀다

$$x^2 - 6x + 10 = (x-3)^2 - 3^2 + 10 = (x-3)^2 + 1$$

절반    제곱을 뺀다

마지막으로 지금까지의 내용을 정리해보자.

이차함수의 일반형인 $y = ax^2 + bx + c$를 이차함수의 표준형인 $y = a(x-p)^2 + q$ 와 같이 제곱식을 포함하는 형태로 만드는 것이 제곱완성이다.

$$y = ax^2 + bx + c \text{ [일반형]} \longrightarrow y = a(x-p)^2 + q \text{ [표준형]}$$

제곱식

# 위로 볼록, 아래로 볼록

정의로만 표현하기는 조금 어렵다

이차함수 그래프는 $x^2$의 계수가 음수인 경우에는 산처럼 위로 솟아 있는 모양이 되고, $x^2$의 계수가 양수인 경우에는 계곡처럼 아래로 움푹 팬 모양이 된다. 이렇게 산처럼 솟아 있는 모양을 위로 볼록, 계곡처럼 움푹 팬 모양을 아래로 볼록이라고 한다. 이 모양에 대해 좀 더 자세히 살펴보겠다.

**그래프 위의 두 점을 이은 선분이 언제나 그래프 아래쪽에 있는 함수를 위로 볼록한 함수**라고 한다.

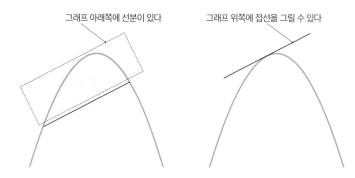

그래프 아래쪽에 선분이 있다          그래프 위쪽에 접선을 그릴 수 있다

이러한 정의는 접선을 이용하여 다르게 표현할 수도 있다. 위의 오른쪽 그림과 같이 **접선을 그래프 위쪽에 그릴 수 있는 함수를 위로 볼록한 함수**라고 한다.

한편 **그래프 위의 두 점을 이은 선분이 언제나 그래프 위쪽에 있는 함수를 아래로 볼록한 함수**라고 한다.

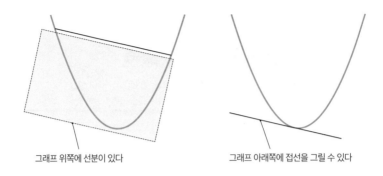

그래프 위쪽에 선분이 있다　　　　　　　　　　　그래프 아래쪽에 접선을 그릴 수 있다

　위로 볼록한 경우와 마찬가지로, 아래로 볼록한 경우도 접선을 이용하여 다르게 표현할 수 있다. **접선을 그래프 아래쪽에 그릴 수 있는 함수**를 아래로 볼록한 함수라고 한다.

# 수학에서 오목(凹)은 사용하지 않을까?

위로 볼록과 아래로 볼록 모두 '볼록'이라고 하는데, '오목'이라고 표현하는 것도 가능하다. '위로 오목'은 '아래로 볼록'과 같은 뜻이다.

한편 오목이라는 표현을 사용하는 예로서 오목 사각형이 있다.

우리가 평소에 접하는 사각형은 다음 중 왼쪽 그림과 같은 것으로 이를 볼록 사각형이라고 한다. 그런데 오른쪽 그림과 같은 도형도 각이 4개이므로 사각형에 해당한다. 이렇듯 하나의 내각의 크기가 $180°(\pi$ 라디안$)$보다 큰 사각형을 오목 사각형이라고 한다.

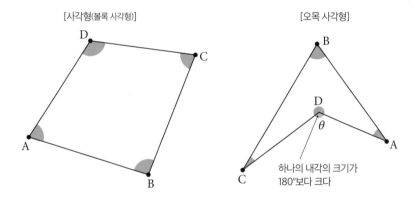

[사각형(볼록 사각형)]    [오목 사각형]

하나의 내각의 크기가
180°보다 크다

위의 오목 사각형에서 $\angle CDA = \theta$라고 하면, $\angle A + \angle B + \angle C = \theta$가 된다. 중학교 수학의 심화 문제에서 본 적이 있는 공식일지도 모른다.

사각형의 내각의 합은 $360°$이므로, $\angle A + \angle B + \angle C + \angle D = 360°\cdots$①이고,

$$\angle D + \theta = 360°\cdots ②이다.$$

①에서 ②를 빼면 $\angle A + \angle B + \angle C - \theta = 0°$가 되므로,

$$\angle A + \angle B + \angle C = \theta 이다.$$

5

함수와 관련된
수학 용어

# 09 점과 직선의 거리의 공식

중학교에서 배운 지식으로 증명할 수 있다

직선은 기울기 $m$과 $y$절편 $n$을 이용하여 $y = mx + n$이라고 표현할 수 있다. 직선의 방정식은 이것 외에도 다양한 형태로 나타낼 수 있다. 경제학에서는 $x$절편 $p (\neq 0)$와 $y$절편 $q (\neq 0)$를 이용한 $\dfrac{x}{p} + \dfrac{y}{q} = 1$의 형태를 활용한다.

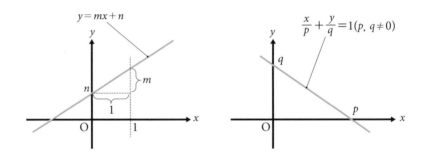

이러한 형태는 직선을 그릴 때에는 편리하지만 계산을 해야 하는 경우에는 불편할 수 있다.

따라서 직선의 방정식에는 $y = mx + n$과 $\dfrac{x}{p} + \dfrac{y}{q} = 1$ 외에도, $ax + by + c = 0$과 같이 우변의 값을 0으로 하는 형태(일반형)도 있다. 이러한 형태는 그래프를 그리기에는 불편하지만, 점과 직선 사이의 거리 공식 등을 활용하여 계산할 때에는 유용하다.

| 그래프를 그릴 때 활용 | 공식을 사용할 때 활용 |
|---|---|
| | (직선의 방정식의 일반형) |
| $y = mx + n,\ \dfrac{x}{p} + \dfrac{y}{q} = 1$ | $ax + by + c = 0$ |

직선의 방정식의 일반형을 활용하는 예로서 점과 직선 사이의 거리 공식을 살펴보자.

## 점과 직선 $\ell$ 사이의 거리 공식

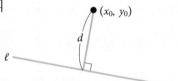

직선 $\ell : ax + by + c = 0$과 점 $(x_0, y_0)$ 사이의 거리 $d$는 다음과 같이 구할 수 있다.

$$d = \frac{|\, ax_0 + by_0 + c\,|}{\sqrt{a^2 + b^2}}$$

구체적인 예를 통해 점과 직선 사이의 거리 공식을 활용해보자.

점 $(1, 5)$와 직선 $\ell : 3x - 4y + 2 = 0$ 사이의 거리를 구하면 다음과 같다.

$$d = \frac{|\, 3 \times 1 - 4 \times 5 + 2\,|}{\sqrt{3^2 + (-4)^2}} = \frac{|-15|}{5} = \frac{15}{5} = 3$$

그렇다면 점 $(2, -1)$과 직선 $\ell : y = 2x + 1$ 사이의 거리를 구하는 경우는 어떨까? $y = 2x + 1$이라는 형태를 직선의 방정식의 일반형으로 바꾼 후에 공식을 적용하면 된다.

$$y = 2x + 1 \iff 2x - y + 1 = 0$$

$$d = \frac{|\, 2 \times 2 - 1 \times (-1) + 1\,|}{\sqrt{2^2 + (-1)^2}} = \frac{|6|}{\sqrt{5}} = \frac{6\sqrt{5}}{5}$$

지금부터 점과 직선 사이의 거리 공식을 증명해보자.

직선 $\ell$: $ax+by+c=0$이라는 식에서 $a=0$이거나 $b=0$이면 거리를 쉽게 구할 수 있으므로 $a \neq 0$, $b \neq 0$이라고 하자. 증명하는 일은 어렵지만 삼각형의 닮음을 이용하면 계산이 쉬워지도록 만들 수 있다.

우선 점 $P(x_0, y_0)$에서 $x$축으로 수선을 내린다. 그러고 나서 다음 중 오른쪽 그림과 같이 삼각형을 만든다.

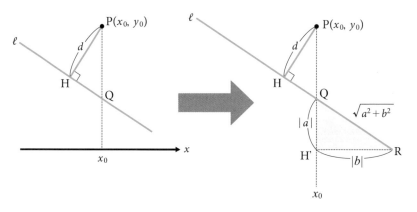

직선 $\ell$: $ax+by+c=0$을 $y = -\dfrac{a}{b}x - \dfrac{c}{b}$ 와 같은 형태로 바꾸면 기울기가 $-\dfrac{a}{b}$라는 것을 알 수 있다. 기울기 $-\dfrac{a}{b}$는 $x$축 방향으로 $b$만큼 움직이면 $y$축 방향으로 $-a$만큼 움직인다는 뜻이다. 이때 $x$축 방향으로 이동한

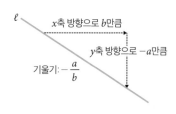

거리는 $|b|$, $y$축 방향으로 이동한 거리는 $|a|$ 이다.

점 Q의 $y$좌표인 $Y$는 $ax+by+c=0$에 $x=x_0$를 대입하여 다음과 같이 구할 수 있다.

$$Y = -\frac{ax_0+c}{b}$$

PQ의 길이는 점 P의 $y$좌표와 점 Q의 $y$좌표 사이의 거리이므로 다음과 같다.

$$\left| y_0 - Y \right| = \left| y_0 - \left( -\frac{ax_0 + c}{b} \right) \right| = \left| \frac{ax_0 + by_0 + c}{b} \right| = \frac{\left| ax_0 + by_0 + c \right|}{\left| b \right|}$$

QR의 길이는 △QH′R에 피타고라스 정리를 활용하여 다음과 같이 구할 수 있다.

$$\sqrt{|a|^2 + |b|^2} = \sqrt{a^2 + b^2}$$

△PQH와 △RQH′는 닮음(△PQH∽△RQH′)이므로, PQ:PH = RQ:RH′가 성립한다.

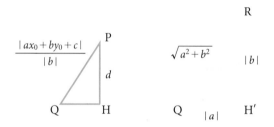

이를 실제로 계산해보자.

$$\frac{\left| ax_0 + by_0 + c \right|}{\left| b \right|} : d = \sqrt{a^2 + b^2} : \left| b \right|$$

내항의 곱과 외항의 곱은 같으므로 다음과 같이 정리하면 공식이 도출된다.

$$d\sqrt{a^2 + b^2} = \frac{\left| ax_0 + by_0 + c \right|}{\left| b \right|} \times \left| b \right|$$

$$d\sqrt{a^2 + b^2} = \left| ax_0 + by_0 + c \right|$$

$$d = \frac{\left| ax_0 + by_0 + c \right|}{\sqrt{a^2 + b^2}}$$

# 멱함수와 지수함수

비슷해 보이지만 조금 다르다

이번에는 멱함수와 지수함수에 대해 알아보자. 멱승과 지수는 표현 방법이 비슷해 보이지만 의미하는 바가 다르다.

멱함수는 $x$를 거듭제곱(멱승)한 함수로, $y=x$, $y=x^2$, $y=x^3$, $y=\sqrt{x}$, $y=x\sqrt{x}$, $y=x\sqrt{2}$와 같이 $y=x^a$의 형태로 되어 있다.

멱함수 중에 $y=x$나 $y=x^3$처럼 지수가 양수이자 홀수인 함수는 그래프가 원점에 대하여 대칭을 이루며 기함수라고 한다. $y=x^2$이나 $y=x^4$처럼 지수가 양수이자 짝수인 함수는 그래프가 $y$축에 대하여 대칭을 이루며 우함수라고 한다.

기함수의 그래프는 원점에 대하여 대칭이므로 $x=a$일 때의 $y$값과 $x=-a$일 때의 $y$값은 부호가 반대인데, 이를 식으로 나타내면 $f(-x)=-f(x)$이다.

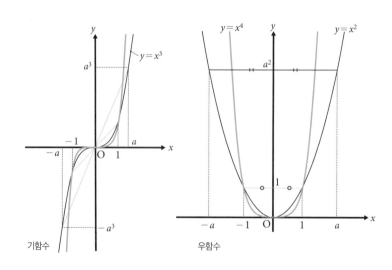

우함수의 그래프는 $y$축에 대하여 대칭이므로 $x=a$일 때의 $y$값과 $x=-a$일 때의 $y$값은 같은데, 이를 식으로 나타내면 $f(-x)=f(x)$이다.

$$y=f(x)가\ 기함수일\ 때: f(-x)=-f(x)$$
$$y=f(x)가\ 우함수일\ 때: f(-x)=f(x)$$

다음으로, 지수함수에 대하여 알아보자. 지수함수는 **지수 부분에 변수가 포함된 함수**로 $y=2^x$, $y=e^x$, $y=\left(\dfrac{1}{3}\right)^x$과 같이 $y=a^x$**의 형태로 되어 있다.**

멱함수와 지수함수의 차이는 다음과 같다.

| 멱함수 | $y=x^a$ | ($x$를 거듭제곱(멱승)한 함수) |
|---|---|---|
| 지수함수 | $y=a^x$(단 $a>0$, $a\neq1$) | (지수 부분이 함수) |

$a^x$의 $a$를 **밑**이라고 하며 $a$는 1이 아닌 양수이다.

예를 들어 $y=2^x$은 2를 밑으로 하는 지수함수이고, $y=\left(\dfrac{1}{3}\right)^x$은 $\dfrac{1}{3}$을 밑으로 하는 지수함수이다. $y=2^x$에 구체적인 값을 넣어서 그래프를 그려보자.

| $x$ | $-3$ | $-2$ | $-1$ | $-\dfrac{1}{2}$ | $0$ | $\dfrac{1}{2}$ | $1$ | $2$ | $3$ |
|---|---|---|---|---|---|---|---|---|---|
| $y=2^x$ | $\dfrac{1}{8}$ | $\dfrac{1}{4}$ | $\dfrac{1}{2}$ | $\dfrac{1}{\sqrt{2}}$ | $1$ | $\sqrt{2}$ | $2$ | $4$ | $8$ |

위의 표를 통하여 $y=2^x$은 $x$값이 커질 때 $y$값도 커지는 함수, 즉 증가함수라는 것을 알 수 있다.

좌표평면 위에서 각 점을 그리고 연결하면 다음 그림과 같은 그래프가 된다.

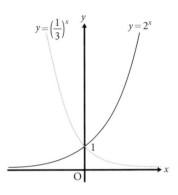

$x$값이 작아질수록 그래프가 $x$축에 조금씩 가까워진다. 이렇듯 조금씩 가까워지는 것을 점근이라고 하며, 그러한 직선을 점근선이라고 한다.

**지수함수의 중요한 특징은 증가하거나 감소하는 속도가 빠르다는 것이다.** 앞서 소개한 $y = 2^x$의 경우, 표나 그래프를 보면 알 수 있듯이 기하급수적으로 증가하기 때문에 눈 깜짝할 사이에 엄청나게 큰 값이 된다. 이렇듯 아주 빠른 속도로 값이 커지는 현상을 지수적 증가라고 한다.

한편 데카르트는 지수를 표현하는 방법에 혁신을 불러일으켰다.

데카르트 이전에는 $x$와 같은 하나의 수는 '길이', $x \times x (= x^2)$와 같은 두 수의 곱은 '넓이', $x^3$과 같은 세 수의 곱은 '부피'와 일대일 대응이 된다고 생각했다. 그러다 보니 우리가 학교에서 배워온 $x + x^2 + x^3$과 같은 계산은 도형에 대응시키면 '길이' + '넓이' + '부피'의 계산이 되므로, 그러한 계산은 불가능한 것이라고 여겼다. 아무래도 길이, 넓이, 부피의 단위가 다르니까 그대로 더하는 것이 이상하게 느껴지기도 한다.

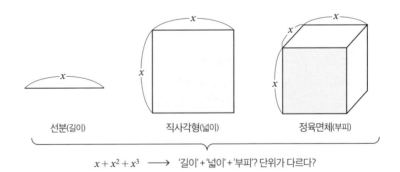

선분(길이)　　　　직사각형(넓이)　　　　정육면체(부피)

$x + x^2 + x^3$ ⟶ '길이' + '넓이' + '부피'? 단위가 다르다?

하지만 데카르트는 차수에 얽매이지 않는 방식을 제안했다. 길이, 넓이, 부피는 모두 수니까 $x$뿐만 아니라 $x^2$이나 $x^3$으로 길이를 표현해도 된다고 생각한 것이다.

$$x \quad \Rightarrow \quad 길이 \quad \longrightarrow \quad 수$$

$$x^2 \quad \Rightarrow \quad 길이 \times 길이 = 넓이 \quad \longrightarrow \quad 수$$

$$x^3 \quad \Rightarrow \quad 길이 \times 길이 \times 길이 = 부피 \quad \longrightarrow \quad 수$$

그러한 생각의 바탕에는 비례식이라는 개념이 있었다. 예를 들어 세로 길이가 1, 가로 길이가 $x$인 직사각형을 $x$배 확대하면, 세로 길이는 $x$, 가로 길이는 $x^2$이 되어서 $x$와 $x^2$이 모두 길이를 표현하게 된다. $x^2$은 제곱이 붙어 있는 형태지만 일반적인 수를 가리킨다. 변수 $x$를 이용하여 설명하니 어렵게 느껴질 수 있지만, 구체적인 수치를 가지고 생각하면 쉽게 이해될 것이다. 예를 들어 세로 길이가 1, 가로 길이가 2인 직사각형을 2배 확대하면, 세로 길이는 $1 \times 2 = 2$, 가로 길이는 $2 \times 2 = 2^2 = 4$로 둘 다 길이를 표현한다.

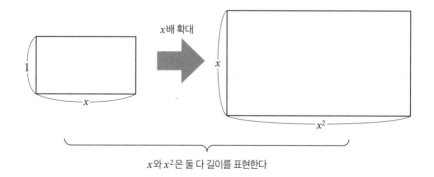

$x$와 $x^2$은 둘 다 길이를 표현한다

데카르트의 사고방식 덕분에 차수를 다루는 방식이 자유로워졌고 그 상태는 현대까지 이어지고 있다. 중학교에서 배우는 이차함수 '$y = x^2$'도 지금은 당연하게 받아들이면서 그래프를 그리지만, 데카르트 이전에는 길이($y$)와 넓이 ($x^2$)는 단위가 다르기 때문에 의미 없는 식이라고 여겨서 다루지 않았다. 이러한 제약을 뛰어넘게 해주었다는 것이 데카르트의 위대한 업적이다. 도형을 확대하여 제곱인 식으로 길이를 표현한다는 데카르트의 사고방식은 피타고라스 정리를 증명하는 다양한 방법에도 활용되고 있다.

한편 '$x+x^2+x^3$'을 도형에 대응시키면 '길이 + 넓이 + 부피'가 되는 것처럼 보이기 때문에 그림으로 나타내는 게 어렵다고 생각할 수도 있지만, 식에서 생략된 것을 보여줌으로써 단위 문제를 해결할 수 있다. 바로 $x+x^2+x^3=x\times1\times1+x^2\times1+x^3$과 같이 1을 추가하는 것이다.

그렇게 하면 다항식의 항이 모두 3차가 되기 때문에 도형에 대응시켜서 이해할 수 있게 된다.

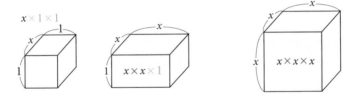

앞서 복잡한 수를 간단하게 나타내는 방법으로서 지수를 소개했는데, 지수를 실제로 활용할 일은 그다지 없다고 생각하는 사람도 있을 것이다. 하지만 지수 중에는 실생활에서 숨겨진 상태로 쓰이고 있는 것들이 많다. 바로 cm나 mg과 같이 단위 앞에 붙는 c와 m이 대표적인 예이다. 이러한 표현은 국제 단위계인 SI 단위계에서 사용하는 SI 접두어라고 한다.

예를 들어 1kg은 1,000g인데, 이 관계에는 단위를 변환하는 계산이 생략되어 있다. 그 계산을 생략하지 않고 그대로 써보면, kg의 k는 $10^3$배($\times10^3$)를 표현하는 기호이므로 다음과 같은 식이 된다.

$$1\text{kg} = \boxed{1 \times 10^3 \text{g}} = 1000\text{g}$$

위 식을 보면 알 수 있듯이, ☐ 부분을 생략한 것일 뿐 실제로는 지수를 이용하고 있는 것이다. 이러한 예는 더 있다. 에너지 음료에 '타우린 3,000mg 함유' 같은 문구가 쓰여 있는데, mg의 m은 $10^{-3}$배($\times 10^{-3}$)이므로 다음과 같이 계산할 수 있다.

$$3000\text{mg} = \boxed{3000 \times 10^{-3}\text{g} = 3000 \times 0.001} = 3\text{g}$$

이러한 예를 통해 알 수 있듯이, 우리가 평소에 무심코 사용하는 용어에도 지수가 숨겨져 있다. SI 접두어에 대해 더 알아보자면, 2022년 11월 31년 만에 새로운 접두어 4개가 추가되었다. 바로 퀘타($10^{30}$), 론나($10^{27}$), 론토($10^{-27}$), 퀙토($10^{-30}$)인데, 정리하면 다음과 같다.

| 명칭 | 기호 | 거듭제곱 표기 | 명칭 | 기호 | 거듭제곱 표기 |
|---|---|---|---|---|---|
| 퀘타 | Q(quetta) | $10^{30}$ | 데시 | d(deci) | $10^{-1}$ |
| 론나 | R(ronna) | $10^{27}$ | 센티 | c(centi) | $10^{-2}$ |
| 요타 | Y(yotta) | $10^{24}$ | 밀리 | m(milli) | $10^{-3}$ |
| 제타 | Z(zetta) | $10^{21}$ | 마이크로 | $\mu$(micro) | $10^{-6}$ |
| 엑사 | E(exa) | $10^{18}$ | 나노 | n(nano) | $10^{-9}$ |
| 페타 | P(peta) | $10^{15}$ | 피코 | p(pico) | $10^{-12}$ |
| 테라 | T(tera) | $10^{12}$ | 펨토 | f(femto) | $10^{-15}$ |
| 기가 | G(giga) | $10^{9}$ | 아토 | a(atto) | $10^{-18}$ |
| 메가 | M(mega) | $10^{6}$ | 젭토 | z(zepto) | $10^{-21}$ |
| 킬로 | k(kilo) | $10^{3}$ | 욕토 | y(yocto) | $10^{-24}$ |
| 헥토 | h(hecto) | $10^{2}$ | 론토 | r(ronto) | $10^{-27}$ |
| 데카 | da(deca) | $10^{1}$ | 퀙토 | q(quecto) | $10^{-30}$ |

## 11 | 로그(log, ln)

인간의 감각으로 이해할 수 있는 로그 이야기

우선 로그를 계산하는 과정부터 소개하겠다. 예를 들어 $2^x = 2$이면 $x = 1$이고 $2^x = 4$이면 $x = 2$라는 것은 쉽게 알 수 있다. 그럼 다음과 같은 질문의 답은 무엇일까?

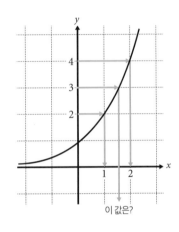

"$2^x = 3$일 때 $x$값은 얼마인가?"

간단하게 나타내기는 어렵다. 1과 2 사이의 수일 것이라고 예측은 할 수 있지만 구체적으로 표현하자면 어려워지는 것이다. 답을 말하자면 $2^x = 3$일 때 $x$는 분수로 표현할 수 없는 무리수이다.

대부분의 사람들이 처음으로 배우는 무리수는 $\sqrt{\phantom{x}}$ 가 씌워진 수일 것이다. $\sqrt{\phantom{x}}$ 는 기존에 사용하던 기호로는 표현할 수 없는 수 때문에 만들어진 기호였다. $\sqrt{\phantom{x}}$ 와 마찬가지로 수학에서는 무언가를 간단하게 나타내기 어려울 때 새로운 기호를 도입한다.

'$2^x = 3$'에서 $x$인 부분, 즉 **지수 부분의 값을 구하기 위해 사용하는 기호**로서 만들어진 것이 **로그**(logarithm, 줄여서 log)로, 이 문제에서는 $x$를 $\log_2 3$이라고 표현하면 된다.

여기서 2를 **밑**, 3을 **진수**라고 하며, '2를 밑으로 하는 3의 로그'라고 읽는다.

$$\log_2 3 \quad \text{(2를 밑으로 하는 3의 로그)}$$
밑 ⌐ ⌐ 진수

로그의 일반적인 형태를 살펴보자. 이때 $a$는 1이 아닌 양수이다.

[로그] $a^x = b$를 만족하는 $x$값을 $\log_a b$라고 표현한다.
밑 ⌐ ⌐ 진수

$a$를 밑, $b$를 진수라고 하며, '$a$를 밑으로 하는 $b$의 로그'라고 읽는다.

'$\log_2 3$'은 '$2^x = 3$'이 되는 '$x$'이므로, '2를 몇 번 곱하면 3이 되는가'라는 문장을 기호로 나타낸 것이다. 즉 **log는 곱셈을 한 횟수를 표현하는 기호**라고 볼 수 있다.

다른 예시도 로그로 나타내보자.

$\log_2 1$은 2를 몇 번 곱해야 1이 되는가, 즉 '$2^x = 1$일 때 $x$는 얼마인가?'를 묻는다. 2는 0번 곱하면 1이 되므로 $\log_2 1 = 0$이다.

$\log_2 2$는 2를 몇 번 곱해야 2가 되는가, 즉 '$2^x = 2$일 때 $x$는 얼마인가?'를 묻는다. 2는 1번 곱하면 2가 되므로 $\log_2 2 = 1$이다.

$\log_2 4$는 2를 몇 번 곱해야 4가 되는가, 즉 '$2^x = 4$일 때 $x$는 얼마인가?'를 묻는다. 2는 2번 곱하면 4가 되므로 $\log_2 4 = 2$이다.

이러한 내용으로부터 다음과 같은 성질을 도출해낼 수 있다.

$\log_a 1 = 0$ ($a$가 1이 되려면 a를 0번 곱하면 된다)

$\log_a a = 1$ ($a$가 $a$가 되려면 $a$를 1번 곱하면 된다)

$\log_a b^n = n\log_a b$

밑이 10 또는 $e$인 로그는 자주 사용되므로, **10을 밑으로 하는 로그를** 상용로그, **$e$를 밑으로 하는 로그를** 자연로그라고 한다. 상용로그와 자연로그 모두 밑을 생략할 때가 있다. 하지만 밑을 생략하는 경우에 그것이 상용로그인지 자연로그인지 알 수 없으므로, **자연로그는 ln이라고 쓰기도 한다.**

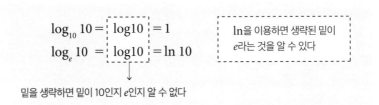

$$\log_{10} 10 = \boxed{\log 10} = 1$$
$$\log_e 10 = \boxed{\log 10} = \ln 10$$

ln을 이용하면 생략된 밑이 $e$라는 것을 알 수 있다

밑을 생략하면 밑이 10인지 $e$인지 알 수 없다

# 삼각비(sinθ, cosθ, tanθ)

사인, 코사인과 '현'의 관계

우선 직각삼각형의 각 부분에 해당하는 용어부터 확인해보자.

**직각과 마주 보는 변을 빗변**, **각도 θ와 마주 보는 변을 높이**, **각도 θ를 이루는 두 변 중 빗변을 제외한 변을 밑변**이라고 한다. 또한 두 변으로 이루어진 각인 θ를 두 변의 사잇각이라고 하며, 사잇각은 $180°$ 이하이다. 각도를 표현할 때는 그리스 문자 θ 를 주로 사용하는데, 이 기호를 널리 퍼뜨린 것은 가장 많은 논문을 집필한 수 학자로 알려진 오일러이다.

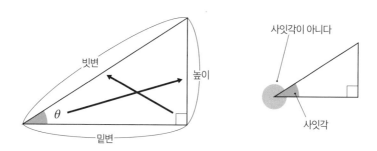

사인은 **빗변과 높이의 비**를 나타낸다. 코사인은 **빗변과 밑변의 비**를, 탄젠트는 **밑 변과 높이의 비**를 나타낸다. 밑변을 $x$, 높 이를 $y$, 빗변을 $r$이라고 하면 다음과 같 이 나타낼 수 있다.

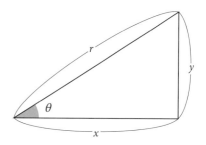

사인: $\sin \theta = \dfrac{y}{r}$,   코사인: $\cos \theta = \dfrac{x}{r}$,   탄젠트: $\tan \theta = \dfrac{y}{x}$

$\sin\theta$, $\cos\theta$, $\tan\theta$를 각 $\theta$의 삼각비라고 한다.

한편 $(\sin\theta) \div (\cos\theta)$를 계산함으로써 다음과 같은 공식을 얻을 수 있다.

$$\frac{\sin \theta}{\cos \theta} = \tan \theta$$

이 공식은 다음과 같이 유도된다.

$$\frac{\sin \theta}{\cos \theta} = \frac{y}{r} \div \frac{x}{r} = \frac{y}{r} \times \frac{r}{x} = \frac{y}{x} = \tan \theta$$

또한 앞서 예로 든 직각삼각형의 각 변을 $\dfrac{1}{r}$ 배 하면 다음 중 왼쪽 그림과 같고, $\dfrac{y}{r} = \sin \theta$, $\dfrac{x}{r} = \cos \theta$라는 사실을 활용하여 표현하면 다음 중 오른쪽 그림과 같다.

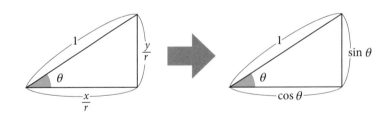

위의 오른쪽 그림에 피타고라스 정리를 활용하면 다음과 같이 나타낼 수 있다.

$$(\sin\theta)^2 + (\cos\theta)^2 = 1^2$$

$(\sin\theta)^2$을 $\sin^2\theta$로, $(\cos\theta)^2$을 $\cos^2\theta$로 간략하게 쓰면 다음과 같은 식이 된다.

$$\sin^2\theta + \cos^2\theta = 1$$

과거에는 사인을 정현(正弦), 코사인을 여현(余弦)이라고 했는데, 둘 다 '직각삼각형의 변의 길이의 비'라고 정의된 것이면서 '현'이라는 글자가 들어가 있다. 정의된 식을 봐도 '현'과 어떤 관계인지 알 수 없는데, 왜 이렇게 이름이 붙었을까?

지금부터 삼각비와 현의 관계를 파헤쳐보자. 동시에 원과 관련된 용어도 함께 살펴보겠다. 원주 위에 서로 다른 두 점 P와 Q를 설정한다. 이때 **두 점을 이은 선분 PQ**가 현이다. 한편 점 P와 점 Q에서 원을 끊으면 2개의 호가 만들어진다. 이 **2개의 호**를 켤레호라 하고, 둘 중에서 길이가 **긴 호**를 우호, **짧은 호**를 열호라고 한다.

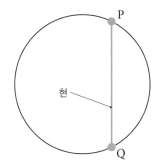

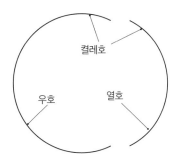

위의 왼쪽 그림에 다음 중 왼쪽 그림의 삼각형을 그려 넣어보자(다음 중 오른쪽 그림과 같아진다). 과거에는 각도를 측정하는 수단으로 원이나 부채꼴을 이용했기 때문에, 그와 관련된 현에 주목하여 사인과 코사인을 생각해냈을 것이다.

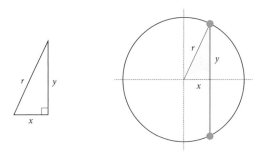

이제 다음 그림과 같이 선을 연장한다.

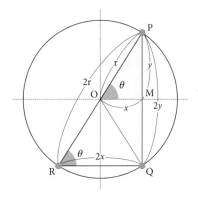

위의 그림으로부터 원의 지름의 길이는 $2r$, 현 PQ의 길이는 $2y$, 현 QR의 길이는 $2x$라는 것을 알 수 있다. 또한 사잇각 $\theta = \angle$POM과 $\angle$PRQ는 동위각이므로 크기가 같다.

$\sin\theta$, $\cos\theta$를 정의한 식에서 분모와 분자에 2를 곱하면 다음과 같다.

$$\text{사인:}\ \sin\theta = \frac{y}{r} = \frac{2y}{2r} = \frac{\text{현 PQ}}{\text{지름}}, \text{코사인:}\ \cos\theta = \frac{x}{r} = \frac{2x}{2r} = \frac{\text{현 QR}}{\text{지름}}$$

즉 원의 지름과 삼각형의 높이(사잇각 $\theta$와 마주 보는 변)인 현 PQ의 비가 사인($\sin\theta$)이고, 원의 지름과 삼각형의 밑변(사잇각 $\theta$를 이루는 변 중 하나)인 현 QR의 비가 코사인($\cos\theta$)이 되는 것이다.

# 13 삼각함수(sinx, cosx, tanx)의 정의

대학 입학시험을 바꾼 정의

앞에서는 삼각비를 소개했다. **삼각비의 사잇각 $\theta$를 변수 $x$로 하는 함수로서, 그래프를 그리는 등 다양한 분야에 응용하기 위해 만들어진 것이** 삼각함수다. 삼각비로부터 삼각함수를 만들 때 $x$라는 변수를 사용하기 때문에 그에 따라 다양한 용어가 필요해진다. 우선 삼각함수의 용어부터 살펴보자.

오른쪽 그림과 같이 평면상에서 **반직선 OP가 점 O를 중심으로 회전할 때, 이 반직선을** 동경이라 하고, **동경이 처음 있던 위치인 OX를** 시초선이라 한다.

동경 OP가 회전하는 방향은 두 가지인데, **반시계방향을** 양의 방향, **시계방향을** 음의 방향이라고 한다.

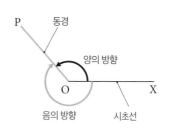

이렇게 정하면 $360°$ 이상인 각도와 음수인 각도까지 다룰 수 있게 된다.

이와 같이 범위를 확장한 각도를 일반각이라고 한다.

일반적으로 동경 OP가 나타내는 각 중에서 하나를 $\alpha$라 하면, 동경 OP의 각은 다음과 같은 식으로 나타낼 수 있다.

$$[\text{일반각}]\ \alpha + 360° \times n = \alpha + 2\pi \times n\ (n\text{은 정수})$$

$\alpha$의 범위는 $0° \le \alpha < 360°$ 또는 $-180° \le \alpha < 180°$라고 하는 경우가 많다.

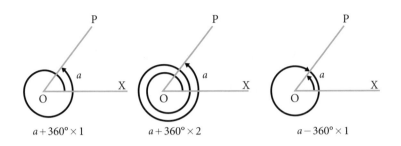

$a + 360° \times 1$  $a + 360° \times 2$  $a - 360° \times 1$

오른쪽 그림과 같이 $x$축의 양의 방향을 시초선이라 하고, 원점을 중심으로 하고 반지름이 $r$인 원과 사잇각 $\theta$의 동경이 만나는 점을 P라 하며, 그 좌표를 $(x, y)$라 하자.

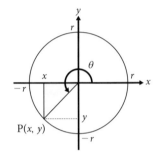

이때 $\dfrac{x}{r}, \dfrac{y}{r}, \dfrac{y}{x}$의 값은 반지름 $r$의 크기와 상관없이 각 $\theta$에 따라서 결정된다.

즉 삼각비와 마찬가지로 다음과 같이 정해진다.

[삼각함수의 정의] $\cos \theta = \dfrac{x}{r}$, $\sin \theta = \dfrac{y}{r}$, $\tan \theta = \dfrac{y}{x}$

일반각의 사인, 코사인, 탄젠트를 각 $\theta$의 삼각함수라고 한다.

$x$를 라디안으로 표현하고 $y = \sin x$의 그래프를 그려보자. $y = \sin x$의 그래프를 사인 곡선이라고 하며, 다음의 삼각함수 표를 이용하여 그리면 된다.

| 각도 | $0°$ | $30°$ | $45°$ | $60°$ | $90°$ | $120°$ | $135°$ | $150°$ | $180°$ |
|---|---|---|---|---|---|---|---|---|---|
| $x$ | $0$ | $\dfrac{\pi}{6}$ | $\dfrac{\pi}{4}$ | $\dfrac{\pi}{3}$ | $\dfrac{\pi}{2}$ | $\dfrac{2\pi}{3}$ | $\dfrac{3\pi}{4}$ | $\dfrac{5\pi}{6}$ | $\pi$ |
| $y = \sin x$ | $0$ | $\dfrac{1}{2}$ | $\dfrac{1}{\sqrt{2}}$ | $\dfrac{\sqrt{3}}{2}$ | $1$ | $\dfrac{\sqrt{3}}{2}$ | $\dfrac{1}{\sqrt{2}}$ | $\dfrac{1}{2}$ | $0$ |

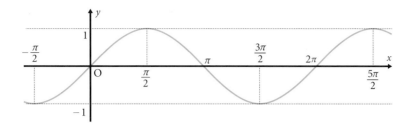

사인 곡선 $y = \sin x$는 위의 그림과 같이 원점에 대하여 대칭인 기함수이다.

또한 $y = \sin x$는 $360°(2\pi)$마다 같은 형태가 반복된다. 따라서 다음이 성립한다.

$$\sin(x + 2\pi) = \sin x$$

이렇듯 **어떤 값마다 같은 형태를 반복하는 함수**를 주기함수라 하며, 사인함수의 주기는 $2\pi$이다. 일반적으로 함수 $f(x)$에 대하여 $f(x+p) = f(x)$가 모든 $x$에서 성립하게 하는 양수 $p$가 있을 때, $f(x)$를 주기함수라고 하며 $p$ 중에서 가장 작은 값을 주기라고 한다.

위와 같은 방법으로 $y = \cos x$의 그래프를 그려보자. 이 그래프는 코사인 곡선이라고 한다.

| 각도 | $0°$ | $30°$ | $45°$ | $60°$ | $90°$ | $120°$ | $135°$ | $150°$ | $180°$ |
|------|------|-------|-------|-------|-------|--------|--------|--------|--------|
| $x$ | $0$ | $\dfrac{\pi}{6}$ | $\dfrac{\pi}{4}$ | $\dfrac{\pi}{3}$ | $\dfrac{\pi}{2}$ | $\dfrac{2\pi}{3}$ | $\dfrac{3\pi}{4}$ | $\dfrac{5\pi}{6}$ | $\pi$ |
| $y = \cos x$ | $1$ | $\dfrac{\sqrt{3}}{2}$ | $\dfrac{1}{\sqrt{2}}$ | $\dfrac{1}{2}$ | $0$ | $-\dfrac{1}{2}$ | $-\dfrac{1}{\sqrt{2}}$ | $-\dfrac{\sqrt{3}}{2}$ | $-1$ |

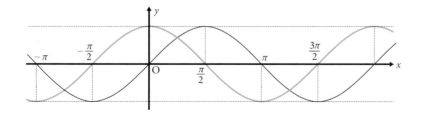

코사인 곡선 $y = \cos x$는 앞에서 본 그림과 같이 $y$축에 대하여 대칭인 우함수이고, 주기가 $2\pi$인 주기함수이므로 $\cos(x + 2\pi) = \cos x$가 성립한다.

코사인 곡선 $y = \cos x$는 사인 곡선 $y = \sin x$를 $x$축 방향으로 $-\dfrac{\pi}{2}$만큼 평행이동한 그래프가 된다. 그렇기 때문에 다음과 같은 관계식이 성립한다.

$$y = \cos x = \sin\left\{x - \left(-\frac{\pi}{2}\right)\right\} = \sin\left(x + \frac{\pi}{2}\right)$$

또한 위의 식을 반대로 생각하면, $y = \cos x$를 $x$축 방향으로 $+\dfrac{\pi}{2}$만큼 평행이동한 그래프가 $y = \sin x$이므로 다음과 같은 관계식도 성립한다.

$$y = \sin x = \cos\left\{x - \left(+\frac{\pi}{2}\right)\right\} = \cos\left(x - \frac{\pi}{2}\right)$$

이 식은 $\cos$으로 삼각함수를 합성하는 특수한 문제가 주어졌을 때 활용할 수 있다(실제 예시는 이 장의 '15. 삼각함수의 합성'에서 다룬다).

마찬가지 방법으로 $y = \tan x$의 그래프를 그려보자. 이 그래프는 탄젠트 곡선이라고 한다.

탄젠트 곡선 $y = \tan x$는 다음 그림과 같이 원점에 대하여 대칭인 기함수이다. 또한 주기가 $\pi$인 주기함수이므로 $\tan(x + \pi) = \tan x$가 성립한다.

| 각도 | $0°$ | $30°$ | $45°$ | $60°$ | $90°$ | $120°$ | $135°$ | $150°$ | $180°$ |
|---|---|---|---|---|---|---|---|---|---|
| $x$ | $0$ | $\dfrac{\pi}{6}$ | $\dfrac{\pi}{4}$ | $\dfrac{\pi}{3}$ | $\dfrac{\pi}{2}$ | $\dfrac{2\pi}{3}$ | $\dfrac{3\pi}{4}$ | $\dfrac{5\pi}{6}$ | $\pi$ |
| $y = \tan x$ | $0$ | $\dfrac{1}{\sqrt{3}}$ | $1$ | $\sqrt{3}$ | | $-\sqrt{3}$ | $-1$ | $-\dfrac{1}{\sqrt{3}}$ | $0$ |

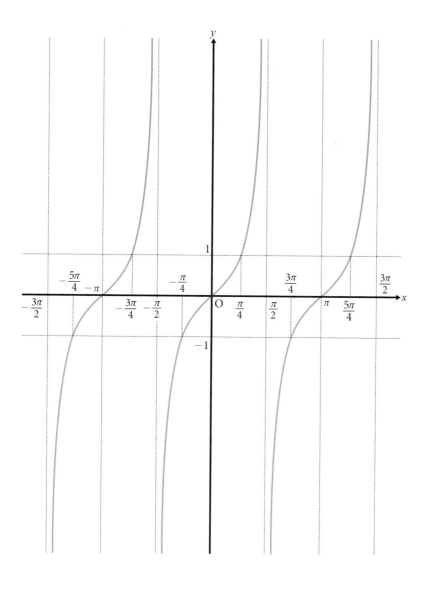

덧셈정리는 78쪽에서 소개했는데, 덧셈정리를 이용함으로써 15°나 75° 등의 삼각비의 값을 구할 수 있다. 덧셈정리는 다음과 같이 정리할 수 있다.

[덧셈정리] 일반각 $\alpha, \beta$에 대하여 다음이 성립한다.

$$\sin(\alpha + \beta) = \sin\alpha\cos\beta + \cos\alpha\sin\beta \qquad \sin(\alpha - \beta) = \sin\alpha\cos\beta - \cos\alpha\sin\beta$$

$$\cos(\alpha + \beta) = \cos\alpha\cos\beta - \sin\alpha\sin\beta \qquad \cos(\alpha - \beta) = \cos\alpha\cos\beta + \sin\alpha\sin\beta$$

$$\tan(\alpha + \beta) = \frac{\tan\alpha + \tan\beta}{1 - \tan\alpha\tan\beta} \qquad \tan(\alpha - \beta) = \frac{\tan\alpha - \tan\beta}{1 + \tan\alpha\tan\beta}$$

1999년 도쿄대학교 입학시험에 덧셈정리를 증명하는 문제가 출제되어 화제가 된 적이 있다. 지금부터 그 증명에 대해 알아볼 텐데, 11장에서 다룰 '벡터'를 활용한 증명이다.

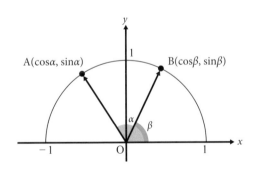

단위원 위에 $\overrightarrow{OA} = \begin{pmatrix} \cos\alpha \\ \sin\alpha \end{pmatrix}$, $\overrightarrow{OB} = \begin{pmatrix} \cos\beta \\ \sin\beta \end{pmatrix}$를 그린다(단, $\beta < \alpha$이다).

벡터의 내적을 이용하면 다음과 같이 $\cos(\alpha-\beta)$의 덧셈정리를 보여줄 수 있다.

$$\overrightarrow{OA} \cdot \overrightarrow{OB} = | \overrightarrow{OA} || \overrightarrow{OB} | \cos(\alpha-\beta)$$

$$\begin{pmatrix} \cos\alpha \\ \sin\alpha \end{pmatrix} \cdot \begin{pmatrix} \cos\beta \\ \sin\beta \end{pmatrix} = 1 \cdot 1 \cos(\alpha-\beta)$$

$$\cos\alpha \, \cos\beta + \sin\alpha \, \sin\beta = \cos(\alpha-\beta)$$

이 식을 이용하면 $\sin(\alpha+\beta)$를 보일 수 있다. 다음의 여각 공식을 활용하자.

[여각 공식]   $\sin(90^\circ - \theta) = \cos\theta$        $\cos(90^\circ - \theta) = \sin\theta$

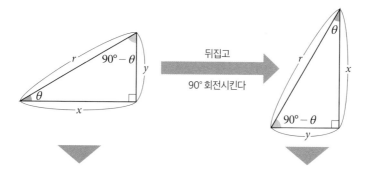

$$\sin\theta = \frac{y}{r} \cdots \text{①} \quad \cos\theta = \frac{x}{r} \cdots \text{②} \quad \sin(90^\circ - \theta) = \frac{x}{r} \cdots \text{③} \quad \cos(90^\circ - \theta) = \frac{y}{r} \cdots \text{④}$$

③과 ②에 의해, $\sin(90^\circ - \theta) = \dfrac{x}{r} = \cos\theta$

④와 ①에 의해, $\cos(90^\circ - \theta) = \dfrac{y}{r} = \sin\theta$

이렇게 필요한 것은 모두 준비되었으므로, $\sin(\alpha+\beta)$를 증명해보자.

$\sin\theta = \cos(90^\circ - \theta)$에서 $\theta = \alpha + \beta$라고 하면 다음이 성립한다.

$$\sin(\alpha+\beta) = \cos(90^\circ - (\alpha+\beta)) = \cos((90^\circ - \alpha) - \beta)$$

$$= \cos(90^\circ - \alpha)\cos\beta + \sin(90^\circ - \alpha)\sin\beta$$

$$= \sin\alpha \, \cos\beta + \cos\alpha \, \sin\beta$$

$\cos(\alpha+\beta)$에 대한 증명은 $\cos(\alpha-\beta)$의 식에서 $\beta$를 $-\beta$로 바꾸면 된다. 이때는 다음 성질을 이용한다.

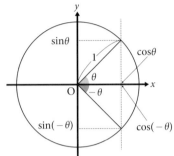

$$\sin(-\theta) = -\sin\theta, \cos(-\theta) = \cos\theta$$

이제 $\cos(\alpha+\beta)$를 증명해보자.

$$\cos(\alpha+\beta) = \cos(\alpha - (-\beta)) = \cos\alpha \cos(-\beta) + \sin\alpha \sin(-\beta)$$
$$= \cos\alpha \cos\beta + \sin\alpha(-\sin\beta) = \cos\alpha \cos\beta - \sin\alpha \sin\beta$$

이렇게 증명이 완료된다.

# 15 삼각함수의 합성

## 덧셈정리의 반대

앞에서는 덧셈정리를 소개했다. 여기서는 덧셈정리의 반대에 해당하는 **삼각함수의 합성**에 대해 알아보겠다.

'덧셈정리'의 계산

$$\sin(\alpha + \beta) = \sin\theta\,\cos\theta + \cos\theta\,\sin\theta$$

'삼각함수의 합성'의 계산

[삼각함수의 합성]

$$a\sin\theta + b\cos\theta = \sqrt{a^2 + b^2}\,\sin(\theta + \alpha) \qquad \sin의 \ 합성$$

$$b\cos\theta + a\sin\theta = \sqrt{a^2 + b^2}\,\cos(\theta - \beta) \qquad \cos의 \ 합성$$

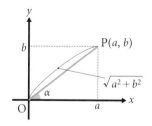 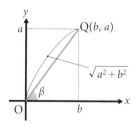

삼각함수의 합성은 대부분 sin으로 이루어지는데, 일본의 대학 입학시험에서 cos 합성을 묻는 문제가 출제되어 화제가 된 적이 있다. 이후에 설명하겠지만, cos 합성은 직접 시행하는 것이 아니라 sin 합성 후에 90°를 빼서 구하는 쪽

이 간편하다. 그때 활용하는 것이 관계식 $\sin\theta = \cos(\theta - 90°)$이다.

이 식은 176쪽에서 다루었는데, 그래프를 사용하지 않아도 유도할 수 있다. $\cos(-\theta) = \cos\theta \cdots ①$와 $\sin\theta = \cos(90° - \theta) \cdots ②$를 이용하면 된다.

$$\cos(\theta - 90°) = \underset{①}{\cos(-(\theta - 90°))} = \underset{②}{\cos(90° - \theta)} = \sin\theta$$

삼각함수의 합성은 덧셈정리 $\sin(\alpha + \beta) = \sin\alpha \cos\beta + \cos\alpha \sin\beta$를 반대로 계산하는 것이므로, $\beta = \theta$라고 하면 $\sin(\alpha + \theta) = \sin\alpha \cos\theta + \cos\alpha \sin\theta$이다. 좌변과 우변을 바꾸고 항의 순서를 정리하면 $\cos\alpha \sin\theta + \sin\alpha \cos\theta = \sin(\theta + \alpha)$가 된다. 이 식을 이용하면 되는 것이다.

$a\sin\theta + b\cos\theta$의 $a$, $b$ 부분이 $\cos\alpha$, $\sin\alpha$가 되도록 다음과 같이 삼각형을 설정한다.

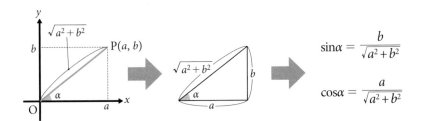

$\cos\alpha$, $\sin\alpha$의 분모가 $\sqrt{a^2 + b^2}$이므로 $a\sin\theta + b\cos\theta$를 일부러 $\sqrt{a^2 + b^2}$로 묶어서 $a$, $b$를 $\cos\alpha$, $\sin\alpha$로 나타낸다.

$$a\sin\theta + b\cos\theta = \sqrt{a^2 + b^2}\left(\frac{a}{\sqrt{a^2 + b^2}}\sin\theta + \frac{b}{\sqrt{a^2 + b^2}}\cos\theta\right)$$
$$= \sqrt{a^2 + b^2}(\cos\alpha \sin\theta + \sin\alpha \cos\theta) = \sqrt{a^2 + b^2}\sin(\theta + \alpha)$$

지금까지 삼각함수의 합성 공식을 유도하는 과정을 살펴보았다. 이제부터는 구체적인 예로서 $\sqrt{3}\sin\theta+\cos\theta$와 $\sqrt{2}\cos\theta-\sqrt{6}\sin\theta$를 합성하는 과정을 알아보겠다.

$\sqrt{3}\sin\theta+\cos\theta$의 $\sin\theta$, $\cos\theta$의 계수는 각각 $\sqrt{3}$, 1이므로 좌표평면 위에 점 $P(\sqrt{3},1)$을 설정하고 식을 변형한다.

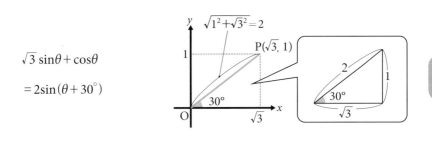

$$\sqrt{3}\sin\theta+\cos\theta$$
$$=2\sin(\theta+30°)$$

cos 합성은 다음과 같이 sin 합성에서 90°를 뺌으로써 구할 수 있다.

$$2\sin(\theta+30°)=2\cos(\theta+30°-90°)=2\cos(\theta-60°)$$

$\sqrt{2}\cos\theta-\sqrt{6}\sin\theta$의 $\sin\theta$, $\cos\theta$의 계수는 각각 $-\sqrt{6}$, $\sqrt{2}$이므로 좌표평면 위에 점 $P(-\sqrt{6},\sqrt{2})$를 설정하고 식을 변형한다.

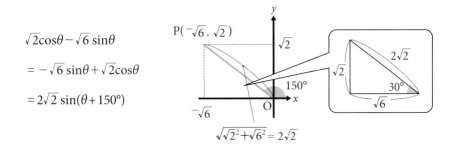

$$\sqrt{2}\cos\theta-\sqrt{6}\sin\theta$$
$$=-\sqrt{6}\sin\theta+\sqrt{2}\cos\theta$$
$$=2\sqrt{2}\sin(\theta+150°)$$

cos 합성은 다음과 같이 sin 합성에서 $90°$를 뺌으로써 구할 수 있다.

$2\sqrt{2}\sin(\theta+150°)$

$=2\sqrt{2}\cos(\theta+150°-90°)$

$=2\sqrt{2}\cos(\theta+60°)$

제 **6** 장

# 복소수와 관련된
# 수학 용어

# 01 허수, 순허수와 복소수

비슷한 용어가 있는 이유

우선 $x^2 + x + 1 = 0$의 해를 구해보자.

인수분해하기는 어렵기 때문에 근의 공식을 사용하면 된다.

$$[근의 공식] \quad ax^2 + bx + c = 0 일 때, \; x = \frac{-b \pm \sqrt{b^2 - 4ac}}{2a}$$

$a = 1$, $b = 1$, $c = 1$이므로 다음과 같이 계산할 수 있다.

$$x = \frac{-1 \pm \sqrt{1^2 - 4 \times 1 \times 1}}{2 \times 1} = \frac{-1 \pm \sqrt{-3}}{2} \cdots ①$$

$\sqrt{a}$는 제곱하여 $a$가 되는 양수를 뜻하는데, 어떤 실수라도 제곱하면 양수가 되므로 제곱하여 $-3$이 되는 실수 $\sqrt{-3}$은 존재하지 않는다. 이런 경우에 '없는 것은 만들면 된다'는 생각으로 도입된 것이 허수 단위 $i$로, **제곱하여 -1이 되는 수를** $i$, 즉 다음과 같다고 정했다.

$$i^2 = -1, \; \sqrt{-1} = i$$

제곱하여 $-1$이 되는 수로 $-\sqrt{-1}$도 있기 때문에 $-\sqrt{-1} = i$라고 해도 되지만, 대부분의 경우 $\sqrt{-1} = i$라고 한다.

수학에서는 허수 단위를 $i$로 표현하지만, 공학에서는 $i$가 전류를 나타내므로 $j$나 $k$ 등으로 나타내기도 한다.

$\sqrt{-3}$ 은 $\sqrt{-1}$ 을 $\sqrt{3}$배 한 것이므로 $\sqrt{-3} = \sqrt{3}i$라고 $i$를 사용하여 표현할 수 있다. 앞에서 구한 이차방정식의 해 ①은 허수 단위 $i$를 사용하여 나타내면 다음과 같다.

$$x = \frac{-1 \pm \sqrt{-3}}{2} = \frac{-1 \pm \sqrt{3}i}{2} = -\frac{1}{2} \pm \frac{\sqrt{3}}{2}i$$

이 해와 같이 **허수 단위 $i$가 포함된 수**를 허수라 하고, $\sqrt{3}i$와 같이 **실수 부분 없이 허수 단위만 있는 수**를 순허수라고 한다.

**허수, 순허수, 실수를 모두 합하여** 복소수라 하고, 복소수 전체를 나타내는 집합은 $\mathbf{C}$를 이용하여 나타낸다. **복소수는 $a + bi$ 형태로,** $a = 0$일 때는 순허수, $b = 0$일 때는 실수이다. 한편 근의 공식을 이용해 얻은 2개의 해 $-\frac{1}{2} + \frac{\sqrt{3}}{2}i$와 $-\frac{1}{2} - \frac{\sqrt{3}}{2}i$ 의 관계를 켤레라 하는데, $-\frac{1}{2} + \frac{\sqrt{3}}{2}i$의 켤레 복소수는 $-\frac{1}{2} - \frac{\sqrt{3}}{2}i$이며, 켤레 복소수를 나타내는 기호 $-$ (bar)를 이용하여 $\overline{-\frac{1}{2} + \frac{\sqrt{3}}{2}i} = -\frac{1}{2} - \frac{\sqrt{3}}{2}i$라고 표현할 수 있다.

마찬가지로 $-\frac{1}{2} - \frac{\sqrt{3}}{2}i$의 켤레 복소수는 $-\frac{1}{2} + \frac{\sqrt{3}}{2}i$이며, 기호를 이용하여 $\overline{-\frac{1}{2} - \frac{\sqrt{3}}{2}i} = -\frac{1}{2} + \frac{\sqrt{3}}{2}i$라고 표현할 수 있다.

[켤레 복소수]

복소수 $a+bi$의 켤레 복소수는 $a-bi$, 즉 $\overline{a+bi}=a-bi$이다.

복소수 $a-bi$의 켤레 복소수는 $a+bi$, 즉 $\overline{a-bi}=a+bi$이다.

허수, 순허수, 복소수라는 비슷한 용어 때문에 혼란스러울 수 있으나, 이렇게 구분해야 하는 분명한 이유가 있다. 허수 단위 $i$를 포함한 문제의 대부분이 '복소수를 구하라'라고 되어 있는데, 이것을 '허수를 구하라'라고 하면 문제가 생긴다. 예를 들어 $x^2-(1+i)x+i=0$은 $(x-1)(x-i)=0$이므로 해는 $x=1$, $x=i$이지만, '허수해를 구하라'라고 물으면 $x=i$만 해에 해당한다. 그렇기 때문에 복소수라는 용어가 필요한 것이다.

복소수 $2+3i$는 2개의 실수 2와 3에 의해 정해지므로 좌표평면 위의 점 $(2, 3)$에 대응시킬 수 있다. 이렇게 **좌표평면의 $x$축에 실수, $y$축에 허수를 대응시켜서 복소수를 나타낸 것**을 복소평면(또는 가우스 평면)이라고 한다.

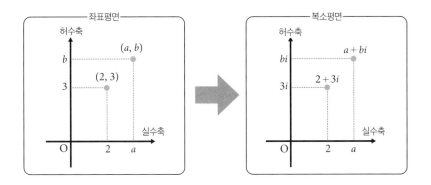

복소평면 위에서 실수는 가로축($x$축) 위의 점, 허수는 세로축($y$축) 위의 점이 되므로, 가로축($x$축)을 실수축, 세로축($y$축)을 허수축이라고 한다.

$2+3i$ 와 같은 허수는 눈에 보이지 않는데, 이렇게 눈으로 볼 수 없는 것을 시각적으로 나타내는 도구가 복소평면인 것이다.

허수를 시각적으로 나타냄으로써 식만 봐서는 간과하기 쉬운 기하학적 성질도 파악할 수 있다. 기하학적 성질은 이후에 다룰 극형식을 이용하면 이해하기 쉬울 것이다.

그렇다면 지금부터 $z = a + bi(a, b$는 실수$)$의 켤레 복소수 $\bar{z}$와 절댓값 $|z|$를 복소평면 위에서 살펴보자. $z$의 켤레 복소수인 $\bar{z}$는 $\bar{z} = \overline{a + bi} = a - bi$이므로 실수축에 대하여 대칭이다. 절댓값은 원점으로부터 떨어진 거리이므로, $z$의 절댓값 $|z|$는 피타고라스 정리를 이용하면 $\sqrt{a^2 + b^2}$이라는 것을 알 수 있다. 또한 $z$와 $\bar{z}$를 곱하면 다음과 같이 계산된다.

$$z\bar{z} = (a + bi)(a - bi) = a^2 - b^2 i^2 = a^2 + b^2$$

이는 절댓값 $|z| = \sqrt{a^2 + b^2}$의 제곱과 같다. 결국 다음과 같이 정리할 수 있다.

[복소수의 절댓값]    $|z| = |a + bi| = \sqrt{a^2 + b^2}$,   $|z|^2 = a^2 + b^2 = z\bar{z}$

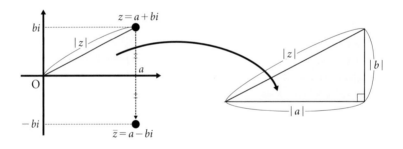

원점 O와 $a$ 사이의 거리는 $|a|$로 $|a|^2 = a^2$이고, 원점 O와 $bi$ 사이의 거리는 $|b|$로 $|b|^2 = b^2$이므로, 피타고라스 정리를 사용하면 $|z|^2 = |a|^2 + |b|^2 = a^2 + b^2$이 되고 $|z| = \sqrt{a^2 + b^2}$이다. 이 식에 $z = a + bi$를 대입하면 $|a + bi| = \sqrt{a^2 + b^2}$이 된다.

그렇다면 $z = 4 - 3i$의 켤레 복소수 $\bar{z}$와 절댓값 $|z|$를 구해보자.

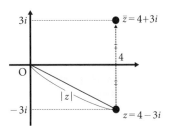

$$\bar{z} = \overline{4 - 3i} = 4 + 3i$$

$$|z| = |4 - 3i| = \sqrt{4^2 + (-3)^2} = \sqrt{25} = 5$$

복소수 $z = a + bi$는 **원점과의 거리 $r$과 사잇각 $\theta$를 이용하여 표현**할 수 있는데, 그러한 표현 방식을 극형식이라고 한다. $z = a + bi$를 나타내는 점을 P라 하고, OP의 길이($z$의 절댓값 $|z|$)를 $r$, OP가 실수축의 양의 방향과 이루는 각을 $\theta$라고 하면 다음과 같이 정리할 수 있다.

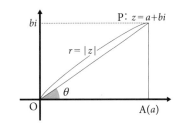

[극형식]　　$z = r(\cos\theta + i\sin\theta)$

구체적인 예를 들어 알아보자.

앞의 그림에서 △OAP를 보면 다음과 같이 정리할 수 있다.

$$\cos\theta = \frac{a}{r}, \ \sin\theta = \frac{b}{r}$$

위의 식에서 양변에 $r$을 곱하면 $r\cos\theta = a$, $r\sin\theta = b$가 되며, 이것을 $z = a + bi$에 대입하면 다음과 같다.

$$z = a + bi = r\cos\theta + (r\sin\theta)i = r(\cos\theta + i\sin\theta)$$

이때의 사잇각 $\theta$를 편각이라 하고, $\arg z$라고 표현한다. 그럼 지금부터 $z_1 = 1 + i$, $z_2 = \sqrt{3} + i$, $z_3 = i$, $z_4 = -1$을 극형식으로 나타내보자.

$z_1 = 1 + i$의 절댓값은 $|z_1| = \sqrt{1^2 + 1^2} = \sqrt{2}$로, 오른쪽 그림과 같이 $1:1:\sqrt{2}$인 직각삼각형이 만들어지므로 편각은 $\arg z_1 = 45°$이다. 따라서 극형식으로 나타내면 다음과 같다.

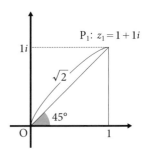

$$z_1 = 1 + i = \sqrt{2}(\cos 45° + i \sin 45°)$$

$z_2 = \sqrt{3} + i$의 절댓값은 $|z_2| = \sqrt{(\sqrt{3})^2 + 1^2} = 2$로, 오른쪽 그림과 같이 $1:2:\sqrt{3}$인 직각삼각형이 만들어지므로 편각은 $\arg z_2 = 30°$이다. 따라서 극형식으로 나타내면 다음과 같다.

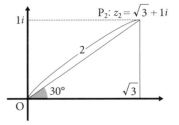

$$z_2 = \sqrt{3} + i = 2(\cos 30° + i \sin 30°)$$

$z_3 = i$의 절댓값은 1인데, 공식을 통해서 구하면 $|z_3| = |0 + 1i| = \sqrt{0^2 + 1^2} = 1$인 것을 확인할 수 있다. 오른쪽 그림과 같이 편각은 $\arg z_3 = 90°$이다. 따라서 극형식으로 나타내면 다음과 같다.

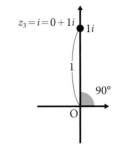

$$z_3 = i = 1(\cos 90° + i \sin 90°) = \cos 90° + i \sin 90°$$

$z_4 = -1$의 절댓값은 1인데, 공식을 통해서 구하면 $|z_4| = |-1 + 0i| = \sqrt{(-1)^2 + 0^2} = 1$인 것을 확인할 수 있다. 오른쪽 그림과 같이 편각은 $\arg z_4 = 180°$이다. 따라서 극형식으로 나타내면 다음과 같다.

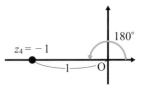

$$z_4 = -1 = 1(\cos 180° + i \sin 180°) = \cos 180° + i \sin 180°$$

여기서 $z_3 = i = \cos 90° + i \sin 90°$와 $z_4 = -1 = \cos 180° + i \sin 180°$라는 데 주목하자. 다음 그림과 같이 $z_3$은 1을 90° 회전한 것이고 $z_4$는 1을 180° 회전한 것이라고도 볼 수 있다.

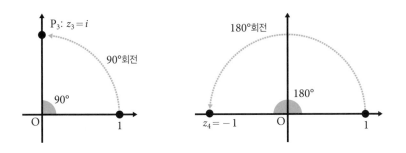

또한 허수 단위 $i$는 제곱하면 $i^2 = -1$인데, 이것은 복소평면 위에서 90° 회전을 두 번 시행한 것이라고도 볼 수 있다.

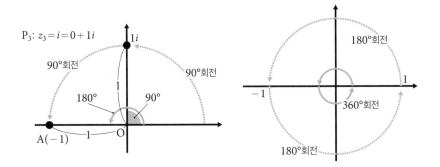

$(-1) \times (-1)$도 복소평면 위에서 생각해보면 1을 180° 회전해 $-1$이 된 후, 다시 한번 180° 회전하여 총 360° 회전해 1로 되돌아가는 것과 대응된다는 사실을 알 수 있다.

# 복소수의 곱과 드무아브르의 정리

복소수의 성질(회전)을 최대한 활용한다

복소수에는 회전이라는 관점이 있다. 회전이 분명하게 드러나는 것은 곱셈을 할 때이다. 여기서는 복소수의 곱셈에 대해 살펴보겠다.

2개의 복소수 $z = r(\cos\alpha + i\sin\alpha)$와 $w = R(\cos\beta + i\sin\beta)$를 곱하면 다음과 같다.

[복소수의 곱]  $zw = rR\{\cos(\alpha + \beta) + i\sin(\alpha + \beta)\}$

위 식을 증명하는 데에는 삼각함수의 덧셈정리를 이용하면 된다.

[삼각함수의 덧셈정리]  $\sin(\alpha + \beta) = \sin\alpha\cos\beta + \cos\alpha\sin\beta$

$$\cos(\alpha + \beta) = \cos\alpha\cos\beta - \sin\alpha\sin\beta$$

구체적으로 계산해보면 다음과 같다.

$$zw = r(\cos\alpha + i\sin\alpha) \cdot R(\cos\beta + i\sin\beta)$$

$$= rR(\cos\alpha\cos\beta + i\cos\alpha\sin\beta + i\sin\alpha\cos\beta + i^2\sin\alpha\sin\beta)$$

$$= rR\{\cos\alpha\cos\beta - \sin\alpha\sin\beta + i(\sin\alpha\cos\beta + \cos\alpha\sin\beta)\}$$

밑줄 친 부분에 덧셈정리를 활용하면 다음과 같다.

$$zw = rR\{\cos(\alpha + \beta) + i\sin(\alpha + \beta)\}$$

$r = R = 1$이라 하고 전개하면 다음과 같다.

$$(\cos\alpha + i\sin\alpha)(\cos\beta + i\sin\beta) = \cos(\alpha + \beta) + i\sin(\alpha + \beta) \cdots *$$

이 관계를 그림으로 나타내면 회전이 일어나는 모습을 눈으로 확인할 수 있다.

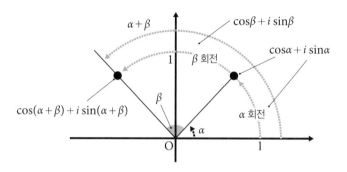

앞에서 구한 항등식 *에서 $\alpha = \beta = \theta$라 하면 다음과 같이 정리된다.

$$(\cos\theta + i\sin\theta)(\cos\theta + i\sin\theta) = \cos(\theta + \theta) + i\sin(\theta + \theta)$$

$$(\cos\theta + i\sin\theta)^2 = \cos2\theta + i\sin2\theta$$

이러한 조작을 반복함으로써 다음과 같은 드무아브르의 정리를 얻을 수 있다.

[드무아브르의 정리]   $(\cos\theta + i\sin\theta)^n = \cos n\theta + i\sin n\theta$ ($n$: 정수)

이 정리는 지수가 큰 복소수를 전개하는 문제에 활용할 수 있다.
$(\cos18° + i\sin18°)^5$과 $(1 + \sqrt{3}\,i)^6$을 예로 들어보자.
먼저 $(\cos18° + i\sin18°)^5$은 다음과 같이 전개된다.

$$(\cos18° + i\sin18°)^5 = \cos(5 \times 18°) + i\sin(5 \times 18°)$$

$$= \cos90° + i\sin90° = i$$

$\sin 18° = \dfrac{\sqrt{5}-1}{4}$ 이고 $\cos 18° = \dfrac{\sqrt{10+2\sqrt{5}}}{4}$ 인데, 이 수를 직접 이용하여 $(\cos 18° + i\sin 18°)^5$을 구하는 것은 어려운 일이다.

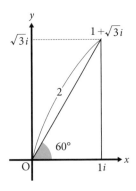

다음으로 $(1+\sqrt{3}\,i)^6$은 드무아브르의 정리를 활용하기 위하여 $1+\sqrt{3}\,i$를 극형식으로 나타내보자.

$1+\sqrt{3}\,i$의 절댓값은 $\sqrt{1^2+(\sqrt{3})^2}=2$이다. 오른쪽 그림을 통해 $1:2:\sqrt{3}$인 직각삼각형이 만들어지는 것을 확인할 수 있고, 편각은 $60°$이다. 따라서 극형식으로 나타내면 다음과 같다.

$$1+\sqrt{3}\,i = 2(\cos 60° + i\sin 60°)$$

위 식의 양변을 6제곱 하면 다음과 같다.

$$
\begin{aligned}
(1+\sqrt{3}\,i)^6 &= \{2(\cos 60° + i\sin 60°)\}^6 \\
&= 2^6(\cos 60° + i\sin 60°)^6 \\
&= 64(\cos 360° + i\sin 360°)
\end{aligned}
$$

$360°$와 $0°$는 같은 위치이므로 다음과 같이 쉽게 답을 구할 수 있다.

$$64(\cos 360° + i\sin 360°) = 64(\cos 0° + i\sin 0°) = 64$$

# 04 조립제법

사실은 이차식의 나눗셈에도 사용할 수 있다

45를 7로 나누었을 때의 몫과 나머지를 구하는 경우에, 오른쪽과 같은 계산 과정을 통해 몫이 6이고 나머지는 3이라는 것을 알 수 있다. 이 관계는 다음과 같이 등식으로 표현할 수도 있다.

$$
\begin{array}{r}
6 \leftarrow \text{몫} \\
7\overline{)4\ 5} \\
4\ 2 \\
\hline
3 \leftarrow \text{나머지}
\end{array}
$$

$$45 \div 7 \quad = \quad 6 \text{ 나머지 } 3$$

$$45 \quad\quad = \quad 7 \times 6 + 3$$

(나누어지는 수)　(나누는 수)　(몫)　(나머지)

　이러한 나눗셈 방식은 정수의 나눗셈뿐만 아니라 다항식의 나눗셈에도 적용하여 몫과 나머지를 구할 수 있다.

　$2x^3 - 3x^2 + 4x - 5 \div (x - 2)$를 예로 들어보자.

　$2x^3 - 3x^2 + 4x - 5$를 $(x - 2)$로 나누면 몫은 $2x^2 + x + 6$이고 나머지는 7이다.

$$
\begin{array}{r}
2x^2 + x + 6 \leftarrow \text{몫} \\
x-2\overline{)2x^3 - 3x^2 + 4x - 5} \\
2x^3 - 4x^2 \\
\hline
x^2 + 4x \\
x^2 - 2x \\
\hline
6x - 5 \\
6x - 12 \\
\hline
7 \leftarrow \text{나머지}
\end{array}
$$

　다항식의 나눗셈이 가능하기는 하지만 과정이 꽤 어렵다. 그러한 어려움을 덜어주는 기술이 바로 조립제법이다.

　조립제법은 다음과 같은 과정을 거친다.

| 단계 1 | 나누어지는 식의 계수를 나열한다. |
|---|---|

$2x^3 - 3x^2 + 4x - 5$의 계수인 $2, -3, 4, -5$를 나열한다.

$\quad 2 \qquad -3 \qquad 4 \qquad -5 \quad \longleftarrow$ 계수를 나열한다

| 단계 2 | '나누는 식=0'이라 하여 해를 구하고, 그 해를 단계 1에서 나열한 계수의 왼쪽에 적는다(이 방법은 나누는 수가 일차식인 경우에만 해당한다). |
|---|---|

$x - 2 = 0$이므로 $x = 2$니까 다음과 같이 적는다.

$\underline{2} \rfloor \qquad 2 \qquad -3 \qquad 4 \qquad -5$

| 단계 3 | 한 줄을 띄운 후에 가로로 선을 긋고, 나누어지는 수(2, -3, 4, -5) 중에서 최고차항의 계수인 2를 선 아래에 적는다. |
|---|---|

$\underline{2} \rfloor \qquad 2 \qquad -3 \qquad 4 \qquad -5$

$\qquad \qquad \vdots$

$\overline{\qquad \qquad \qquad \qquad \qquad}$

$\qquad \quad \downarrow$

$\qquad \quad 2$

| 단계 4 | 단계 3에서 적은 숫자 2와 왼쪽 위에 적힌 숫자 2를 곱하고 그 결과인 4를 오른쪽 위에 적는다. |
|---|---|

$\underline{2} \rfloor \qquad 2 \qquad -3 \qquad 4 \qquad -5$

$\qquad \qquad \qquad 4$

$\overline{\qquad \qquad \qquad \qquad \qquad}$

$\qquad \quad 2$

| 단계 5 | 최고차항의 계수 2의 오른쪽에 있는 -3의 열을 계산한다. |
|---|---|

$\underline{2} \rfloor \qquad 2 \qquad -3 \qquad 4 \qquad -5$

$\qquad \qquad \qquad 4$

$\overline{\qquad \qquad \qquad \qquad \qquad}$

$\qquad \quad 2 \qquad 1$

198

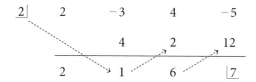

나누는 식이 일차식이기 때문에 나머지는 상수항뿐이다. 나머지는 가장 오른쪽 수인 7이고, 이 외의 숫자는 몫의 계수이다.

몫은 가장 오른쪽부터 상수항 $\longrightarrow$ 일차$(x)$항 $\longrightarrow$ 이차$(x^2)$항의 순서다.

$$\text{몫} \rightarrow \quad 2 \qquad\qquad 1 \qquad\qquad 6 \qquad\qquad \underline{7} \leftarrow \text{나머지}$$
$$\quad\quad x^2 \qquad\qquad x \qquad\quad \text{(상수)} \qquad \text{(상수)}$$

따라서 몫은 $2x^2 + 1x + 6 = 2x^2 + x + 6$이고 나머지는 7이다.

조립제법은 나누는 수가 일차식인 경우뿐만 아니라 이차식 이상인 경우에도 활용할 수 있다. 지금부터 $(3x^3 + 4x^2 - 2x + 1) \div (x^2 - x + 3)$의 몫과 나머지를 조립제법을 이용하여 구해보자.

단계 1   나누어지는 식의 계수를 나열한다.

$3x^3 + 4x^2 - 2x + 1$의 계수인 3, 4, $-2$, 1을 나열한다.

$$3 \qquad\qquad 4 \qquad\qquad -2 \qquad\qquad 1$$

단계 2, 단계 3   '나누는 식=0'이라 하고, 최고차항만 좌변에 남긴 채 나머지는 우변으로 이항한 후 우변의 계수를 나열한다(이때 좌변의 계수는 1이 되도록 한다).

$x^2 - x + 3 = 0$에서 최고차항 $x^2$만 좌변에 남기고 나머지를 우변으로 이항하여 계수를 나열한다. 좌변의 $-x + 3$을 우변으로 이항하면 $x^2 = 1x - 3$이므로 계수는 1, $-3$이다. 이 계수를 왼쪽 편에 아래에서부터 위로 적는다. 그리고 나

서 단계 1에서 적어둔 3, 4, −2, 1 중 가장 앞에 있는 숫자 3을 아래에 한 번 더 적는다.

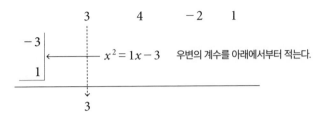

**단계 4** 단계 3에서 적은 숫자 3과 왼쪽 편에 적힌 숫자를 아래에서부터 곱하여 결과를 오른쪽 위에 적는다.

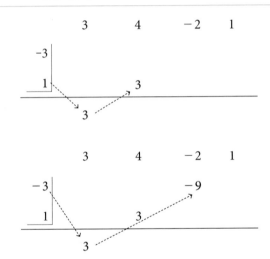

**단계 5** 최고차항의 계수 3의 오른쪽에 있는 4의 열을 계산한다.

|  | 3 | 4 | −2 | 1 |
|---|---|---|---|---|
| −3 |  |  | −9 |  |
| 1 |  | 3 |  |  |
|  | 3 | 7 |  |  |

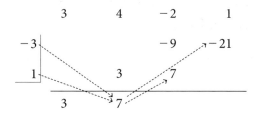

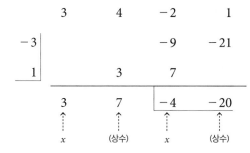

나누는 수가 이차식이기 때문에 나머지는 일차식이다. 나머지의 계수는 오른쪽의 $-4$, $-20$이고, 이 외의 숫자가 몫의 계수이다.

따라서 몫은 $3x+7$이고 나머지는 $-4x-20$이다.

# 네이피어의 수, 오일러의 공식, 오일러의 등식

### 세상에서 가장 아름다운 수식

무리수는 분수 형태로 나타낼 수 없는 수로, $\sqrt{\phantom{x}}$ 를 씌운 $\sqrt{2}$, $\sqrt{3}$ 등이 무리수에 해당한다. 무리수에는 그 외에도 $\pi$ 등 많은 숫자가 있는데, 고등학교 때까지 배우는 수로는 네이피어의 수 또는 오일러의 수라고 불리는 $e$가 있다. $e$는 2.71828182845904523536……으로 무한히 계속되는 수이다.

한편 무리수는 두 가지로 분류할 수 있는데, 하나는 $\sqrt{2}$, $\sqrt{3}$과 같이 계수가 정수인 다항식의 해가 되는 수인 대수적 수이다. 예를 들어 $\sqrt{2}$는, $x = \sqrt{2}$라 두고 양변을 제곱한 후 상수항을 좌변으로 이항함으로써, 계수가 정수인 다항식 $x^2 - 2 = 0$의 해가 된다는 것을 알 수 있다. $\sqrt{3}$도 마찬가지 방법을 통해 계수가 정수인 다항식 $x^2 - 3 = 0$의 해가 된다는 것을 알 수 있다.

대수적 수와 달리, $\pi$나 $e$처럼 계수가 정수인 다항식의 해가 되지 않는 수를 초월수라 한다.

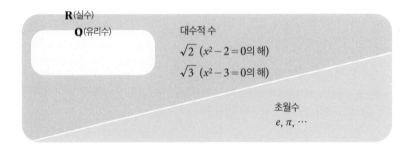

$\mathbf{R}$(실수)
$\mathbf{Q}$(유리수)

대수적 수
$\sqrt{2}$ ($x^2 - 2 = 0$의 해)
$\sqrt{3}$ ($x^2 - 3 = 0$의 해)

초월수
$e, \pi, \cdots$

네이퍼어는 스코틀랜드의 수학자이자 천문학자로, 로그를 발견한 사람이다. 로그의 발견은 천문학자의 수명을 2배 늘려주었다고 이야기될 정도로 위대한 업적이다.

**네이퍼어의 수 $e$ 는 주로 미분과 적분의 계산을 간단히 만드는 데 활용**된다.

네이퍼어의 수는 오일러의 수라고도 한다. 오일러는 가우스와 함께 수학계의 거목 중 하나로 불리며 다양한 공식을 만들어낸 사람이다. 대표적으로 다음과 같은 오일러의 공식이 있다.

$$[오일러의 공식] \quad e^{i\theta} = \cos\theta + i\sin\theta$$

좌변은 지수함수에 허수를 대입한 형태이다.

이 공식의 우변이 익숙하지 않은가? 바로 복소수의 극형식에서 사용한 표현이다. 오일러의 공식에 $\theta = \pi(=180°)$를 대입하면 다음과 같다.

$$e^{i\pi} = \cos\pi + i\sin\pi = \cos180° + i\sin180° = -1$$

'$e^{i\pi} = -1$'에서 $-1$을 좌변으로 이항한 '$e^{i\pi} + 1 = 0$'은 오일러의 등식이라 불리며, 세상에서 가장 아름다운 수식으로 알려져 있다.

$$[오일러의 등식] \quad e^{i\pi} + 1 = 0$$

그렇게 알려진 이유는 네이퍼어의 수 $e = 2.71828182\cdots\cdots$, 원주율 $\pi = 3.14159265358979\cdots\cdots$, 허수 단위 $i = \sqrt{-1}$이라는, 수학의 각기 다른 분야에서 만들어져 서로 관련이 없어 보이는 개념들을 하나의 식으로 간결하게 나타냈다는 점 때문이다. 각각의 값을 구체적인 수로 표현하면 다음과 같다.

$$(2.71828182\cdots\cdots)^{\sqrt{-1} \times 3.14159265358979\cdots\cdots} + 1$$

이렇게 복잡해 보이는 수가 간단히 0이 되는 것이다.

한편 오일러와 어깨를 나란히 하는 수학계의 거목인 가우스는 학생들에게 '오일러의 등식'을 보여주면서, 이 식의 의미를 바로 알아차리지 못하는 사람은 훌륭한 수학자가 될 수 없을 것이라고 말했다고 전해진다.

# 눈에 보이지 않는 복소수는 어떤 역할을 할까?

눈에 보이지 않는 허수를 시각화하는 게 무슨 도움이 된다는 것인지 의아한 사람도 있을 것이다. 하지만 의식하지 못하고 있는 것일 뿐, 우리는 눈에 보이지 않는 수를 일상적으로 활용하고 있다.

예를 들어 사과가 11개 있고 이것을 세 사람에게 4개씩 나눠주는 경우를 생각해보자.

첫 번째 사람에게 나눠주면 11 - 4 = 7이므로 7개가 남는다.
두 번째 사람에게 나눠주면 7 - 4 = 3이므로 3개가 남는다.

그런데 세 번째 사람에게 나눠주려고 하자, 사과가 3개밖에 남지 않았기 때문에 똑같이 4개를 줄 수는 없다. 이렇게 이야기하면 3 - 4 = - 1이라고 계산하면서 '1개가 부족하다'고 생각하는 사람이 있을지도 모른다.

또는 어떻게든 세 번째 사람에게도 사과를 주고 싶어서 부족한 사과 1개를 구해보려고 할 것이다. 이러한 반응은 눈에 보이지 않는 음수를 이용해서 계산했기에 가능한 것이다.

또 다른 예로 중학교 수학에서 방정식을 계산할 때 사용하는 $x$를 들 수 있다. $x$ 역시 보이지 않는 수이다. 하지만 눈에 보이지 않는 $x$를 사용하지 않으면 학구산(학과 거북이의 머리 수 합계와 다리 수 합계를 보고 각각 몇 마리인지 계산하는 문제로 풀이법이 다양하다-옮긴이) 같은 문제를 푸는 여러 가지 계산법을 모조리 외워두어야 한다. 이렇듯 보이지 않는 수는 다양한 현상을 수학적으로 처리할 때 매우 유용하다.

**6**

복소수와 관련된
수학 용어

게다가 눈에 보이지 않는 것들이 우리 주변에 많은 것도 사실이다. 우리는 매일 휴대폰을 사용하고 방 안의 전등을 켰다가 끄는데, 그러한 전자기기의 에너지원인 전기나 전파도 눈에 보이지 않는다.

복소평면은 눈에 보이지 않는 현상을 숫자로 볼 수 있게 만들어서 그것에 대해 연구할 수 있게 해준다. 가우스가 도입한 복소평면이 오늘날 과학기술의 발전까지 뒷받침해주고 있는 것이다.

제 **7** 장

수열과 관련된
수학 용어

# 등차수열

어린 가우스가 선생님을 놀라게 만든 계산법

수를 일렬로 나열한 것을 수열이라고 한다. **규칙성이 없어도 수를 일렬로 나열한 것은 모두 수열**이다. 규칙성이 없는 수열이 쓸모가 있을지 궁금한 사람도 있겠지만, 확률과 통계 교과서에 실린 난수표의 난수도 수열에 해당한다. 여기서는 규칙성이 있는 수열에 대해 살펴보겠다.

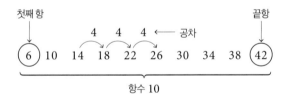

6, 10, 14, …로 나열된 각각의 수를 항이라 하고, 가장 처음 항인 6을 첫째 항, 가장 마지막 항인 42를 끝항, $n$번째 항을 제$n$항 또는 일반항이라고 한다. 그리고 전체 항의 개수인 10을 항수라고 한다.

수열의 첫째 항, 둘째 항, 셋째 항, …, $n$번째 항, …은 항의 오른쪽 아래에 번호를 붙여서 다음과 같이 나타낸다.

$$a_1, \ a_2, \ a_3, \ a_4, \ \cdots, \ a_n, \ \cdots$$

(첫째 항)　　　　　　일반 항($n$번째 항)

그리고 이 수열을 $\{a_n\}$이라고 표현할 수도 있다. 항의 오른쪽 아래에 붙인 번호를 첨자라고 한다. 위의 수열은 다음과 같이 나타낼 수 있는 것이다.

| $a_1$ | $a_2$ | $a_3$ | $a_4$ | $a_5$ | $a_6$ | $a_7$ | $a_8$ | $a_9$ | $a_{10}$ |
|---|---|---|---|---|---|---|---|---|---|
| ‖ | ‖ | ‖ | ‖ | ‖ | ‖ | ‖ | ‖ | ‖ | ‖ |
| 6 | 10 | 14 | 18 | 22 | 26 | 30 | 34 | 38 | 42 |

--→ 항과 항 사이의 틈

위의 수열처럼 **같은 수만큼 커지는(또는 작아지는) 수열**을 등차수열이라고 한다. 이 수열은 4씩 커지는데 이때 4를 이 수열의 공차라고 한다. 등차수열은 항과 항 사이에 있는 틈의 개수를 알면 몇 번째 항인지 쉽게 구할 수 있다. 위의 수열에서 하나씩 따져보자.

이런 식으로 알 수 있는 것이다.

첫째 항 $a_1$은 6

둘째 항 $a_2$는 $6 + 4 \times 1 = 10$ (첫째 항과 둘째 항 사이에 틈은 $2 - 1 = 1$개)

셋째 항 $a_3$은 $6 + 4 \times 2 = 14$ (첫째 항과 셋째 항 사이에 틈은 $3 - 1 = 2$개)

넷째 항 $a_4$는 $6 + 4 \times 3 = 18$ (첫째 항과 넷째 항 사이에 틈은 $4 - 1 = 3$개)

$\vdots$              $\vdots$                        $\vdots$

열째 항 $a_{10}$은 $6 + 4 \times 9 = 42$ (첫째 항과 열째 항 사이에 틈은 $10 - 1 = 9$개)

위와 같은 예시를 바탕으로 등차수열의 일반항이라고 하는 $n$번째 항의 공식을 유도할 수 있다.

첫째 항이 $a_1$, 공차가 $d$인 등차수열의 일반항 $a_n$은 다음과 같다.

[등차수열의 일반항]  $a_n = a_1 + \underbrace{d + d + d + \cdots + d}_{(n-1)\text{개}} = a_1 + (n-1)d$

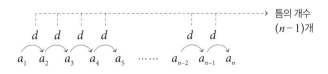

등차수열의 합을 구하는 공식도 있는데, 그것과 관련된 일화는 유명하다. 수학자 가우스가 어린 시절에 다니던 학교에는 조금 짓궂은 선생님이 있었다. 산수 수업 시간에 선생님은 1부터 100까지 수를 모두 더하라는 문제를 냈다.

$$1+2+3+4+5+6+\cdots+98+99+100=?$$

선생님은 학생들이 문제를 푸는 데 시간이 꽤 걸릴 것이라고 생각했지만 가우스는 몇 초 만에 풀었다고 답했다.

선생님은 다른 업무를 할 시간을 벌려고 일부러 어려운 문제를 낸 것이었기 때문에 사실은 가우스가 풀지 못했을 것이라고 예상했다. 그러면서 가우스가 틀린 답을 말하면 벌을 주어야겠다고 생각했다. 가우스의 자리로 가던 선생님 눈에는 틀린 답을 쓴 학생들의 답안지가 보였다. 그리고 가우스의 답안지에는 '5050'이라고 정답이 적혀 있었다. 이때 가우스가 답을 구한 방식을 알아보자.

1부터 100까지 수의 합(S라고 한다)을 일렬로 나열하고, 그 밑에 100부터 1까지 수의 합을 나열한 후, 위와 아래의 항을 더한다. 그러면 다음과 같이 같은 숫자(101)가 나열된다.

$$S=\quad 1+\quad 2+\quad 3+\cdots\cdots+\ 98+\ 99+100$$
$$+\underline{)\ S=100+\ 99+\ 98+\cdots\cdots+\quad 3+\quad 2+\quad 1}$$
$$2S=\underbrace{101+101+101+\cdots\cdots+101+101+101}$$

101이 100개 ➡ $101\times100=10100$

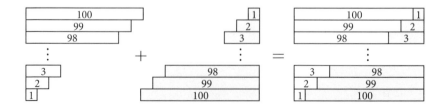

이 계산으로부터 $2S = 10100$이고, $S = 5050$이라는 것을 구할 수 있다. 어린 가우스가 선생님을 놀라게 한 답은 이런 과정을 거쳐 나오게 된 것이다. 이 결과로부터 등차수열의 합 $S_n$은 첫째 항 $a_1$과 끝항 $a_n$을 더한 값에 항수인 $n$을 곱한 후 반으로 나누면 구할 수 있다는 것을 알 수 있으므로, 다음과 같은 공식으로 정리할 수 있다.

[등차수열의 합 공식] $S_n = \dfrac{n(a_1 + a_n)}{2}$

등차수열의 일반항 $a_n = a_1 + (n-1)d$를 위의 공식에 대입하면 다음과 같은 공식을 유도할 수 있다.

[등차수열의 합 공식] $S_n = \dfrac{n\{a_1 + a_1 + (n-1)d\}}{2} = \dfrac{n\{2a_1 + (n-1)d\}}{2}$

이러한 등차수열의 합 공식을 그림으로 나타내보자. 이때 다음을 이용하면 된다.

$a_2, a_3, \cdots, a_{n-2}, a_{n-1}$을 $a_1$과 $a_n$을 이용하여 표현해보자.

먼저 $a_1$을 이용하면 $a_2 = a_1 + d$, $a_3 = a_1 + 2d$, $\cdots\cdots$가 되고, $a_n$을 이용하면 $a_{n-1} = a_n - d$, $a_{n-2} = a_n - 2d$, $\cdots\cdots$가 된다.

등차수열의 합 공식을 그림으로 나타내면 다음 페이지와 같다.

다음 그림에서 전체 합은 가로 길이와 세로 길이를 곱한 직사각형의 넓이이므로 $n(a_1 + a_n)$이고, 이 수를 2로 나누면 등차수열의 합을 구할 수 있다. 이러한 계산법은 일본 에도시대에 널리 읽혔던 산술서인 『진겁기』에 실린 '쌓여

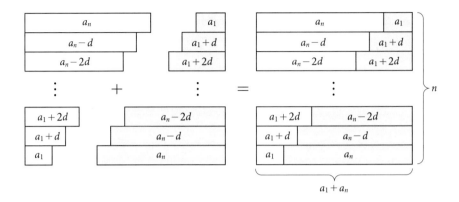

있는 가마니의 수를 세는 법'에서도 발견된다. 진첩기는 가우스가 태어나기 150년 전인 1627년에 발간된 책이므로, 그러한 계산법의 발상 자체는 가우스 이전에 널리 퍼져 있었을 것으로 예상된다.

# 02 등비수열
등비수열의 합 공식은 비장의 무기

5, 10, 20, 40, 80, 160, ……과 같이 첫째 항인 $a_1 = 5$ 다음에 계속 2를 곱해서 얻은 수를 나열한 것을 등비수열이라 하고, 2를 공비라고 한다.

등차수열과 마찬가지로 등비수열의 일반항도 유도할 수 있다. 구체적인 예를 통해서 등비수열의 일반항에 대해 살펴보자.

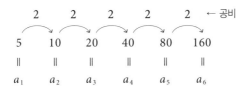

첫째 항 $a_1$은 5

둘째 항 $a_2$는 $5 \times 2 = 10$ ($a_1$과 $a_2$ 사이에 틈은 $2 - 1 = 1$개)

셋째 항 $a_3$은 $5 \times 2 \times 2 = 5 \times 2^2 = 20$ ($a_1$과 $a_3$ 사이에 틈은 $3 - 1 = 2$개)

넷째 항 $a_4$는 $5 \times 2 \times 2 \times 2 = 5 \times 2^3 = 40$ ($a_1$과 $a_4$ 사이에 틈은 $4 - 1 = 3$개)

다섯째 항 $a_5$는 $5 \times 2 \times 2 \times 2 \times 2 = 5 \times 2^4 = 80$ ($a_1$과 $a_5$ 사이에 틈은 $5 - 1 = 4$개)

⋮

일반항 $a_n$은 $5 \times \underbrace{2 \times 2 \times \cdots \times 2 \times 2}_{(n-1)\text{개}} = 5 \times 2^{n-1}$ ($a_1$과 $a_n$ 사이에 틈은 $n - 1$개)

첫째 항이 $a_1$, 공비가 $r$인 등비수열의 일반항 $a_n$은 다음과 같다.

$$[\text{등비수열의 일반항}] \; a_n = a_1 \times \underbrace{r \times r \times \cdots\cdots \times r}_{(n-1)\text{개}} = a_1 \times r^{n-1}$$

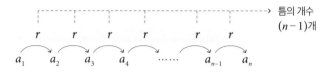

등비수열의 일반항을 알아보았으니, 다음으로 등비수열의 합에 대해 살펴보자. 첫째 항이 $a_1$, 공비가 $r(\neq 1)$, 항수가 $n$인 등비수열의 합 공식은 다음과 같다.

$$[\text{등비수열의 합 공식 1}] \; \frac{a_1(r^n - 1)}{r-1} = \frac{a_1(1-r^n)}{1-r} \;\cdots\cdots(*)$$

이 공식의 증명은 마지막에 다루겠다.

고등학교에서는 위 식 $(*)$을 배우는데, 이 공식을 조금 변형하여 말로 풀어서 외우면 **항수를 몰라도 합을 구할 수 있으므로** 항수 때문에 헷갈릴 일이 없다.

$$[\text{등비수열의 합 공식 2}] \; \frac{\text{끝항} \times r - \text{첫째항}}{r-1} = \frac{\text{첫째항} - \text{끝항} \times r}{1-r} \;\cdots\cdots(**)$$

식 $(*)$에서 식 $(**)$로 변형되는 과정을 자세히 살펴보자. 끝항을 $n$번째 항인 $a_n = a_1 r^{n-1}$이라고 하자. 다음과 같은 식 변형에서는 $a_1 r^n$을 $a_1 r^{n-1} \times r$이라고 나눠서 표현하고 있다.

$$(*) = \frac{a_1(r^n-1)}{r-1} = \frac{a_1 r^n - a_1}{r-1} = \frac{a_1 r^{n-1} \times r - a_1}{r-1} = \frac{a_n \times r - a_1}{r-1}$$

$$= \frac{\text{끝항} \times r - \text{첫째항}}{r-1} = (**)$$

지금부터 식 (**)을 다음과 같은 예에서 활용해보자.

예: $1 + 2 + 4 + 8 + 16 + \cdots\cdots + 16777216$을 구하라.

원래 사용하던 방법인 식 (*)을 이용하려면 16777216이 몇 번째 항인지 알아야 한다. 하지만 식 (**)을 이용하면 첫째 항이 1, 끝항이 16777216, 공비가 2인 것만으로도 합을 구할 수 있다.

$$\frac{\text{끝항} \times r - \text{첫째항}}{r-1} = \frac{16777216 \times 2 - 1}{2-1} = 33554432 - 1 = 33554431$$

이렇듯 항수를 몰라도 합을 구할 수 있는 것이다. 식 (*)을 사용하고자 한다면 $16777216 = 2^{24}$이니까 16777216이 25번째 항이므로 공식에 대입하여 다음과 같이 답을 얻을 수 있다.

$$\frac{a_1(r^n-1)}{r-1} = \frac{1 \times (2^{25}-1)}{2-1} = 2^{25} - 1 = 33554432 - 1 = 33554431$$

이 예는 식 (*)로 합을 구하는 것이 그다지 어렵지 않았는데, 다음과 같은 예는 어떨까?

$$\frac{1}{2^{2n+3}} + \frac{1}{2^{2n+2}} + \frac{1}{2^{2n+1}} + \cdots\cdots + 2^{n+3} + 2^{n+4} + 2^{n+5}$$

이 수열의 항수를 구하는 것은 어렵다. 하지만 식 (**)을 이용하면 다음과 같이 쉽게 구할 수 있다.

$$\frac{\text{끝항} \times r - \text{첫째항}}{r-1} = \frac{2^{n+5} \times 2 - \dfrac{1}{2^{2n+3}}}{2-1} = 2^{n+6} - \frac{1}{2^{2n+3}}$$

물론 식 (*)을 이용하여 구할 수도 있다. 이 수열의 항수는 $(2n+3)+1+$
$(n+5)=3n+9$이므로 다음과 같이 계산할 수 있다.

$$\frac{a_1(r^n-1)}{r-1} = \frac{\dfrac{1}{2^{2n+3}} \times (2^{3n+9}-1)}{2-1} = \frac{2^{3n+9}}{2^{2n+3}} - \frac{1}{2^{2n+3}}$$

$$= 2^{3n+9-(2n+3)} - \frac{1}{2^{2n+3}} = 2^{n+6} - \frac{1}{2^{2n+3}}$$

계산 과정을 보면 알 수 있듯이, 이 예를 식 (*)로 풀려고 하면 항수를 구하는
것은 물론, 항수를 구한 후에 계산을 하는 것까지 쉬운 일이 아니다.

지금부터 등비수열의 합 공식(*)을 유도해보겠다. 등차수열과 마찬가지로
등비수열의 합을 계산하는 편리한 방법이 있다. 등비수열의 합 $S_n$은 다음과 같
이 나타낼 수 있다.

$$S_n = a + ar + ar^2 + ar^3 + \cdots\cdots + ar^{n-1} \ (\text{단}, r \ne 1)$$

양변에 $r$을 곱한 후 얻어진 식과 위 식의 차를 구한다.

$$rS_n = \qquad ar + ar^2 + ar^3 + \cdots + ar^{n-1} + ar^n$$
$$-\underline{\big)\, S_n = a + ar + ar^2 + ar^3 + \cdots + ar^{n-1}}$$
$$rS_n - S_n = -a + ar^n$$
$$S_n(r-1) = a(r^n-1)$$

이제 양변을 $r-1(r \ne 1)$로 나누면 다음과 같다.

$$S = \frac{a(r^n - 1)}{r - 1}$$

이렇게 식 (*)의 좌변과 같은 식이 구해졌다. 이 식의 분모와 분자에 ($-1$)을 곱하면 식 (*)의 우변과 같은 식을 구할 수 있다.

# Σ 기호와 Π 기호

번거로운 계산을 간단히 정리한 기호

수학에서는 다양한 수를 계산한다. '1부터 5까지 더하기'처럼 계산하는 수가 적으면 $1+2+3+4+5=15$와 같이 하나씩 적어서 더할 수 있지만, '1부터 100까지 더하기'를 해야 한다면 어떨까?

$$1+2+3+4+5+6+\cdots\cdots+98+99+100$$

물론 위와 같이 '……'을 이용해 나타낼 수도 있으나, 이런 방식은 긴 덧셈을 짧게 줄여서 표현한 것에 지나지 않는다. **이럴 때 긴 덧셈 계산을 기호로 나타내어 응용까지 할 수 있게 만들어주는 것**이 바로 $\sum$(시그마)이다. $\sum$ 기호는 '오일러의 공식'으로 유명한 오일러가 논문에서 사용하면서 널리 쓰이게 되었다. 수학에서 기호를 사용하는 목적은 긴 계산을 짧게 만들거나, 구할 수 없는 수를 나타내기 위함인데, **기호로 표현함으로써 계산을 간소화하기 위한 공식을 만들 수도 있다.**

한편 덧셈 결과를 '합'이라고 하는데, 합은 영어로 'sum'이므로 첫 글자 S를 사용하여 나타낼 때가 많다. 대문자 S에 해당하는 그리스 문자가 $\sum$이다. $\sum$ 기호는 $\sum$의 오른쪽에 적힌 문자식($a_k$)에, $\sum$의 아래쪽에 적힌 숫자($k=1$)부터 $\sum$의 위쪽에 적힌 숫자($n$)까지를 대입하여 더한다는 것을 의미한다.

$$\sum_{k=1}^{n} a_k \leftarrow k를 \ 대입할 \ 식$$

$$\sum_{k=1}^{n} a_k = a_1 + a_2 + a_3 + a_4 + \cdots + a_n$$

$k=2 \quad k=4$

$k=1 \quad k=3$

지금부터 몇 가지 구체적인 예를 살펴보자.

$$\sum_{k=1}^{5} k = \underset{k=1}{1} + \underset{k=2}{2} + \underset{k=3}{3} + \underset{k=4}{4} + \underset{k=5}{5} = 15$$

$$\sum_{k=1}^{6} 2k = \underset{k=1}{2 \times 1} + \underset{k=2}{2 \times 2} + \underset{k=3}{2 \times 3} + \underset{k=4}{2 \times 4} + \underset{k=5}{2 \times 5} + \underset{k=6}{2 \times 6} = 42$$

$$\sum_{k=5}^{9} (2k-1) = \underset{k=5}{(2 \times 5 - 1)} + \underset{k=6}{(2 \times 6 - 1)} + \underset{k=7}{(2 \times 7 - 1)} + \underset{k=8}{(2 \times 8 - 1)} + \underset{k=9}{(2 \times 9 - 1)} = 65$$

$$\sum_{k=1}^{n-1} b_k = \underset{k=1}{b_1} + \underset{k=2}{b_2} + \underset{k=3}{b_3} + \underset{k=4}{b_4} + \cdots + \underset{k=n-1}{b_{n-1}}$$

**7**

수열과 관련된 수학 용어

∑를 쓰는 목적은 단순히 긴 덧셈 계산을 짧게 줄여서 표현하는 것만이 아니다. 다음과 같이 공식으로 만들어서 계산을 간소화하는 역할도 한다.

[합의 공식] $\quad \displaystyle\sum_{k=1}^{n} k = 1 + 2 + 3 + \cdots\cdots + n = \dfrac{n(n-1)}{2}$

$$\sum_{k=1}^{n} k^2 = 1^2 + 2^2 + 3^2 + \cdots\cdots + n^2 = \dfrac{n(n+1)(2n+1)}{6}$$

$$\sum_{k=1}^{n} k^3 = 1^3 + 2^3 + 3^3 + \cdots\cdots + n^3 = \dfrac{n^2(n+1)^2}{4}$$

∑가 합을 나타내듯이, **곱을 나타내는 기호**도 있는데 바로 ∏(파이)이다.

$$\prod_{k=1}^{n} a_k = a_1 \times a_2 \times a_3 \times a_4 \times \cdots\cdots \times a_n$$

구체적인 예를 통해 알아보자.

$$\prod_{k=1}^{5} k = 1 \times 2 \times 3 \times 4 \times 5 = 120$$

$$\underset{k=1 \quad k=2 \quad k=3 \quad k=4 \quad k=5}{}$$

$$\prod_{k=3}^{6} 2k = (2 \times 3) \times (2 \times 4) \times (2 \times 5) \times (2 \times 6) = 5760$$

$$\underset{k=3 \quad k=4 \quad k=5 \quad k=6}{}$$

# 04 점화식

### 이웃하는 항과의 관계를 식으로 나타낸다

앞서 수열의 일반항 $a_n$과 수열의 합 $S_n$의 관계를 살펴보았다. 수열의 등식에는 다양한 것들이 있는데 **이웃하는 항 사이에 성립하는 관계식**(항등식)을 점화식이라고 한다.

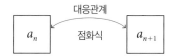

등차수열의 경우, $n$번째 항인 $a_n$에 공차 $d$를 더하면 $n+1$번째 항인 $a_{n+1}$이 된다(또는 $a_{n+1}$과 $a_n$의 차인 $a_{n+1}-a_n$이 $d$이다). 그러므로 다음과 같이 나타낼 수 있다.

[등차수열의 점화식] $a_{n+1}=a_n+d$ $(n=1, 2, 3, \cdots\cdots)$

$$\underset{a_1}{} \xrightarrow{+d} \underset{a_2}{} \xrightarrow{+d} \underset{a_3}{} \xrightarrow{+d} \underset{a_4}{} \cdots\cdots \underset{a_{n-1}}{} \xrightarrow{+d} \underset{a_n}{} \xrightarrow{+d} \underset{a_{n+1}}{}$$

등비수열의 경우, $n$번째 항인 $a_n$에 공비 $r$을 곱하면 $n+1$번째 항인 $a_{n+1}$이 되므로 다음과 같이 나타낼 수 있다.

[등비수열의 점화식] $a_{n+1}=a_n\times r=ra_n$ $(n=1, 2, 3, \cdots\cdots)$

$$\overset{\times r}{a_1 \to} \overset{\times r}{a_2 \to} \overset{\times r}{a_3 \to} \overset{\times r}{a_4 \to} \cdots\cdots \overset{\times r}{a_{n-1} \to} \overset{\times r}{a_n \to} a_{n+1}$$

'$n$번째 항인 $a_n$'과 '$n+1$번째 항인 $a_{n+1}$'처럼 이웃하는 두 항 사이의 점화식을 이항점화식이라 한다. 또한 $a_n$, $a_{n+1}$, $a_{n+2}$처럼 이웃하는 세 항 사이의 점화식을 삼항점화식이라고 한다. 한편 점화식만으로는 수열의 일반항이 정해지지 않으므로 첫째 항 $a_1$과 같은 다른 정보가 필요하다.

# 피보나치 수열

아마추어 연구자도 탐구할 거리가 많은 분야

이웃하는 세 항 사이의 관계를 나타낸 점화식 중에서 잘 알려진 피보나치 수열에 대해 살펴보자.

피보나치 수열은 이탈리아 수학자 레오나르도 피보나치의 이름을 딴 수열로, 구체적으로 나열하면 다음과 같다.

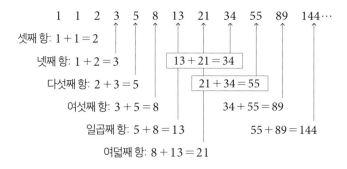

피보나치 수열은 **이웃하는 두 항의 합이 그다음 항이 되는 수열**로, 점화식으로 표현하면 $a_{n+2} = a_{n+1} + a_n$이다. 점화식은 항과 항 사이의 관계를 나타낼 뿐이므로 그것만으로는 일반항을 구할 수 없다.

일반항을 구하려면 $a_1$의 값과 같은 초기 조건이 필요하다. 피보나치 수열의 초기 조건은 '$a_1 = a_2 = 1$'이다.

피보나치 수열에는 다양한 성질이 있다. 다음 그림과 같이 피보나치 수열의 항이 한 변의 길이인 정사각형을 배열하면 소용돌이 모양이 나타난다. 이 모양은 식물이나 앵무조개 껍데기 등에서 찾아볼 수 있다.

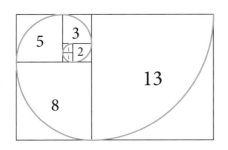

한편 피보나치 수열의 비(왼쪽 그림에서 각 변의 비)는 항의 크기가 커질수록 황금비에 가까워진다. 그 모습을 나타내면 다음과 같다.

$$\frac{a_2}{a_1} = \frac{1}{1} = 1, \; \frac{a_3}{a_2} = \frac{2}{1} = 2, \; \frac{a_4}{a_3} = \frac{3}{2} = 1.5, \; \frac{a_5}{a_4} = \frac{5}{3} = 1.66666\cdots$$

$$\frac{a_6}{a_5} = \frac{8}{5} = 1.6, \; \frac{a_7}{a_6} = \frac{13}{8} = 1.625, \; \frac{a_8}{a_7} = \frac{21}{13} = 1.615\cdots$$

$$\frac{a_9}{a_8} = \frac{34}{21} = 1.619\cdots, \; \frac{a_{10}}{a_9} = \frac{55}{34} = 1.617\cdots$$

$$\cdots, \; \frac{a_{n+1}}{a_n} \longrightarrow \frac{1+\sqrt{5}}{2}$$

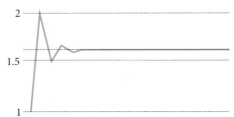

한편 점화식에서는 초기 조건이 중요하다고 했는데, 피보나치 수열과 같은 점화식이면서 첫째 항이 1, 둘째 항이 3으로 초기 조건이 다른 수열을 **뤼카 수열**이라고 한다.

$$1, 3, 4, 7, 11, 18, 29, 47, 76, 123, 199, 322, 521, 843, 1364, \cdots\cdots$$

뤼카 수열은 깔끔하게 일반항으로 나타낼 수 있는데, 뤼카 수열을 $L_n$이라 할 때 일반항은 다음과 같다.

$$L_n = \left(\frac{1+\sqrt{5}}{2}\right)^n + \left(\frac{1-\sqrt{5}}{2}\right)^n$$

# 06 계차수열의 일반항

항과 항 사이의 관계에 주목한다

다음 수열 $\{a_n\}$의 일반항 $a_n$은 무엇일지 생각해보자.

$$1 \quad 4 \quad 9 \quad 16 \quad 25 \quad 36 \quad 49 \quad 64 \quad 81 \quad 100 \quad 121 \quad 144 \quad 169 \quad \cdots\cdots$$

다음과 같은 관계를 발견할 수 있다면 일반항은 $a_n = n^2$이라고 예상할 수 있다.

$$1^2 \quad 2^2 \quad 3^2 \quad 4^2 \quad 5^2 \quad 6^2 \quad 7^2 \quad 8^2 \quad 9^2 \quad 10^2 \quad 11^2 \quad 12^2 \quad 13^2 \quad \cdots\cdots$$

하지만 이러한 관계성을 언제나 쉽게 찾을 수 있는 것은 아니다. 그런 경우에는 수열의 각 항과 바로 앞 항의 차이에 주목해보자.

$$
\begin{array}{cccccccccccc}
1 & 4 & 9 & 16 & 25 & 36 & 49 & 64 & 81 & 100 & \cdots\cdots & a_n & a_{n+1} \\
& \vee & \vee & \vee & \vee & \vee & \vee & \vee & \vee & \vee & & \vee & \\
3 & 5 & 7 & 9 & 11 & 13 & 15 & 17 & 19 & & \cdots\cdots & b_{n-1} & b_n
\end{array}
$$

이 수열은 첫째 항이 3이고 공차가 2인 등차수열이라는 것을 알 수 있다. 이렇듯 **'각 항과 바로 앞 항의 차'로 이루어진 수열**을 계차수열이라고 한다. 원래 수열을 $\{a_n\}$, 계차수열을 $\{b_n\}$이라고 할 때, $b_n = a_{n+1} - a_n$ $(n = 1, 2, 3, \cdots\cdots)$이다. 한편 $\{b_n\}$의 일반항은 $b_n = 3 + 2(n-1) = 2n + 1$이다.

$$
\begin{array}{l}
\text{[원래 수열 } \{a_n\}] \quad a_1 \quad a_2 \quad a_3 \quad a_4 \quad a_5 \quad a_6 \quad \cdots\cdots \quad a_{n-1} \quad a_n \quad a_{n+1} \\
\text{[계차 수열 } \{b_n\}] \qquad\quad b_1 \quad b_2 \quad b_3 \quad b_4 \quad b_5 \quad \cdots\cdots \qquad b_{n-1} \quad b_n
\end{array}
$$

그렇다면 앞에서 제시한 수열의 일반항에 대해 생각해보자.

$a_1 = 1$

　　　　　　　　　계차수열　　　　　　　　　　　　　　　계차수열

$a_2 =\ \ 4 = 1\ \ +3$　　　　$= a_1\ \ + b_1$

$a_3 =\ \ 9 = 1\ \ +3+5$　　$= a_1\ \ + b_1 + b_2$

$a_4 = 16 = 1\ \ +3+5+7$　$= a_1\ \ + b_1 + b_2 + b_3$

$a_5 = 25 = 1\ \ +3+5+7+9$　$= a_1\ \ + b_1 + b_2 + b_3 + b_4$

$a_6 = 36 = 1\ \ +3+5+7+9+11$　$= a_1\ \ + b_1 + b_2 + b_3 + b_4 + b_5$

이러한 예시를 통해 수열 $\{a_n\}$의 일반항은 다음과 같이 구할 수 있다. 한편 **계차수열은 수열의 항수가 2개 이상이어야 만들어지므로 $n \geq 2$이다.**

[계차수열과 일반항] $n \geq 2$일 때

수열 $\{a_n\}$의 계차수열이 $\{b_n\}$이라 하면 다음이 성립한다.

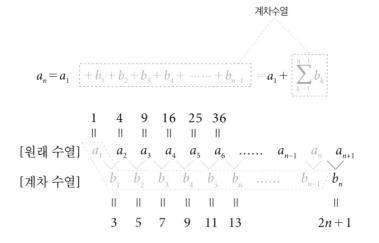

$$a_n = a_1\ \ + b_1 + b_2 + b_3 + b_4 + \cdots\cdots + b_{n-1} = a_1 + \sum_{k=1}^{n-1} b_k$$

앞에서 제시한 수열 $\{a_n\}$의 첫째 항은 $a_1 = 1$이고, 계차수열의 일반항은 $b_n = 2n+1$이므로(즉 $b_n$에 $n=k$를 대입하면 $b_k = 2k+1$이므로), 다음과 같이 정리할 수 있다.

226

$$a_n = a_1 + \sum_{k=1}^{n-1} b_k = 1 + \sum_{k=1}^{n-1} (2k+1) = 1 + 2 \underbrace{\sum_{k=1}^{n-1} k}_{①} + \underbrace{\sum_{k=1}^{n-1} 1}_{②}$$

$$= 1 + 2 \times \frac{(n-1)n}{2} + (n-1) = 1 + n^2 - n + n - 1 = n^2 \, (n \geq 2)$$

첫째 항 $a_1$은 1이므로 $n=1$일 때에도 성립한다.

①의 보충 설명: $\displaystyle\sum_{k=1}^{n} k = \frac{n(n+1)}{2}$ 에서 $n$에 $(n-1)$을 대입하면 다음과 같다.

$$\sum_{k=1}^{n-1} k = \frac{(n-1)\{(n-1)+1\}}{2} = \frac{(n-1)n}{2}$$

②의 보충 설명: ①과 마찬가지 방법으로 ②도 구할 수 있다.

$$\sum_{k=1}^{n-1} 1 = \underbrace{1 + 1 + 1 + \cdots\cdots + 1}_{(n-1)개} = n-1$$

**7**

수열과 관련된
수학 용어

# 연역법과 귀납법

수학적 귀납법의 이해에서 시작된다

논리적 사고의 방식으로 대표적인 것이 연역법과 귀납법이다.

연역법은 **전제 또는 일반적인 법칙과 구체적인 사실을 이용하여 결론을 도출해내는 방법**이다. 대표적인 예로는 삼단논법이 있다.

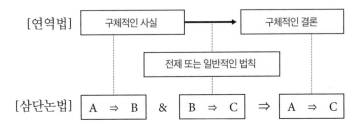

[연역법] 구체적인 사실 ➞ 구체적인 결론

전제 또는 일반적인 법칙

[삼단논법] A ⇒ B & B ⇒ C ⇒ A ⇒ C

예를 들어 전제 또는 일반적인 법칙을 '인간(B)은 언젠가 죽는다(C)'라고 하자. 구체적인 사실은 '소크라테스(A)는 인간(B)이다'라고 하면, 결론은 '소크라테스(A)는 언젠가 죽는다(C)'가 된다.

연역법에도 약점은 있다. 수학의 법칙은 시간이 지나도 바뀌지 않지만, 전제는 시간이 지남에 따라 바뀔 가능성이 있다는 것이다. 앞서 예로 든 전제가 의학의 발전에 따라 '인간은 죽지 않는다'로 바뀐다면 삼단논법도 성립하지 않게 된다.

한편 귀납법은 **관찰한 데이터나 구체적인 사실로부터 일반적인 법칙이나 공식을 추론하는 방법**이다. 경험을 바탕으로 한 추론이나 통계에 기반하여 얻은 결론이 '귀납법'에 해당한다.

[귀납법]  |  사실 1  &  사실 2  & ··· &  사실 $n$  ⇒  일반적인 법칙

구체적인 사실

예를 들어 '첫 번째 까마귀는 검정색이다, 두 번째 까마귀는 검정색이다, 세 번째 까마귀는 검정색이다, ······'라고 관찰한 후, '모든 까마귀는 검정색이다'라고 예측하는 것이다. 귀납법을 통해 얻을 수 있는 결과는 어디까지나 추측에 불과하므로, 반례가 발견되면 뒤집어질 가능성이 있다.

| 사실 1 | 첫 번째 까마귀 ⇒ 검정색 |
| 사실 2 | 두 번째 까마귀 ⇒ 검정색 |
| 사실 3 | 세 번째 까마귀 ⇒ 검정색 |

결론: 까마귀 ⇒ 검정색

이러한 귀납법을 수열에 응용한 것을 수학적 귀납법이라고 한다. 수학적 귀납법은 다음과 같은 단계로 이루어진다.

[1] $n = 1$일 때 명제 P가 성립함을 보인다.

[2] $n = k$일 때 명제 P가 성립한다고 가정하고, $n = k + 1$일 때도 명제 P가 성립함을 보인다.

구체적인 사실

일반적인 사실

귀납법은 구체적인 사례들을 추상화하는 방법이므로 어렵게 느껴질 수 있다. 그렇다 보니 수학적 귀납법은 도미노를 쓰러뜨리는 일을 예로 들어서 설명할 때가 많다. 앞에서 소개한 [1], [2]를 다음과 같이 바꿔 써보자.

'$n = 1$일 때 명제 P가 성립함'을 '첫 번째 도미노가 쓰러진다'로, '$n = 2$일 때 명제 P가 성립함'을 '두 번째 도미노가 쓰러진다'로 바꿔 쓰는 것이다. 이렇게 계속하다 보면 '모든 자연수에서 명제 P가 성립한다'는 것을 확인하는 일을,

모든 도미노가 정말로 쓰러지는지 확인하는 일에 대응시킬 수 있다. 따라서 다음이 성립하는 것이다.

<1> 첫 번째 도미노가 쓰러진다.

<2> 모든 도미노가 같은 간격으로 놓여 있고 앞의 도미노가 쓰러지면 그다음 도미노도 쓰러진다.

<1>과 <2>가 사실인지 확인하면, 모든 도미노가 연쇄적으로 쓰러진다는 것을 알 수 있다. 이를 그림으로 나타내면 다음과 같다.

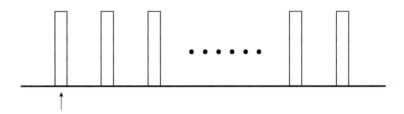

<1>에 따라서 첫 번째 도미노가 쓰러지는가, 쓰러지지 않는가?

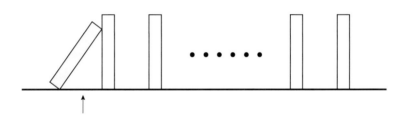

<1>에 따라서 첫 번째 도미노가 쓰러지면 두 번째 도미노가 쓰러진다.

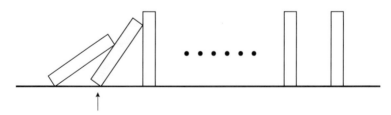

<2>에 따라서 두 번째 도미노가 쓰러지면 세 번째 도미노도 쓰러진다.

이렇게 도미노가 쓰러지는 일이 연쇄적으로 일어나서 모든 도미노가 쓰러진다. 여기서 확인한 사실이 수학적 귀납법의 [1]과 [2]에 대응하는 것이다.

제 **8** 장

확률과 관련된
수학 용어

# 01 | 확률과 관련된 용어
주사위와 동전을 통해 확률 용어를 이해하자

확률 용어는 통계를 이해하는 데에도 중요하다. 지금부터 구체적인 예를 통해 확률 용어에 대해 살펴보겠다. '동전 던지기', '주사위 던지기', '제비뽑기'처럼, **동일한 조건에서 여러 번 반복할 수 있는 실험이나 관측**을 시행이라고 한다. 실험이나 관측이라고 하면 왠지 어렵게 들리겠지만, '동전 던지기'나 '주사위 던지기'도 실험에 해당한다.

**동일한 시행을 여러 번 반복하는 경우**를 반복 시행이라고 한다.

주사위를 던지고 나면 1~6의 주사위 눈 중 하나가 나오고, 동전을 던지고 나면 앞면인지 뒷면인지가 결정된다. 이렇게 **시행 결과로서 일어나는 현상**을 사건이라고 한다.

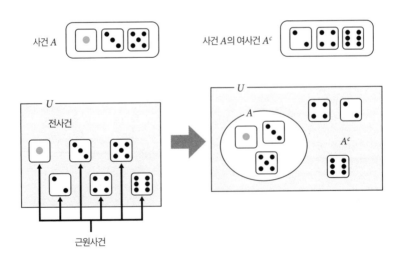

사건은 집합 기호로 나타낼 수도 있다. 예를 들어 주사위 하나를 던지는 시행에서 일어나는 사건은 $U = \{1, 2, 3, 4, 5, 6\}$이라고 표현할 수 있는 것이다.

홀수가 나오는 사건을 $A$라 할 경우, $A = \{1, 3, 5\}$이다. 이때 짝수인 $\{2, 4, 6\}$이 나오는 사건은 $A$에 해당하지 않는다. 이것을 여사건이라 하며, $\overline{A}$ 또는 $A^c$라고 나타낸다.

한편 원소가 하나인 집합으로 나타내는 사건을 근원사건이라고 한다. 주사위 하나를 한 번 던지는 경우의 근원사건은 $\{1\}$, $\{2\}$, $\{3\}$, $\{4\}$, $\{5\}$, $\{6\}$이고, 동전 하나를 한 번 던지는 경우의 근원사건은 $\{앞면\}$, $\{뒷면\}$이다(이때, 동전이 옆면으로 서는 경우는 제외한다).

존재하지 않는 사건은 공사건이라고 하며 공집합과 마찬가지로 $\varnothing$으로 나타낸다. 주사위를 한 번 던지는 경우에 0이 나오거나 7이 나오거나 3.5가 나오지는 않는다. 그러한 사건이 공사건이다.

| | 주사위 | 동전 |
|---|---|---|
| 시행 | 주사위 하나를 한 번 던진다 | 동전 하나를 한 번 던진다 |
| 사건 | $\{홀수가 나온다\} = \{1, 3, 5\}$<br>$\{짝수가 나온다\} = \{2, 4, 6\}$ | $\{앞면이 나온다\} = \{앞면\}$<br>$\{뒷면이 나온다\} = \{뒷면\}$ |
| 근원사건 | $\{1\}$, $\{2\}$, $\{3\}$, $\{4\}$, $\{5\}$, $\{6\}$ | $\{앞면\}$, $\{뒷면\}$ |
| 전사건 | $\{1, 2, 3, 4, 5, 6\}$ | $\{앞면, 뒷면\}$ |
| 공사건 | $\varnothing$ | |

사건 $A$, $B$ 중에서 $A$ 또는 $B$가 일어나는 사건을 합사건이라 하고 $A \cup B$라고 나타낸다. $A$와 $B$가 모두 일어나는 사건을 곱사건이라 하고 $A \cap B$라고 나타낸다.

예를 들어 주사위 하나를 한 번 던졌을 때 홀수가 나오는 사건을 사건 $A$라 하고, 주사위 하나를 한 번 던졌을 때 2 이하가 나오는 사건을 사건 $B$라 해보자. 이때 $A = \{1, 3, 5\}$, $B = \{1, 2\}$이다. 따라서 합사건과 곱사건을 기호로 나타내면 $A \cup B = \{1, 2, 3, 5\}$, $A \cap B = \{1\}$이다. 합사건과 곱사건의 관계를 벤 다이어그램으로 나타내면 다음과 같다.

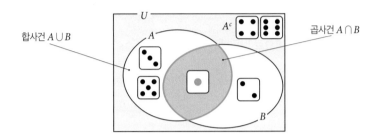

# 큰 수의 법칙

주사위를 던져서 1이 나올 확률이 $\frac{1}{6}$인 이유

반듯한 정육면체의 주사위를 던졌을 때 1~6의 각 주사위 눈이 나올 확률은 모두 같을 것이라고 기대되므로 $\frac{1}{6}$인데, 이것이 주사위를 여섯 번 던졌을 때 1~6의 각 주사위 눈이 한 번씩 나온다는 뜻은 아니다.

1이 두세 번 나올 수도 있고, 2가 한 번도 나오지 않을 수도 있다. 그렇다면 주사위를 한 번 던졌을 때 1~6의 각 주사위 눈이 나올 확률이 $\frac{1}{6}$이라는 것은 어떤 의미일까?

확률은 크게 두 가지로 나눌 수 있다. 주사위의 경우 $\frac{1}{6}$은 이론적 확률 또는 수학적 확률이라고 하는데, 이론적으로 구한 값을 가리킨다. 그와 달리 실제로 주사위를 여섯 번 던져서 1이 두 번 나온 경우의 확률인 $\frac{2}{6} = \frac{1}{3}$처럼 데이터를 모아서 측정한 확률을 통계적 확률이라고 한다.

주사위를 던지는 횟수를 늘리면 각 주사위 눈이 나올 확률은 이론적(수학적) 확률인 $\frac{1}{6}$에 가까워진다. **시행횟수 $n$을 늘릴수록 통계적 확률이 이론적(수학적) 확률에 가까워지는 것이다.** 이러한 현상을 큰 수의 법칙이라고 한다.

주사위를 던지는 횟수를 늘린다 → ⚫이 나올 확률 → $\frac{1}{6}$에 가까워진다

동전을 던지는 횟수를 늘린다 → 앞이 나올 확률 → $\frac{1}{2}$에 가까워진다

실제로 동전 던지기와 주사위 던지기를 시뮬레이션하여 큰 수의 법칙을 확인한 연구 결과가 있다. 동전을 20번, 200번, ……, 200만 번 던져서 앞면 또는

뒷면이 나온 횟수와 확률, 그리고 주사위를 60번, 600번, ……, 600만 번 던져서 1~6이 각각 나오는 횟수와 확률은 다음 표와 같다. 동전과 주사위 모두 시행횟수가 적을 때는 데이터가 흩어져 있지만, 시행횟수가 늘어남에 따라서 동전은 $\frac{1}{2}$ = 50%, 주사위는 $\frac{1}{6}$ = 16.666666……%라는 이론적 확률에 가까워진다는 것을 알 수 있다.

## 동전을 던져서 앞면 또는 뒷면이 나온 횟수

| 시행횟수 | 20 | 200 | 2,000 | 20,000 | 200,000 | 2,000,000 |
|---|---|---|---|---|---|---|
| 앞면 | 8 | 94 | 1004 | 10056 | 100083 | 999015 |
| 뒷면 | 12 | 106 | 996 | 9944 | 99917 | 1000985 |

## 동전을 던져서 앞면 또는 뒷면이 나온 확률(통계적 확률)

| 시행횟수 | 20 | 200 | 2,000 | 20,000 | 200,000 | 2,000,000 |
|---|---|---|---|---|---|---|
| 앞면 | 40% | 47% | 50.20% | 50.28% | 50.04% | 49.95% |
| 뒷면 | 60% | 53% | 49.80% | 49.72% | 49.96% | 50.05% |

## 주사위를 던져서 1~6이 나온 횟수

| 시행횟수 | 60 | 600 | 6,000 | 60,000 | 600,000 | 6,000,000 |
|---|---|---|---|---|---|---|
| ⚀ | 12 | 97 | 1045 | 9945 | 100069 | 999325 |
| ⚁ | 5 | 102 | 1020 | 10020 | 99720 | 1000014 |
| ⚂ | 9 | 99 | 963 | 9890 | 100146 | 1001186 |
| ⚃ | 12 | 104 | 970 | 10112 | 100189 | 998410 |
| ⚄ | 11 | 101 | 994 | 10088 | 100157 | 1001807 |
| ⚅ | 11 | 97 | 1008 | 9945 | 99719 | 999258 |

## 주사위를 던져서 1~6이 나온 확률(통계적 확률)

| 시행횟수 | 60 | 600 | 6,000 | 60,000 | 600,000 | 6,000,000 |
|---|---|---|---|---|---|---|
| ⚀ | 20.00% | 16.17% | 17.42% | 16.58% | 16.68% | 16.66% |
| ⚁ | 8.33% | 17.00% | 17.00% | 16.70% | 16.62% | 16.67% |
| ⚂ | 15.00% | 16.50% | 16.05% | 16.48% | 16.69% | 16.69% |
| ⚃ | 20.00% | 17.33% | 16.17% | 16.85% | 16.70% | 16.64% |
| ⚄ | 18.33% | 16.83% | 16.57% | 16.81% | 16.69% | 16.70% |
| ⚅ | 18.33% | 16.17% | 16.80% | 16.58% | 16.62% | 16.65% |

8

확률과 관련된
수학 용어

# 03 순열(P)과 계승(!)

차이를 이해하자

**여러 개 중에서 일부를 뽑아서 순서를 고려해 한 줄로 나열하는 방식**을 순열이라고 한다.

A, B, C, D라는 4개의 문자 중에서 서로 다른 2개의 문자를 뽑고 한 줄로 나열할 때, 두 문자를 나열하는 방법은 몇 가지일지 생각해보자. 모든 방법은 오른쪽의 나뭇가지 그림과 같이 나타낼 수 있다.

첫 번째 문자를 뽑는 방법은 A, B, C, D라는 4개의 문자 중에서 뽑기 때문에 네 가지이다. 두 번째 문자를 뽑는 방법은, 첫 번째에 뽑힌 문자를 제외한 3개의 문자 중에서 뽑기 때문에 세 가지이다.

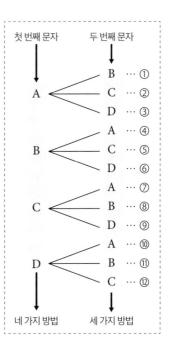

이제 두 문자를 나열하는 방법이 몇 가지인지 계산해보자. 나뭇가지 그림과 같이, 첫 번째 문자를 나열하는 방법인 '네 가지'에 대하여, 두 번째 문자를 나열하는 방법은 '각각 세 가지'이므로, 다음과 같이 계산할 수 있다.

$$4 \times 3 = 12가지$$

순열(나열하는 방식) 문제에서는 이렇게 하나씩 줄인 숫자를 곱해나가는 방식이 많이 나오는데, 그러한 과정을 간편하게 나타낼 수 있는 기호가 있다. 이 문제처럼 4개의 문자 중에서 2개의 문자를 골라서 일렬로 나열하는 경우는 $_4P_2$ 라고 나타내며, 다음과 같이 계산한다.

$$_4P_2 = 4 \times 3 = 12$$

4부터 시작하여 하나씩 줄인다

2개를 곱한다

$_4P_2$에서 $P$는 순열이라는 뜻의 'Permutation'의 첫 글자이다.

서로 다른(구별할 수 있는) $n$개 중에서 $r$개를 뽑아서 순서대로 나열한 경우의 수인 $_nP_r$의 공식은 다음과 같다.

$$[순열] \quad _nP_r = n(n-1)(n-2)(n-3)\cdots(n-r+1)$$

$r$개의 곱

문제를 통하여 기호에 익숙해져보자. A, B, C, D, E, F라는 여섯 사람을 일렬로 배열할 때 나열하는 방법의 수는 다음과 같다.

$$_6P_6 = 6 \times 5 \times 4 \times 3 \times 2 \times 1 = 720$$

이 문제의 결과인 $_6P_6$처럼 모두를 뽑아서 나열하는 경우(즉 $P$의 좌우에 있는 첨자가 일치할 때)를 계승이라고 하며 기호 !(팩토리얼)을 사용하여 $_6P_6 = 6!$이라고 간단하게 나타낼 수 있다. $n$명의 사람을 배열하는 경우는 다음과 같다.

$$[계승] \quad n! = _nP_n = n \times (n-1) \times (n-2) \times \cdots \times 3 \times 2 \times 1$$

$_nP_r$도 다음과 같이 계승을 이용하여 나타낼 수 있다. 이때 0!을 계산해야 하는 경우도 있으므로 0! = 1이라고 정의한다.

$$n! = \underbrace{n \times (n-1) \times (n-2) \times \cdots \times (n-r+1)}_{_nP_r} \times \underbrace{(n-r) \times (n-r-1) \times \cdots \times 3 \times 2 \times 1}_{(n-r)!}$$

$n! = {_nP_r} \times (n-r)!$의 양변을 $(n-r)!$로 나누면 다음과 같다.

$$_nP_r = \frac{n!}{(n-r)!}$$

위 식에 $r = n$을 대입하면 다음과 같다.

$$_nP_n = \frac{n!}{(n-n)!} = \frac{n!}{0!}$$

위 등식이 성립되려면 0! = 1이라는 정의가 필요한 것이다.

# 04 같은 것을 포함하는 순열과 조합(C)

순열의 이해에서 조합의 이해로

ABCD처럼 서로 다른 4개의 문자를 나열하는 경우는 순열 문제이므로 나열 방법은 '4!=24'가지라고 답을 구할 수 있다. 하지만 AABB를 나열하는 경우는 A가 2개, B가 2개이므로 일반적인 순열이 아니라 '같은 것을 포함하는 순열'이 된다. 같은 것을 포함하는 순열의 수는 순열의 공식을 바로 적용하는 것만으로는 구할 수 없다. 물론 다음과 같이 구체적으로 적어서 세어볼 수는 있다.

$$AABB, \ ABBA, \ ABAB, \ BABA, \ BAAB, \ BBAA$$

하지만 이렇게 하나씩 세는 방법은 문자를 빠뜨리거나 중복하여 셀 가능성이 있다. 또한 문자의 수가 많은 경우에는 직접 세는 것 자체가 어렵다. 따라서 순열의 공식을 활용하여 순열의 수를 구해야 한다.

순열의 공식을 활용하기 위해서는 같은 문자를 다른 것으로 구별해야 한다. AABB를 서로 다른 문자로 취급하기 위하여 번호를 붙여서 구별해보자.

$$AABB \longrightarrow A_1 A_2 B_1 B_2$$

$A_1 A_2 B_1 B_2$의 순열의 수는 $4!=24$(가지)이다. $A_1 A_2 B_1 B_2$의 순열 중에서 다음 4가지는 다른 것으로 구별하여 셌다.

$$A_1 A_2 B_1 B_2, \ A_2 A_1 B_1 B_2, \ A_1 A_2 B_2 B_1, \ A_2 A_1 B_2 B_1$$

하지만 번호가 붙어 있으므로 다른 것으로 구별됐을 뿐, 번호를 빼면 모두 'AABB'라는 한 가지 경우에 해당한다.

즉 AABB라는 한 가지 경우를, 번호를 붙임으로써 중복하여 세고 있는 것이다. 바꿔 말하면, 중복하여 센 경우의 수(이 문제의 경우 4)로 나눔으로써 순열의 수를 구할 수 있다.

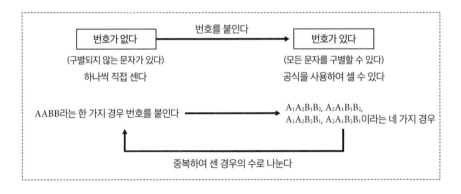

$$\frac{4!}{4} = \frac{24}{4} = 6$$

그렇다면 $A_1A_2B_1B_2$, $A_2A_1B_1B_2$, $A_1A_2B_2B_1$, $A_2A_1B_2B_1$에서 번호만 떼서 보자.

1212, 2112, 1221, 2121

**A의 번호 1, 2와 B의 번호 1, 2를 나열한 것**이라는 사실을 알 수 있다. A의 번호 1, 2를 나열하는 방법의 수 2!과 B의 번호 1, 2를 나열하는 방법의 수 2!을 곱하면 4가 된다.

구체적인 예를 살펴보자. PPPQRR을 나열하는 방법의 수를 구하기 위해 P와 R에 번호를 붙이면 '$P_1P_2P_3QR_1R_2$'가 된다. Q는 하나뿐이므로 구별할 필요가 없어서 번호를 붙이지 않는다. $P_1P_2P_3QR_1R_2$의 순열의 수는 6!이다. P는 1, 2, 3을 나열하는 방법의 수인 3!만큼 중복되었고, R은 1, 2를 나열하는 방법의 수인 2!만큼 중복되었으므로, 다음과 같이 계산할 수 있다.

$$\frac{6!}{3! \times 2!} = \frac{6 \times 5 \times 4}{2} = 60$$

여러 개의 대상 중에서 '순서를 고려하지 않고 뽑아서' 한 묶음으로 만들 때 그것 하나하나를 조합이라고 한다. 순서를 고려하지 않기 때문에, 예를 들어 'A와 B'를 뽑은 경우와 'B와 A'를 뽑은 경우는 같은 것으로 본다. 즉 '초밥을 좋아하는 사람은 A와 B이다'와 '초밥을 좋아하는 사람은 B와 A이다'는 같은 뜻이다.

초밥을 좋아하는 사람은 A와 B이다
초밥을 좋아하는 사람은 B와 A이다

A    B    C

이렇듯 **뽑는 순서를 고려하지 않는 것이 조합**이다. 조합의 수는 순열을 이용하여 구할 수 있다. 순열의 경우, 4가지 중에서 2가지를 순서대로 뽑는 경우의 수는 $_4P_2 = 4 \times 3 = 12$가지이다. 구체적으로 적으면 다음의 왼쪽과 같다.

【순열】
A, B, C, D의 4가지 중에서
2가지를 뽑아서 나열한다

【조합】
A, B, C, D의 4가지 중에서
2가지를 뽑는다

| | | |
|---|---|---|
| AB…① | BA…④ | → A와 B…① |
| AC…② | CA…⑦ | → A와 C…② |
| AD…③ | DA…⑩ | → A와 D…③ |
| BC…⑤ | CB…⑧ | → B와 C…⑤ |
| BD…⑥ | DB…⑪ | → B와 D…⑥ |
| CD…⑨ | DC…⑫ | → C와 D…⑨ |

순열의 경우, 'A와 B'라는 하나의 조합을 AB, BA라는 두 가지 방법으로, 'A와 C'라는 하나의 조합을 AC, CA라는 두 가지 방법으로 세고 있다. 즉 순열의 공식으로부터 조합을 구하는 경우, 중복하여 센 것이 있으므로 중복된 방법의 수로 나누면 된다.

$$\frac{_4P_2}{2!} = \frac{4 \times 3}{2} = \frac{12}{2} = 6$$

이렇듯 조합의 공식은 순열의 공식을 활용하여 얻을 수 있다. 우선 순열의 공식을 이용할 수 있도록 구별되지 않는 것에 번호를 붙여서 나열하고($_nP_r$), 그 후에 번호를 뗐을 때 나타나는 중복된 방법의 수로 나누면($r!$) 된다. 즉 '$n$개 중에서 $r$개를 뽑는 조합의 수'는 '$_nC_r$'이라고 표현하여 다음과 같이 계산하면 되는 것이다.

$$[조합] \quad _nC_r = {_nP_r} \div r! = \frac{_nP_r}{r!}$$

'$C$'는 조합이라는 뜻의 'Combination'의 첫 글자이다.

$_nP_r$을 계승으로 표현할 수 있듯, $_nC_r$도 다음과 같이 계승으로 표현할 수 있다.

$$[조합] \quad _nC_r = {_nP_r} \times \frac{1}{r!} = \frac{n!}{(n-r)!} \times \frac{1}{r!} = \frac{n!}{(n-r)!r!}$$

**순열과 조합의 차이는 $n$개 중 $r$개를 뽑은 후에 '나열하는지, 나열하지 않는지'에 있다.**

$_nP_r$: $n$개 중에서 $r$개를 뽑아서 **나열한다**

$_nC_r$: $n$개 중에서 $r$개를 뽑는다(**나열하지 않는다**)

$n$개 중에서 $r$개를 뽑고($_nC_r$), 그 후에 뽑은 $r$개를 나열하면($r!$) 순열($_nP_r$)이 되므로, 다음과 같은 식이 성립한다.

$$_nC_r \times r! = {}_nP_r$$

그렇다면 $_2C_1, {}_4C_2, {}_6C_2, {}_6C_4$를 계산하면서 $_nC_r$을 계산하는 방법을 익혀보자.

$$_2C_1 = \frac{{}_2P_1}{1!} = \frac{2}{1} = 2 \qquad _4C_2 = \frac{{}_4P_2}{2!} = \frac{4 \times 3}{2 \times 1} = \frac{12}{2} = 6$$

$$_6C_2 = \frac{{}_6P_2}{2!} = \frac{6 \times 5}{2 \times 1} = 15 \qquad _6C_4 = \frac{{}_6P_4}{4!} = \frac{6 \times 5 \times 4 \times 3}{4 \times 3 \times 2 \times 1} = \frac{6 \times 5}{2 \times 1} = 15$$

여기서 $_6C_2$와 $_6C_4$의 값에 주목해보자. 둘 다 15인데, 이것은 우연히 일치한 것이 아니다. $_6C_2$와 $_6C_4$의 값을 문장으로 정의하면 일치하는 이유를 알 수 있다. $_6C_2$는 '6명 중에서 임원 2명을 뽑는다'로 표현할 수 있는데, 그러면 임원이 아닌 사람 4명이 남는다. 이것은 '6명 중에서 임원이 아닌 사람 4명을 뽑는다 ($_6C_4$)'로 표현할 수 있고, 그것은 다시 임원 2명을 뽑는 것으로 생각할 수 있다. 결국 $_6C_2$와 $_6C_4$는 같은 의미이기 때문에 값이 일치하는 것이다.

6명 중에서 임원 2명을 뽑는다($_6C_2$)

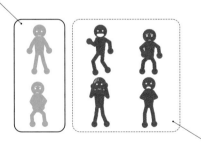

6명 중에서 임원이 아닌 사람 4명을 뽑는다(6명 중에서 4명이 남는다)($_6C_4$)

이러한 내용을 정리하면 '$n$명 중에서 $r$명을 뽑는 것'은 '$n-r$명을 남기는 것 (뽑지 않는 것)'이 되므로 다음과 같은 식이 성립한다.

$$_nC_r = {}_nC_{n-r}$$

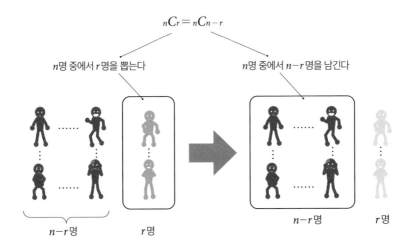

# 05 중복순열(∏)과 중복조합(H)

중복되는 것을 세는 방법에도 차이가 있다

지금까지는 서로 다른 것을 뽑아서 나열하는 '순열'과 서로 다른 것을 뽑기만 하는 '조합'에 대해 살펴보았다. 우리가 수를 세는 대상들이 언제나 서로 다른 것이라고 할 수는 없다. 예를 들어 주사위를 10번 던져서 나온 눈의 수를 센다고 할 때 5, 6, 5, 2, 4, 5, 4, 4, 5, 2처럼 중복되는 일도 있다.

이렇게 중복되는 것들의 순열과 조합에 대해서 알아보자. **중복을 허용하는 순열**을 중복순열이라 한다.

1, 2, 3, 4, 5라는 5개의 숫자 중에서 중복을 허용하여 3개의 숫자를 뽑아서 세 자리 수를 만드는 경우를 생각해보자.

백의 자리, 십의 자리, 일의 자리에 들어가는 숫자는 1~5라는 5가지 숫자이다.

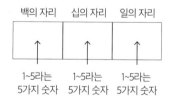

따라서 만들 수 있는 세 자리 수는 모두 $5 \times 5 \times 5 = 125$(가지)이다. 결과를 보면 알 수 있듯이, 중복순열이 순열보다 이해하기 쉽다.

$n$개 중에서 중복을 허용하여 $r$개를 뽑아서 나열하는 중복순열은 다음과 같이 $_n\Pi_r$이라는 기호로 표현할 수 있다.

$$[\text{중복순열}] \ _n\Pi_r = \underbrace{n \times n \times n \times \cdots\cdots \times n}_{r\text{개}} = n^r$$

단, 중복순열은 순열만큼 간단하므로 기호를 사용하지 않고 직접 계산식을 쓰는 경우가 많다. 그리스 문자 $\Pi$는 원주율 $\pi$의 대문자로서 영어의 $P$에 해당한다. 앞의 예시를 기호로 나타내면 $_5\Pi_3 = 5^3 = 125$이다.

다음으로 **중복을 허용하는 조합**인 중복조합에 대해 알아보자. 예를 들어 ○, ▲, ■라는 세 종류의 도형 중에서 4개를 선택하는 경우가 중복조합에 해당한다. 직접 세어보면 다음과 같이 15가지라는 것을 알 수 있다.

○○○○, ▲▲▲▲, ■■■■

○○○▲, ○○○■, ▲▲▲○, ▲▲▲■, ■■■○, ■■■▲

○○▲▲, ○○■■, ▲▲■■

○○▲■, ▲▲○■, ■■○▲

중복되거나 빠뜨리는 것 없도록 하나씩 세는 것은 어려운 일이다. 따라서 지금까지 소개한 공식을 활용해보도록 하자.

○, ▲, ■라는 세 종류의 도형을 4개 할당하는 문제이므로, X를 4개 준비하여 세 가지 영역으로 분할하는 방법을 생각해볼 수 있다.

세 가지 영역으로 분할하려면 구분선(▌) 2개를 준비하여 다음과 같이 할당하는 것으로 대응시킬 수 있다.

왼쪽에 있는 X에 ○를 할당

가운데에 있는 X에 ▲를 할당

오른쪽에 있는 X에 ■를 할당

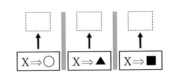

구체적인 대응 관계를 직접 따져보면 다음과 같다.

| | X를 ○, ▲, ■로 변환 | 구분선 ▌을 제거 | 숫자로 변환 |
|---|---|---|---|
| XX▌X▌X | ⇒ ○○▌▲▌■ | ⇒ ○○▲■ | ⇒ ○2▲1■1 |
| X▌XX▌X | ⇒ ○▌▲▲▌■ | ⇒ ○▲▲■ | ⇒ ○1▲2■1 |
| X▌X▌XX | ⇒ ○▌▲▌■■ | ⇒ ○▲■■ | ⇒ ○1▲1■2 |
| ▌X▌XXX | ⇒ ▌▲▌■■■ | ⇒ ▲■■■ | ⇒ ○0▲1■3 |
| XXXX▌▌ | ⇒ ○○○○▌▌ | ⇒ ○○○○ | ⇒ ○4▲0■0 |

이 결과를 통하여 ○, ▲, ■라는 세 종류의 도형 중에서 4개를 뽑는 것은 4개의 X와 2개의 구분선을 합한, 총 6개의 대상을 나열하는 것에 대응된다는 사실을 알 수 있으며, 나열하는 방법의 수는 공식을 활용하여 구할 수 있다.

먼저 나열하는 방법의 수를 '같은 것을 포함하는 순열'의 공식을 이용하여 구해보자. XXXX▌▌에 번호를 붙여서 서로 다른 6개로 구분한 후에 나열하면 6!이고, X를 중복하여 나열한 경우는 4!, 구분선▌을 2개를 중복하여 나열한 경우는 2!이므로 다음과 같이 계산할 수 있다.

$$\frac{6!}{4! \times 2!} = \frac{6 \times 5}{2 \times 1} = 15$$

이제 나열하는 방법의 수를 '조합'의 공식을 이용하여 구해보자. 다음 그림과 같이 4개의 X와 2개의 구분선▌이 들어갈 6개의 빈칸을 준비하고, 4개의 X를 배치하면 된다.

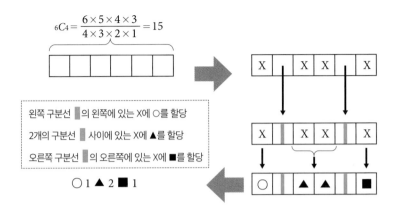

$$_6C_4 = \frac{6 \times 5 \times 4 \times 3}{4 \times 3 \times 2 \times 1} = 15$$

왼쪽 구분선 █ 의 왼쪽에 있는 X에 ○를 할당

2개의 구분선 █ 사이에 있는 X에 ▲를 할당

오른쪽 구분선 █ 의 오른쪽에 있는 X에 ■를 할당

○1 ▲2 ■1

중복순열과 마찬가지로 중복조합을 나타내는 기호도 있다. $n$개의 종류 중에서 중복을 허용하여 $r$개를 뽑는 조합의 수는 다음과 같이 나타낸다.

$$_nH_r = {}_{(n-1)+r}C_r = {}_{n+r-1}C_r$$

$r$개의 X를 $n$개의 종류에 할당한다

$\Rightarrow (n-1)$개의 구분선 █

앞에서 제시한 문제는 세 종류의 도형 중에서 4개를 뽑는 경우이므로 $_3H_4 = {}_{3+4-1}C_4 = {}_6C_4 = 15$이다.

# 06 완전순열과 몽모르 수

교실에서 자리를 바꿀 때 모든 학생의 자리가 바뀔 확률

1부터 $n$까지의 정수를 나열하여 만들 수 있는 순열 중에서 $k$번째 수가 $k$가 아닌 순열을 완전순열 또는 교란순열이라고 한다.

$n=2$인 경우, 첫 번째 수는 1이 아니고, 두 번째 수는 2가 아니므로 완전순열은 (2, 1)이다.

$n=3$인 경우, 첫 번째 수는 1이 아니고, 두 번째 수는 2가 아니며, 세 번째 수는 3이 아니다.

첫 번째 수가 2일 때, 세 번째 자리에 3을 배치할 수 없으므로 세 번째 수는 1이고 두 번째 수는 3이다.

첫 번째 수가 3일 때, 두 번째 자리에 2를 배치할 수 없으므로 두 번째 수는 1이고 세 번째 수는 2이다.

따라서 완전순열은 (2, 3, 1), (3, 1, 2)로 두 가지다.

이와 같은 방법으로 $n=4$인 경우의 완전순열을 구하면 (2, 1, 4, 3), (2, 3, 4, 1), (2 ,4, 1, 3), (3, 1, 4, 2), (3, 4, 1, 2), (3, 4, 2, 1), (4, 1, 2, 3), (4, 3, 1, 2), (4, 3, 2, 1)로 9가지이다.

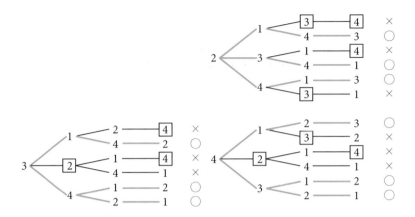

이러한 완전순열은 '친구들과 선물을 교환할 때, 자신이 준비한 선물이 자신에게 오지 않도록 나누는 방법', '교실에서 자리를 바꿀 때 모든 학생의 자리가 바뀌는 경우'의 수를 세는 데에 대응시킬 수 있다.

**완전순열의 수**를 **몽모르** 수라고 한다. 몽모르 수는 프랑스 수학자인 피에르 드 몽모르의 이름에서 유래했다.

몽모르 수에는 다양한 성질과 관계식이 있는데, 몽모르 수를 $a_n$이라고 할 때 다음과 같은 점화식이 성립한다.

$$a_{n+2} = (n+1)(a_{n+1} + a_n)$$

이 점화식을 풀면 다음과 같은 결과를 얻을 수 있다.

$$a_n = n! \sum_{k=2}^{n} \frac{(-1)^k}{k!}$$

지금부터는 어떤 순열이 완전순열일 확률에 대하여 생각해보자. 완전순열의 수는 $a_n$, 1부터 $n$까지의 순열의 수는 $n!$이므로, 확률을 계산하면 $\frac{a_n}{n!}$이 된다. 이 때 $n$의 값이 충분히 커지면 계산 결과는 $\frac{1}{e}$이 되어 오일러의 수(네이피어의 수)

에 가까워진다.

$$\frac{a_n}{n!} = \sum_{k=2}^{n} \frac{(-1)^k}{k!} \xrightarrow[\text{충분히 커진다}]{n\text{의 값이}} \frac{1}{e} \fallingdotseq \frac{1}{2.718281828459\cdots\cdots} = 0.367879441$$

이 계산 결과를 통해 어떤 순열이 완전순열일 확률은 약 37%라는 사실을 알 수 있다.

예를 들어 교실에서 자리 배치를 제비뽑기로 결정할 때 모든 학생들의 자리가 바뀔 확률이 약 37%이라는 것인데, 바꿔 말하면 자리가 바뀌지 않은 학생이 적어도 한 명은 있을 확률은 약 63%나 된다는 뜻이다.

일본에는 '남아 있는 것 중에 복이 있다'는 말이 있어서, 제비뽑기를 할 때에 마지막에 뽑는 게 좋을 것 같다고 생각하는 사람이 있다.

확률을 배우면 제비뽑기는 몇 번째에 하든지 당첨될 확률이 똑같다는 것을 알게 되지만, 10개의 제비 중 3개가 당첨인 제비뽑기를 하는 경우에 첫 번째 사람이 꽝, 두 번째 사람도 꽝, 세 번째 사람도 꽝이 나오면 뒤에 뽑는 사람이 당첨될 확률이 높아지는 것처럼 느껴진다. 마치 확률이 시시각각 변하는 것만 같다. 이렇듯 **시시각각 변하는 확률**을 조건부확률이라고 한다. '남아 있는 것 중에 복이 있다'는 말에 숨겨진 것이 바로 조건부확률이다.

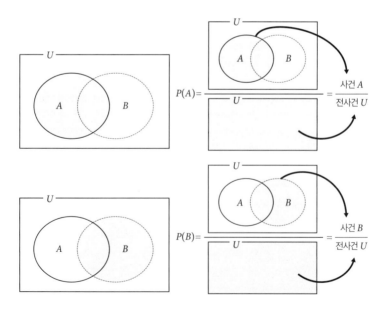

지금부터 일반적으로 말하는 확률과 조건부확률을 비교하면서 구체적인 의미를 파악해보자. 우선 전사건은 $U$라고 한다.

**조건부확률은 말 그대로 '조건이 붙어 있을 때의 확률'**이므로 확률의 분모가 전체가 아닌 일부로 되어 있다.

그럼 조건부확률의 정의와 기호부터 알아보자.

**사건 $A$가 일어날 때 사건 $B$가 일어날 확률을 조건부확률**이라고 하며, 기호로는 $P(B|A)$라고 나타내고, '$P$ $B$ 바(bar) $A$'라고 읽는다. 기호는 오른쪽부터 해석하면 된다.

$$P(B|A)$$

확률(probability) ← 사건 $B$가 일어난다 ← 사건 $A$가 일어날 때

조건부확률은 $P_A(B)$라고 나타내기도 한다. 조건부확률의 정의인 '사건 $A$가 일어날 때 사건 $B$가 일어나는 확률'은 다음 식과 같이 표현할 수 있다.

$$P(B|A) = \frac{P(A \cap B)}{P(A)} = \frac{\text{사건} A \text{그리고 사건} B \text{가 일어날 확률}}{\text{사건} B \text{가 일어날 확률}} \cdots \text{공식 ①}$$

'사건 $A$가 일어나는 경우'라는 조건이 붙어 있으므로 '사건 $A$가 일어나는 경우'가 확률의 분모가 된다. 조건부확률을 그림으로 나타내면 다음과 같다.

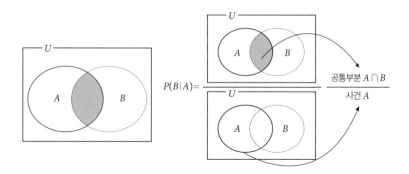

45명의 학생으로 이루어진 학급에서 안경을 낀 학생들의 수를 조사하여 다음과 같은 결과를 얻었다.

| | 남성 | 여성 | 합계 |
|---|---|---|---|
| 안경을 끼지 않음 | 12 | 20 | 32 |
| 안경을 낌 | 8 | 5 | 13 |
| 합계 | 20 | 25 | 45 |

이 학급에서 임의로 한 명의 학생을 선택하고, 다음과 같은 사건을 설정한다.

사건 $A$: 선택된 학생은 여성이다.

사건 $B$: 선택된 학생은 안경을 끼고 있다.

이제 다음과 같은 조건부확률을 기호로 나타내고 그 확률을 구해보자.

(1) 여성이 선택되었을 때, 그 사람이 안경을 끼고 있다.

(2) 안경을 끼고 있는 사람이 선택되었을 때, 그 사람이 여성이다.

우선 관련된 용어부터 알아보자. 이 문제처럼 조사 결과 등의 자료를 집계할 때 두 가지 이상의 관점에서 정리하는 통계 기법을 크로스 집계라 하고, 그때 만들어지는 표를 크로스 집계표 또는 교차표라고 한다.

이 문제의 교차표에서 '남성/여성'과 같이 세로로 나타내는 부분을 열(표두)이라 하고, '안경을 끼지 않음/안경을 낌'과 같이 가로로 나타내는 부분을 행(표측)이라고 한다.

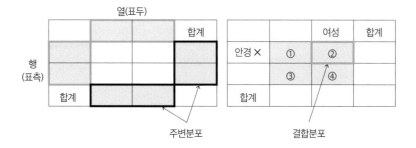

열(표두)

| | | | 합계 |
|---|---|---|---|
| 행(표측) | | | |
| | | | |
| 합계 | | | |

주변분포

| | | | 여성 | 합계 |
|---|---|---|---|---|
| 안경 × | ① | | ② | |
| | ③ | | ④ | |
| 합계 | | | | |

결합분포

행이나 열의 합계에 해당하는 부분을 주변분포라 하고, '안경을 끼지 않음'이면서 '여성'인 부분(위의 오른쪽 표에서 ②에 해당)처럼 크로스 집계표의 두 조건을 만족하는 부분을 결합분포라고 한다. 그리고 다음 표와 같이 하나의 행 또는 하나의 열에 해당하는 부분을 조건부분포라고 한다.

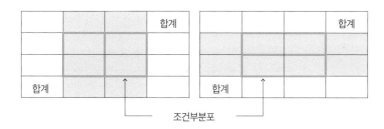

조건부분포

이제부터 앞에서 제시한 문제를 풀면서 기호를 활용해보자.

(1) 먼저 기호로 나타내보자. 문제에서 사건 $A$, $B$에 해당하는 부분을 찾는다. 그리고 문장을 뒤에서부터 기호로 나타낸다.

여성이 선택되었을 때 그 사람이 안경을 끼고 있을 확률이므로, $P(B|A)$
사건 $A$ ←————— 사건 $B$ ← $P$

$P(B|A)$라는 것을 알았으므로, 조건부확률을 구해보자.

| | 남성 | $A$: 여성 | 합계 |
|---|---|---|---|
| 안경을 끼지 않음 | 12 | 20 | 32 |
| $B$: 안경을 낌 | 8 | 5 | 13 |
| 합계 | 20 | 25 | 45 |

위의 표에 따르면, 여성은 25명($A$)이고, 그중에서 안경을 끼고 있는 사람은 5명($A \cap B$)이므로 다음과 같이 나타낼 수 있다.

$$P(B|A) = \frac{5}{25} = \frac{1}{5}$$

(2) 먼저 기호로 나타내보자.

안경을 낀 사람이 선택되었을 때 그 사람이 여성일 확률이므로, $P(A|B)$

사건 $B$ ←——————— 사건 $A$ ←— $P$

| | 남성 | $A$: 여성 | 합계 |
|---|---|---|---|
| 안경을 끼지 않음 | 12 | 20 | 32 |
| $B$: 안경을 낌 | 8 | 5 | 13 |
| 합계 | 20 | 25 | 45 |

위의 표에 따르면 안경을 끼고 있는 사람은 13명($B$)이고, 그중에서 여성은 5명($A \cap B$)이므로 다음과 같이 나타낼 수 있다.

$$P(A|B) = \frac{5}{13}$$

이렇듯 두 가지 모두 '안경을 끼고 있는 여성'이지만 조건을 취하는 방법에 따라 확률이 달라진다.

| | 남성 | $A$: 여성 | 합계 |
|---|---|---|---|
| 안경을 끼지 않음 | 12 | 20 | 32 |
| $B$: 안경을 낌 | 8 | 5 | 13 |
| 합계 | 20 | 25 | 45 |

이제 위의 표에서 모든 칸을 전체 학생 수인 45로 나누면 다음과 같다.

결합확률분포

| | 남성 | $A$: 여성 | 합계 |
|---|---|---|---|
| 안경을 끼지 않음 | $\dfrac{12}{45} = \dfrac{4}{15}$ | $\dfrac{20}{45} = \dfrac{4}{9}$ | $\dfrac{32}{45}$ |
| $B$: 안경을 낌 | $\dfrac{8}{45}$ | $\dfrac{5}{45} = \dfrac{1}{9} = P(A \cap B)$ | $\dfrac{13}{45} = P(B)$ |
| 합계 | $\dfrac{20}{45} = \dfrac{4}{9}$ | $\dfrac{25}{45} = \dfrac{5}{9} = P(A)$ | $\dfrac{45}{45} = 1$ |

주변확률분포

앞서 구했던 $P(B|A) = \dfrac{5}{25} = \dfrac{1}{5}$, $P(A|B) = \dfrac{5}{13}$ 는 앞에서 소개한 공식 ①을 이용하여 다음과 같이 구할 수도 있다. 표에서 계산된 값들이 똑같이 사용되고 있다는 사실을 확인할 수 있을 것이다.

$$P(B|A) = \frac{P(A \cap B)}{P(A)} = \frac{\dfrac{1}{9}}{\dfrac{5}{9}} = \frac{\dfrac{1}{9} \times 9}{\dfrac{5}{9} \times 9} = \frac{1}{5}$$

$$P(A|B) = \frac{P(A \cap B)}{P(B)} = \frac{\dfrac{1}{9}}{\dfrac{13}{45}} = \frac{\dfrac{1}{9} \times 45}{\dfrac{13}{45} \times 45} = \frac{5}{13}$$

# 08 베이즈 정리

시간의 흐름을 거슬러, 현재로부터 과거의 확률을 구한다

베이즈 정리는 조건부확률을 발전시킨 것으로, **현재에서 과거로 시간 이동을 하여 확률을 구할 수 있다.** 먼저 조건부확률을 확인해보자. $A$일 때 $B$가 일어날 (조건부)확률은 다음과 같다.

$$P(B|A) = \frac{P(A \cap B)}{P(A)} \cdots ①$$

반대로 $B$일 때 $A$가 일어날 (조건부)확률은 다음과 같다.

$$P(A|B) = \frac{P(A \cap B)}{P(B)} \cdots ②$$

①의 분모를 없애면 $P(A \cap B) = P(B|A)P(A)$가 되고, 이것을 ②의 $P(A \cap B)$에 대입하면 다음과 같이 베이즈 정리를 유도할 수 있다.

$$[\text{베이즈 정리}] \quad P(A|B) = \frac{P(B|A)}{P(B)}P(A) \cdots ②'$$

$$\uparrow \qquad\qquad \uparrow$$
$$[\text{사후확률}] \qquad [\text{사전확률}]$$

$P(A)$는 $A$일 확률이며 사전확률이라 하고, $P(A|B)$는 '$B$일 때' $A$일 확률이며 사후확률이라 한다.

조건부확률의 공식 ①과 ②를 이용하여 베이즈 정리 ②′를 구한 것일 뿐이라고 단순하게 생각할 수 있지만, $P(B \mid A)$의 시계열을 생각해보면 $A$가 먼저(과거)고 $B$가 나중(미래)에 해당한다. 이 관점에서 ②의 $P(A \mid B)$를 보면 시간의 흐름을 역행하여 미래에 $B$가 일어났을 때 과거의 $A$가 일어났을 확률을 구한다는 의미가 된다.

미래로부터 과거의 확률을 예상할 필요가 있는지 의구심이 들 수도 있다. 병원에서 진단을 내리는 과정을 예로 들어보자. 환자가 고열 증상을 보일 때, 의사는 그것이 감기 바이러스 때문인지, 인플루엔자 바이러스 때문인지, 코로나 바이러스 때문인지 다양한 요인을 생각해볼 수 있다. 증상의 요인에 따라 처방하는 약이 달라지므로, 의사는 환자의 증상을 상세히 살피고 과거의 데이터(확률)를 참고하여 약을 처방하는 것이다.

# 제 9 장

# 통계와 관련된
# 수학 용어

# 01 기술통계와 추론통계
이해를 돕는 통계와 예측하는 통계

통계학에는 다양한 용어가 있다. 여기서는 구체적인 예와 함께 통계 용어를 살펴보도록 하겠다. 통계에서는 데이터(자료)라는 용어가 자주 등장한다. **데이터는 자료·실험·관찰에 의해 얻어지는 사실, 과학적 수치를 가리킨다. 수치뿐만 아니라 사실도 데이터에 포함된다는 데 주목하자.**

'봄, 여름, 가을, 겨울'이라는 사계절도 데이터이고, 'A형, B형, O형, AB형'이라는 혈액형도 데이터이며, '초등학교, 중학교, 고등학교, 대학교'도 데이터이다.

이때 **통계 조사의 대상인 데이터의 바탕이 되는 인간이나 물건의 집합**을 모집단이라고 한다.

최근에는 데이터의 중요성이 날로 증가하고 있는데, 데이터를 적절하게 활용할 수 있도록 우리 가까이에서 도움을 주는 것이 통계학이다.

예를 들어 시험 점수와 같은 숫자 데이터를 그냥 보는 것만으로는 그 데이터의 특징을 이해하기 어렵다.

그래서 주어진 데이터로 최고 점수, 평균 점수를 구하기도 하고, 필요에 따라 편차치를 구하기도 하며, 시험의 합격, 불합격을 결정하는 등 의미 있는 숫자로 만드는 것이다. 즉 통계는 **단순한 데이터를 가치 있고 의미 있는 정보로 만드는 일**이라고 볼 수 있다.

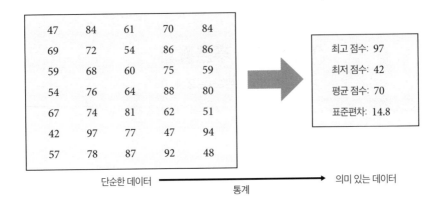

| 47 | 84 | 61 | 70 | 84 |
| 69 | 72 | 54 | 86 | 86 |
| 59 | 68 | 60 | 75 | 59 |
| 54 | 76 | 64 | 88 | 80 |
| 67 | 74 | 81 | 62 | 51 |
| 42 | 97 | 77 | 47 | 94 |
| 57 | 78 | 87 | 92 | 48 |

최고 점수: 97
최저 점수: 42
평균 점수: 70
표준편차: 14.8

단순한 데이터 ──────── 통계 ──────── 의미 있는 데이터

통계는 기술통계, 추론통계, 베이즈통계로 나눌 수 있다.

기술통계는 데이터의 특징을 알기 쉽게 보여주는 것이 목표인데, 다음과 같은 세 가지 방법을 사용한다.

① '숫자'로 나타낸다(평균 점수, 표준편차 등)

② '표'로 나타낸다(도수분포표, 교차표 등)

③ '그래프'로 나타낸다(막대그래프, 원그래프, 히스토그램 등)

한편 추론통계는 표본(샘플)이라고 하는 일부 데이터로부터 모집단의 데이터를 추론하는 것이다. '추론'이라고 하니 어렵게 들리겠지만, 대략적으로 표현하자면 '예측'이라고 할 수 있다. 추론 중에서 미래를 추측하는 것을 예측이라고 한다. 다만 추론통계에서는 미래의 일뿐만 아니라 과거의 일도 추측한다.

베이즈통계는 베이즈 정리(조건부확률)를 바탕으로 시행하는 통계적 기법으로, 기존 사건을 바탕으로 미지의 사건이 일어날 확률을 추측하는 데에 도움이 된다. 베이즈통계에서는 사전정보(사전확률)를 중간에 추가할 수 있다. 새로운 정보(새로운 데이터)를 얻었을 때, 베이즈 정리를 이용해 사전 정보(사전확률)를 갱신하여 새로운 정보(사후확률)를 얻을 수 있는 것이다. 이를 '베이즈 갱신'이라고 한다.

베이즈통계는 데이터 분석뿐만 아니라 머신러닝, AI 분야에서도 폭넓게 응용되고 있다. 특히 불확실성이 높은 문제나 새로운 데이터가 계속해서 추가되는 상황에서는 베이즈통계로 접근하는 것이 유용할 때가 많다.

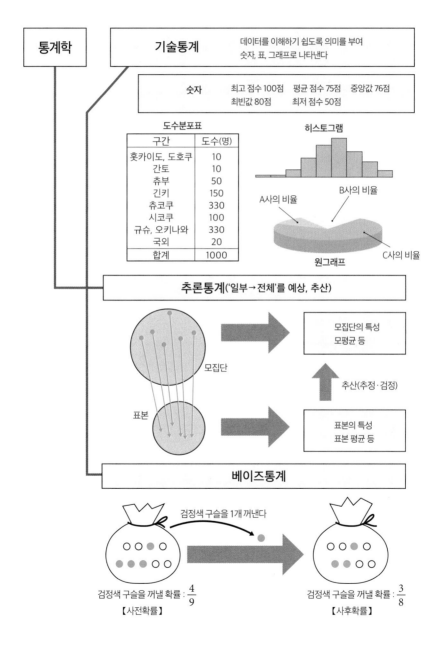

# 02 척도

계산과 그래프 그리기를 위해 필요한 분류

우리는 평소에 다양한 데이터를 접한다. 데이터는 크게 '계산할 수 있는 것'과 '계산할 수 없는 것'으로 나뉘는데, **계산할 수 없는 데이터**를 질적 자료(정성적 자료), **계산할 수 있는 데이터**를 양적 자료(정량적 자료)라고 한다.

질적 자료와 양적 자료는 각각 두 가지 척도로 나뉜다. 질적 자료는 명목척도와 서열척도, 양적 자료는 등간척도와 비율척도(비례척도)의 자료이다. 이렇게 자료를 분류하는 것은 척도에 따라서 '가능한 것'과 '불가능한 것'이 다르기 때문이다.

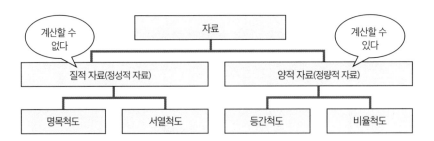

**명목척도는 자료를 구별하고 분류하는 데에 이용하는 척도**이다. 구별하고 분류하는 것이 목적이기 때문에 **같은지 같지 않은지(자료가 '='인지 '≠'인지)를 판단한다.** 그리고 **판단한 데이터를 세는 것만 가능하다.**

명목척도의 예로는 ID, 우편번호, 전화번호와 같이 숫자를 사용하여 구별하는 것과, 이름, 성별, 혈액형, 출신지, 질병의 원인과 같이 숫자를 전혀 사용하지 않고 구별하는 것이 있다.

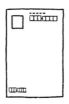

**서열척도는 셀 수도 있고 비교할 수도 있는 척도**이다. 구체적인 예로는 순위(1위, 2위, 3위), 학년(1학년, 2학년, 3학년), 호텔 등급(5성급, 4성급, 3성급) 등이 있다.

서열척도의 경우 대소 관계와 순위에는 의미가 있지만, 덧셈과 뺄셈에는 의미하는 바가 없다. 그렇기 때문에 '1학년과 2학년을 합치면 3학년'이라고 할 수 없는 것이다.

덧셈과 뺄셈을 할 수 없기 때문에 평균을 계산해도 의미하는 바가 없지만, 중앙값이나 최빈값을 이용하는 것은 가능하다.

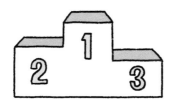

나이, 연도, 기온, 시험 점수처럼, **측정 단위의 간격이 일정한 것을 등간척도**라고 한다.

등간척도는 **덧셈과 뺄셈, 평균 계산은 가능하지만, 곱셈과 나눗셈은 할 수 없다.**

그렇기 때문에 기온이 10℃에서 20℃로 상승하면 '기온이 10℃ 높아졌다'고 하지, '기온이 2배가 되었다'고 하지는 않는다. 물론 기온이 20℃에서 10℃로 하강하면 '기온이 10℃ 낮아졌다'고 하지, '기온이 절반이 되었다'고 하지는 않는다. 기온이 10℃에서 20℃로 상승했을 때 '2배가 되었다'고 하지 않는 이유는 기온은 0℃가 기준이 아니기 때문이다.

등간척도와 달리, 간격과 비율에 의미가 있고, **덧셈과 뺄셈뿐만 아니라 곱셈과 나눗셈도 가능한 척도를 비율척도(비례척도)**라고 한다. 비율척도의 예로는 키, 몸무게, 속도, 급여 등이 있다. 비율척도에서 곱셈과 나눗셈이 가능한 이유는 **절대영점이라고 하는 '아무것도 없는 상태'를 나타내는 기준이 있기 때문이다.** 등간척도에는 이러한 절대영점이 없다.

따라서 등간척도인지 비율척도인지 구분할 때 절대영점(0)의 유무를 기준으로 생각해보면 구별하기 쉽다. 비율척도(키, 몸무게, 속도)부터 살펴보자. 키 0cm, 몸무게 0kg, 속도 0km/h는 키가 없는 상태, 몸무게가 없는 상태, 속도가 없는 상태를 의미한다.

이와 달리, 등간척도(기온, 시각, 시험 점수)에서는 0이 아무것도 없는 상태를 의미하지 않는다. 기온 0℃는 기온이 없는 상태가 아니고, 시각 0시는 시각이 없는 상태가 아니다. 시험 점수 0점은 시험을 친 학생에게 지식이 없다는 뜻이 아니라 그 학생에게 어려운 시험이었다는 뜻이다. 예를 들어 평범한 중학생이 도쿄대학교 수학과의 시험을 본다면 0점을 받을 가능성이 높지만, 그것이 시험을 친 학생에게 수학 지식이 없다는 것을 의미하지는 않는다.

| 질적 자료<br>(계산 불가능) | 명목척도 | 같은가( = ), 같지 않은가( ≠ ) |
| | | 이름, 성별, 혈액형, 출신지 등 |
| | 서열척도 | 대소 관계( ≤ , ≥ ), 숫자 세기 |
| | | 순위, 학년, 호텔 등급 등 |
| 양적 자료<br>(계산 가능) | 등간척도 | 덧셈( + ), 뺄셈( − ), 평균값 |
| | | 시험 점수, 시각, 기온 등 |
| | 비율척도 | 사칙연산( +, −, ×, ÷ ) |
| | | 키, 몸무게, 속도, 급여 등 |

막대그래프와 꺾은선그래프는 데이터를 시각적으로 표현하는 방법 중 하나이다. 두 그래프는 데이터를 사용하는 목적이나 데이터의 형식에 따라서 효과적으로 구분하여 사용할 수 있다. 한편 그래프는 기본적으로 2D로 그리는 것이 좋다. 그래프 작성 프로그램을 이용하면 3D로 그릴 수도 있지만 3D 그래프는 원근감 때문에 데이터가 왜곡되어 보일 우려가 있다.

오른쪽 그림을 자세히 보면, 국공립대학교 의과대학의 합격자 수는 2023년보다 2022년에 더 많지만, 막대그래프는 그렇게 보이지 않는다. 또한 국공립대학교와 사립대학

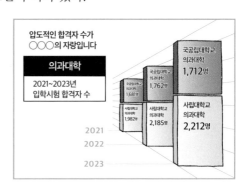

교의 합격자 수의 합계는 나오지 않지만, 그것 역시 2023년보다 2022년이 더 많다. 즉 실제 수치와 그래프의 크기가 다르게 보이기 때문에 특별한 이유가 없는 한 3D 그래프는 사용하지 않는 것이 좋다.

한편 막대그래프는 질적 자료(정성적 자료)나 비연속적인 양을 나타내는 데이터를 표현하여 비교하는 데에 적합한 그래프로, 막대 사이가 떨어져서 그려져 있다. 막대그래프는 질적 자료(정성적 자료)를 가로축 또는 세로축에 따라서 막대로 나타내는 것으로, 범주들을 비교하기 쉽게 해준다. 막대그래프에는 세로 막대그래프

와 가로 막대그래프가 있는데, 범주의 개수가 많을 때는 가로 막대그래프를 이용하는 편이 보기에 좋다.

막대그래프의 예로서, 다양한 제품의 매출, 연령층별 인구, 시험 점수 분포, 소득계층 등이 있다. 다음 그림은 어떤 마트의 월간 과일(바나나, 사과, 오렌지) 판매량이다. 여기서 바나나, 사과, 오렌지는 질적 자료이다.

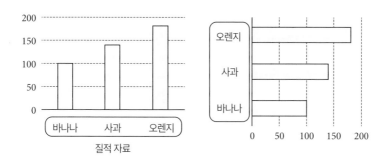

꺾은선그래프는 시계열 데이터를 시각화할 때 주로 이용되는 그래프이다. 먼저 시계열 데이터에 대해 알아보자. 시계열 데이터는 조사 대상을 매일, 매주, 매월 등 일정한 시간 간격을 두고 기록하거나 관찰하여 얻는 자료이다.

연간 기온 변화, 매출 추이, 주식 그래프 등 시간 경과에 따라 변화하는 데이터를 추적할 때 이용한다.

한편 다수를 대상으로 일정한 시간 간격을 두고 기록하거나 관찰하여 얻는 자료는 패널 데이터라고 한다.

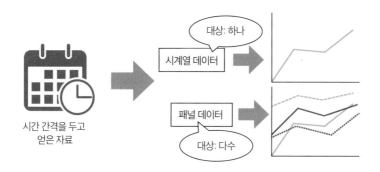

시계열 데이터에는 장기적인 경향을 나타내는 추세 변동, 계절 변동, 순환 변동, 불규칙 변동 등 여러 가지 유형이 있다. 계절 변동은 계절에 따라 발생하는 변동으로 매월 가계의 전기 요금 등이 해당한다.

시계열 데이터가 활용되는 예를 정리하면 다음과 같다.

| 경제 | 매출, 주가, 실업률, 소비자물가지수(CPI) 등 |
|------|------------------------------------|
| 비즈니스 | 월별 매출, 주별 재고, 클릭률 등 |
| 과학 | 기온, 강수량, 지진 발생 횟수 등 |
| 의학 | 환자의 몸무게, 혈압, 약 복용 횟수 등 |

꺾은선그래프는 시계열 데이터나 연속적인 양을 나타내는 데이터를 표현하는 데 적합하다. 꺾은선그래프는 데이터를 나타내는 점을 선으로 연결함으로써 데이터의 변화나 경향을 시각적으로 파악하기 쉽게 해준다.

한편 시계열 데이터는 특수한 요인에 의해 크게 변동하는 경우가 있는데, 그러면 장기적인 추세를 파악하기가 어려워진다. 그럴 때 특수한 변동을 제거하기 위해 사용하는 것이 이동 평균법이다.

이동 평균법은 일정한 기간(예를 들어, 3개월)을 정하여 그 기간 동안의 평균값을 각각 구하고 그 값들을 연결하는 것이다. 평균이란 말 그대로 '고르게 하는 것'이므로, 극단적인 변동도 고르게 만들어준다.

검정색 선: 어떤 대상의 시계열 데이터
파란색 선: 검정색 선의 3개월 이동 평균

지금까지의 내용을 정리하면, 질적 자료나 비연속적인 양을 나타내는 데이터를 비교하고 싶을 때는 막대그래프를 사용하면 된다.

시계열 데이터나 연속적인 양을 나타내는 데이터의 변화와 경향을 분석하고 싶을 때는 꺾은선그래프를 사용하면 된다.

두 그래프를 효과적으로 구분하여 활용함으로써 데이터의 특성을 정확하게 표현하여 시각적으로 이해하기 쉬운 그래프를 작성할 수 있다.

# 대푯값

데이터의 특징이나 경향을 하나의 수치로 나타낸다

데이터를 분석할 때는 데이터의 특징, 경향, 흩어져 있는 정도를 나타내는 수치가 필요하다. **데이터가 가지는 특징이나 경향을 나타내는 수치를 대푯값**이라 하는데, 평균값, 중앙값, 최빈값, 최댓값, 최솟값이 여기에 해당한다. 평균값은 '평균'이라고 할 때가 많다. 평균값, 최댓값, 최솟값은 자주 들어본 용어일 것이다.

대푯값과 달리, **데이터가 흩어져 있는 정도를 나타내는 것을** 산포도라고 하며, 분산, 표준편차, 범위, 사분위범위, 사분위편차 등이 여기에 해당한다. 대푯값과 산포도는 다음과 같이 대응된다.

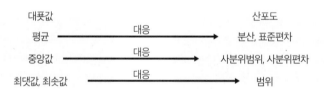

대푯값과 산포도는 각각 장단점이 있으므로, 대푯값이나 산포도를 하나만 활용하기보다 각각의 장점을 살려서 적절히 조합하여 활용하는 것이 좋다.

우선 대푯값인 최댓값과 최솟값에 대해 알아보자. 두 가지 모두 수학 수업시간에 들어본 적이 있을 것이다. 학교에서 보는 시험에서는 최고 점수(최댓값)에 주목하는 경향이 있고, 대학교나 고등학교 입학을 위한 시험에서는 합격자의 최저 점수(최솟값)를 중요한 지표로 삼는다.

최댓값과 최솟값을 알면 가장 큰 값과 가장 작은 값을 아는 것이니까 데이터의 범위를 파악할 수 있다. 또한 최댓값과 최솟값은 둘 다 극단적인 데이터에 해당하므로, 평균에서 동떨어진 이상값을 파악하는 데도 도움이 된다.

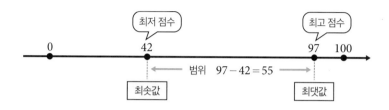

또한 최댓값이나 최솟값을 보면 측정 오류나 입력 오류에 의한 이상값의 유무를 확인할 수 있다. 인간은 실수를 하는 법이므로 데이터에서 이상값이 발견되더라도 수정함으로써 해결할 수 있다.

우리는 평소에 평균값에 익숙하기 때문에 데이터 분석을 할 때도 평균값부터 구하려는 경향이 있지만, 실제로 데이터를 분석할 때는 평균값이 아니라 최댓값과 최솟값부터 계산한다.

왜냐하면 가공되지 않은 최초의 데이터인 원시 자료를 분석할 때 그 데이터에 이상값이 포함되어 있는 경우가 많기 때문이다.

이상값처럼 데이터에 적절하지 않은 수치가 있으면 평균과 같은 계산 결과에 영향을 준다. 따라서 평균값을 올바르게 구하기 위해서라도 최댓값과 최솟값을 알아두어야 한다.

단, 최댓값과 최솟값은 극단적인 데이터가 있다는 것만 알려줄 뿐, 데이터의 내용까지는 알려주지 않는다. 그렇다 보니 데이터에 편향이나 왜곡이 있는 경우에는 적절하게 데이터를 분석할 수 없다는 단점도 있다.

# 9

통계와 관련된 수학 용어

# 평균값, 중앙값, 최빈값

평균값의 의미와 단점을 이해한다

평균 점수, 평균 키, 평균 연봉 등 '평균'이라는 용어는 일상생활에서 자주 접하고 있다. 이러한 **평균은 '데이터를 모두 더하기', '데이터의 개수로 나누기'를 통해 구할 수 있다.** 평균은 영어로 'mean'이므로 첫 글자인 'm'으로 나타내거나 그리스 문자인 '$\mu$(뮤)'로 나타내는 경우가 많다.

$$[\text{평균}] \quad \mu = \frac{\text{데이터의 합계}}{\text{데이터의 개수}} = (\text{데이터의 합계}) \div (\text{데이터의 개수})$$

$$\text{데이터를 } x_1, x_2, \cdots\cdots, x_n \text{이라고 할 때, } \mu = \frac{x_1 + x_2 + \cdots\cdots + x_n}{n} = \frac{1}{n}\sum_{k=1}^{n} x_k$$

평균값은 초등학교 때 배워서 매우 익숙하고 계산하기도 쉬우며 잘 알려져 있다. 그렇기 때문에 '평균'을 사용할 때 용어를 설명할 필요가 없다는 게 장점 중 하나이다.

하지만 평균을 계산하는 방법은 알아도 평균이 의미하는 것이나 평균의 단점은 알지 못하는 사람이 있다. 따라서 지금부터 평균의 의미를 대략적으로 파악해보자. 평균은 말 그대로 데이터를 '고르게 하는 것'이다.

예를 들어 다음 중 왼쪽 그림과 같이 100mL의 물과 500mL의 물이 있고 한가운데에 칸막이가 있다고 해보자. 이 칸막이를 없애면 다음 중 오른쪽 그림과

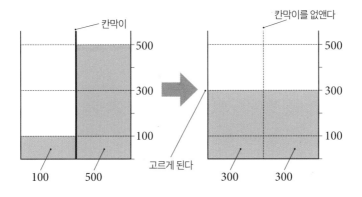

같이 300mL의 높이에서 평평해진다. 이렇게 물의 높이를 고르게 하는 것이 평균이다.

실제로 계산해보면 다음과 같다.

$$\frac{100+500}{2} = \frac{600}{2} = 300$$

다른 예도 살펴보자. 다음 중 왼쪽 그림과 같이 40mL, 70mL, 50mL, 80mL의 물이 칸막이로 구분되어 있다. 칸막이를 없애면 오른쪽 그림과 같이 60mL의 높이에서 평평해지므로 평균은 60mL이다.

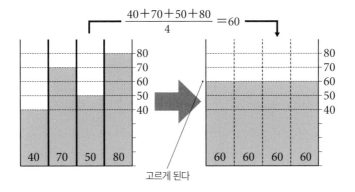

$$\frac{40+70+50+80}{4} = \frac{240}{4} = 60$$

평균은 데이터를 한마디로 요약할 때 적합한 수치다. 특히 데이터가 균일하게 분포되어 있을 때 데이터의 특성을 잘 보여준다. 하지만 데이터가 균일하지 않고 한쪽으로 치우쳐 있다면 평균은 대푯값으로서 기능하지 못하게 된다.

**데이터에 이상값 같은 편향이 있으면 평균값은 크게 영향을 받으므로 대푯값으로서 의미가 없어질 수 있다**는 점도 기억하기 바란다.

아마 평균값이 대푯값으로서 적절하지 않은 경우를 직접 보지 않으면 이런 말이 이해되지 않을 것이다. 따라서 이제부터 일본의 지역별 1인당 은행 예금액(2021년)을 예로 들어보겠다. 이 자료를 히스토그램과 표로 나타냈다.

우리는 이러한 자료를 보면 평균부터 보는 경향이 있는데, 우선은 이상값이 있는지 알아보기 위해 최댓값과 최솟값을 확인해보자. 최솟값은 특별히 이상한 점이 없는데, 최댓값인 도쿄의 예금액은 히스토그램이나 표를 보면 바로 알 수 있을 정도로 치우쳐 있다.

| 순위 | 도도부현 | 예금액(만 엔) |
|---|---|---|
| 1 | 도쿄 | 2343.4 |
| 2 | 오사카 | 899.6 |
| 3 | 도쿠시마 | 732.7 |
| 4 | 가가와 | 654.8 |
| 5 | 도야마 | 620.8 |

| 순위 | 도도부현 | 예금액(만 엔) |
|---|---|---|
| 6 | 에히메 | 619.8 |
| 7 | 교토 | 619.3 |
| … | … | … |
| 24 | 사이타마 | 487.6 |
| … | … | … |

| | |
|---|---|
| 전국 평균 | 736.3 |

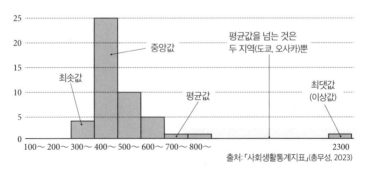

출처: 「사회생활통계지표」(총무성, 2023)

사실, 전국의 평균 예금액인 736.3만 엔을 넘는 것은 도쿄와 오사카뿐이다. 따라서 평균값인 736.3만 엔이 대푯값으로서 기능한다고 보기는 어렵다.

도쿄의 예금액을 보자. 예를 들어 도쿄에 사는 사람들의 급여가 아무리 높아도 한 사람당 2,343만 엔이나 가지고 있다는 것은 비현실적이다. 이 자료로부터 도쿄에 사는 사람들 중 엄청난 큰돈을 은행에 맡기고 있는 사람이 있다는 것을 알 수 있다. 이것 외에도 이상값이 존재하는 자료의 예로서 '세대별 평균 저축액' 등이 있다.

평균값은 이상값이 있으면 영향을 받는다는 단점이 있다. 이와 달리 **이상값의 영향을 거의 받지 않는 대푯값**으로 중앙값이 있는데, 중위수라고도 한다. 이상값의 영향을 거의 받지 않아서 안정적인 상태를 강건성이라고 한다.

**중앙값은 데이터를 작은 것부터 차례대로 나열했을 때와 큰 것부터 차례대로 나열했을 때 중앙에 위치하는 수, 즉 한가운데에 있는 수치이다.** '한가운데'라고 하면 평균을 떠올리는 사람도 있겠지만 한가운데 있는 수치는 중앙값이다.

데이터의 개수가 짝수인지 홀수인지에 따라서 한가운데가 달라지므로 중앙값을 구하는 방법도 조금씩 다르다.

데이터의 개수가 홀수일 때는 한가운데 값이 하나이므로 문제없다. 하지만

[중앙값] 데이터의 개수가 홀수 ⇒ 한가운데(중앙)의 값

데이터의 개수가 짝수 ⇒ 한가운데에 있는 두 값의 평균

데이터를 작은 것부터 나열한 것을 $x_1 \leq x_2 \leq x_3 \leq \cdots\cdots \leq x_n$이라고 하자.

$n$이 홀수인 경우: 한가운데 번호는 $\frac{n+1}{2}$이므로 중앙값은 $x_{\frac{n+1}{2}}$이다.

$n$이 짝수인 경우: $\frac{n}{2}$과 $\frac{n}{2}+1$이므로 중앙값은 $\frac{1}{2}(x_{\frac{n}{2}}+x_{\frac{n}{2}+1})$이다.

데이터의 개수가 짝수인 경우에는 한가운데의 값이 2개이므로, 그 두 값의 평균(즉 두 수를 더한 후에 2로 나눈 값)이 중앙값이다.

'5, 7, 2'와 '2, 4, 2, 5, 6, 1'의 중앙값을 구해보자. 작은 것부터(또는 큰 것부터) 차례대로 나열하여 한가운데 값을 확인하면 된다.

학교에서 학생회장을 뽑을 때 다수결로 정하는 경우가 많은데, 대푯값 중에서 다수결과 비슷한 것이 최빈값이다. **최빈값은 데이터 중에서 출현 빈도가 가장 높은 수치이다.**

수를 세기만 하면 되므로 계산할 필요가 없다. 계산할 필요가 없다는 점이 최빈값의 핵심으로, **최빈값은 평균값이나 중앙값과 달리, 계산할 수 없는(수치가 아닌) 질적 자료에도 활용할 수 있다.**

예를 들어 '1, 1, 2, 2, 2, 2, 2, 3, 3, 4, 5, 5, 6' 중에서 최빈값은 2이다(데이터의 크기는 5이다).

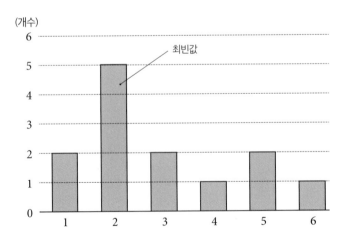

[최빈값]  데이터 중에서 가장 많이 존재하는 값

최빈값의 장점은 ① 출현 가능성이 가장 높은 수치를 알 수 있고, ② 데이터가 가장 많은 구간을 알 수 있으며, ③ 질적 자료에도 이용할 수 있고, ④ 값을 구하는 방식이 쉽고 소수가 나오지 않는다는 점이다. 한편 단점은 ① 전체 데이터의 경향을 알 수 없고, ② 평균값이나 중앙값보다 덜 알려져서 응용할 수 있는 범위가 좁다는 점이다.

# 분산과 표준편차

흩어져 있는 정도를 표현하는 지표

**분산**은 어떤 데이터의 값이 평균으로부터 얼마나 흩어져 있는지, 얼마나 퍼져 있는지를 나타내는 **통계적인 척도**이다.

분산은 데이터의 평균값 $m$을 구하는 것에서부터 시작한다. 그리고 나서 각 데이터에서 평균값을 뺀 **편차**를 계산하고 각 편차를 제곱한다. 마지막으로 그 수를 모두 더한 후에 데이터의 개수인 $n$으로 나누면 분산을 구할 수 있다. 식으로 정리하면 다음과 같다.

| 데이터 | $X$ | $x_1$ | $x_2$ | $\cdots$ | $x_n$ | |
|---|---|---|---|---|---|---|
| 편차 | $X-m$ | $x_1-m$ | $x_2-m$ | $\cdots$ | $x_n-m$ | $-$ 평균 |
| (편차)$^2$ | $(X-m)^2$ | $(x_1-m)^2$ | $(x_2-m)^2$ | $\cdots$ | $(x_n-m)^2$ | 제곱 |

$$[\text{분산}] \quad \frac{(x_1-m)^2+(x_2-m)^2+(x_3-m)^2+\cdots+(x_n-m)^2}{n} = \frac{1}{n}\sum_{k=1}^{n}(x_k-m)^2$$

**분산이 크면 데이터가 넓게 퍼져 있다는 뜻이고, 분산이 작으면 데이터가 평균값 주변에 밀집되어 있다는 뜻**이다.

분산은 통계학에서 중요한 개념으로, 금융, 공학, 사회과학 등 다양한 분야에서 데이터가 흩어져 있는 정도를 이해하고 분석하기 위해 사용된다.

|  | 점수 | 평균 점수 |
|---|---|---|
| X반 | 58, 58, 58, 58, 58 | 58 |
| Y반 | 43, 53, 58, 63, 73 | 58 |
| Z반 | 28, 48, 58, 68, 88 | 58 |
| W반 | 0, 40, 60, 90, 100 | 58 |

구체적인 예를 들어보자. 위의 표는 네 학급의 시험 점수를 정리한 것이다.

네 학급 모두 평균 점수(기댓값)가 58점인데, 그렇다고 해서 네 학급의 실력이 비슷하다고 보기는 어렵다. 네 학급의 차이는 무엇일까? 평균 점수는 같지만, 각 학생의 점수가 평균 점수로부터 흩어진 정도, 벗어난 정도가 다르다. 이제 각 학생의 점수에서 평균 점수를 뺀 편차를 구해보자.

|  | 편차 1 | 편차 2 | 편차 3 | 편차 4 | 편차 5 | 평균 |
|---|---|---|---|---|---|---|
| X반 | 0 | 0 | 0 | 0 | 0 | 0 |
| Y반 | -15 | -5 | 0 | 5 | 15 | 0 |
| Z반 | -30 | -10 | 0 | 10 | 30 | 0 |
| W반 | -58 | -18 | 2 | 32 | 42 | 0 |

각 학생의 점수에서 58점(평균 점수)을 뺐기 때문에 학급별 평균은 0점(편차의 평균은 0점)이 된다. 하지만 이러한 결과는 네 학급의 편차의 평균이 모두 0점이라는 것을 보여줄 뿐 학급별로 비교할 수는 없다.

이렇게 편차의 평균이 0이 되는 이유는 편차가 양수와 음수를 모두 취할 수 있기 때문이다. 이제부터 편차의 평균이 언제나 0이 되는 현상을 바꿔보자.

편차를 양수로 만들기 위해서는 절댓값을 사용하거나 제곱을 사용하는 방법을 생각할 수 있다. 두 가지 방법은 저마다 특색이 있고 응용하기도 좋지만, 제곱을 이용하는 방법이 널리 알려져 있으므로 이 책에서도 그 방법을 이용하겠다.

서론이 길어졌는데, **편차를 제곱한 값들의 평균**(이번 예에서는 편차의 제곱을 합하여 5로 나눈 결과)**이 분산**이다.

| | (편차 1)$^2$ | (편차 2)$^2$ | (편차 3)$^2$ | (편차 4)$^2$ | (편차 5)$^2$ | 합계 | 분산 |
|---|---|---|---|---|---|---|---|
| X반 | 0 | 0 | 0 | 0 | 0 | 0 | 0 |
| Y반 | 225 | 25 | 0 | 25 | 225 | 500 | 100 |
| Z반 | 900 | 100 | 0 | 100 | 900 | 2000 | 400 |
| W반 | 3364 | 324 | 4 | 1024 | 1764 | 6480 | 1296 |

분산이 크면 데이터들이 평균으로부터 떨어져 있다는 뜻이므로, 전체적으로 데이터가 넓게 흩어져 있다는 것을 알 수 있다. 이번 예에서 학급별로 점수가 흩어져 있는 정도는 다음과 같다.

X반 < Y반 < Z반 < W반

X반은 모든 학생이 58점이니까 데이터가 전혀 흩어져 있지 않고(분산 0), W반은 0점부터 100점까지 있으므로 흩어져 있는 정도가 크다(분산 1296)는 것을 알 수 있다.

이렇듯 평균만으로는 알 수 없는 사실을 알려주는 값이 분산이다.

다만 분산은 응용하기에 조금 어려운 부분이 있다. 다음 표를 보자. 앞서 구한 분산에 단위를 붙인 것인데, 단위가 '점$^2$'이라고 되어 있다. 제곱으로 된 단위는 넓이($m^2$, $cm^2$)를 제외하고는 좀처럼 본 일이 없을 것이다. 평소에 볼 일이 없다는 것은 그다지 활용되지 않는 것이라고 볼 수도 있다.

한편 **분산에 $\sqrt{\phantom{x}}$ 를 씌워서 단위의 제곱을 없애 우리에게 익숙한 모양으로 만든 것이 표준편차**이다.

|  | 분산 |
|---|---|
| X반 | 0점$^2$ |
| Y반 | 100점$^2$ |
| Z반 | 400점$^2$ |
| W반 | 1296점$^2$ |

|  | 표준편차 |
|---|---|
| X반 | 0점 |
| Y반 | 10점 |
| Z반 | 20점 |
| W반 | 36점 |

표준편차는 모의고사의 편차치를 계산하는 경우, 지능 검사를 통해 IQ를 구하는 경우, 또는 일부를 통해 전체를 추정하는 경우 등에 폭넓게 활용되고 있다.


[표준편차]　분산 $V$의 표준편차는 $\sqrt{V}$이다.

분산 $V$를 $s^2$이라 할 때 표준편차는 $s$이다.

# 표준화와 편차치, 표준점수

대학 입학시험에서 사용되는 '편차치'에 대하여

앞서, 데이터가 흩어진 정도를 나타내는 지표로서 표준편차를 소개했다. 표준편차가 응용되는 예는 여러 가지가 있는데 대표적인 것이 '편차치'이다.

**편차치란 평균이 $m$, 표준편차가 $s$인 데이터 $x$를, 인위적으로 평균 50, 표준편차 10으로 환산했을 때의 값**이다. 다음과 같은 식을 통해 구할 수 있다.

$$[\text{편차치}] \quad \frac{x-m}{s} \times 10 + 50 = 10Z + 50 \quad \left( Z = \frac{x-m}{s} \right)$$

한편 데이터 $x$에 대하여 $\dfrac{x-m}{s}$을 표준점수라고 한다.

**표준점수는 평균이 $m$, 표준편차가 $s$인 데이터 $x$를, 인위적으로 평균 0, 표준편차 1로 환산했을 때의 값**이므로, 표준점수에 10을 곱하고 50을 더하면 편차치가 된다.

| 평균 | $m$ |
|---|---|
| 표준편차 | $s$ |

[데이터] $x$

| 평균 | 50 |
|---|---|
| 표준편차 | 10 |

[데이터] $\dfrac{x-m}{s} \times 10 + 50$

편차치를 이용함으로써 자신의 성적이 전체 집단에서 어느 정도 위치에 있는지 추정할 수 있다. 예를 들어 학습 능력을 측정하는 시험에서 얻은 점수를 '학력 편차치'로 환산해 전체 수험생 중 자신이 상위 몇 %인지 알 수 있는 것이다. 자신의 실력이 어느 정도 수준인지 알 수 있으므로 이후에 대학에 합격할 가능성을 예측해볼 수 있다.

편차치는 학습 능력을 측정하는 시험뿐만 아니라 지능 검사 등 다양한 분야에서 활용되고 있다. 그렇다면 자신의 실력을 측정하는 데에 왜 평균 점수만으로는 부족한 것일까? 구체적인 예를 통해 이유를 알아보자. 고등학교의 중간고사나 기말고사를 본 후에 정답을 알려주면서 평균 점수도 함께 알려주는 경우가 많은데, 자신의 점수와 평균 점수만으로는 자신의 위치가 어느 정도인지 구체적으로 알 수 없다. 다음의 예를 통해 자세히 알아보자.

A는 영어, 수학, 물리 시험을 보고 오른쪽 표와 같은 결과를 얻었다. 가장 성적이 좋은 과목은 무엇일까?

점수만 비교하면 영어 성적이 가장 좋아 보인다. 하지만 평균 점수에서 가장 많이 떨어져 있는 것은 물리이므로,

|  | A의 점수 | 평균 점수 |
|---|---|---|
| 영어 | 80 | 65 |
| 수학 | 58 | 40 |
| 물리 | 65 | 45 |

물리 성적이 가장 좋을지도 모른다. 결국 이 정보만으로는 어느 과목의 성적이 가장 좋은 것인지 판단할 수 없다.

물론 평균 점수를 바탕으로 성적이 좋은지 나쁜지 대략적으로 평가하는 것도 한 가지 방법이지만, 대학교 입학시험처럼 1점 차이로 합격과 불합격이 결정되는 경쟁적인 시험에서는 정확한 정보를 바탕으로 평가하지 않으면 문제가 될 수 있다.

평균 점수가 서로 다른 과목을 공평하게 비교하는 도구로써 이용되는 것이 편차치이다. 편차치를 구하려면 표준편차를 알아야 하므로, 그러한 정보를 모아서 다음과 같은 표로 만들 수 있다.

| | A의 점수 | 평균 점수 | 표준편차 |
|---|---|---|---|
| 영어 | 80 | 65 | 15 |
| 수학 | 58 | 40 | 6 |
| 물리 | 65 | 45 | 10 |

| | A의 편차치 |
|---|---|
| 영어 | $\dfrac{80-65}{15} \times 10 + 50 = 60$ |
| 수학 | $\dfrac{58-40}{6} \times 10 + 50 = 80$ |
| 물리 | $\dfrac{65-45}{10} \times 10 + 50 = 70$ |

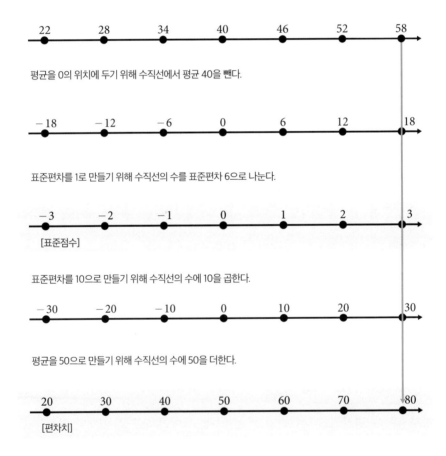

평균을 0의 위치에 두기 위해 수직선에서 평균 40을 뺀다.

표준편차를 1로 만들기 위해 수직선의 수를 표준편차 6으로 나눈다.

[표준점수]

표준편차를 10으로 만들기 위해 수직선의 수에 10을 곱한다.

평균을 50으로 만들기 위해 수직선의 수에 50을 더한다.

[편차치]

결과를 보면, 수학의 편차치가 가장 높다는 것을 알 수 있다. 하지만 왜 이 식으로 편차치를 구하는 것인지 이해가 안 되는 사람도 있을 것이므로, 구체적인 과정을 알아보겠다.

주의할 점은 바로 편차치를 구하려고 하지 말고, 먼저 인위적으로 평균 0, 표준편차 1로 환산한 표준점수를 구하는 과정을 거친 후에 편차치를 구해야 한다는 것이다. 왼쪽 페이지의 수직선은 수학 점수 58점이 편차치 80이 되는 과정을 살펴본 것이다. 수학 평균 점수는 40점이므로 수직선의 한가운데를 40으로 하고, 표준편차는 6이므로 눈금의 간격을 6으로 설정했다.

따라서 수학 점수, 표준점수, 편차치는 다음과 같다.


[점수 : 58점] ⟶ [표준점수 : 3] ⟶ [편차치 : 80]

# 학업 성취 점수

학력과 지능의 관계를 수치로 나타낸다

일본에서는 학습 능력과 관련된 '학력 편차치'가 널리 쓰이고 있다. 편차치는 학습 능력 외에 지능에도 활용할 수 있다. 일본에서도 주로 지능지수를 이용하지만, 특별히 '지능 편차치'를 이용하는 경우도 있다.

바로 학업 성취도의 관점에서 학습 능력과 지능의 관계를 살펴볼 때이다. **학력 편차치에서 지능 편차치를 뺀 값**을 학업 성취 점수라고 한다.

[학업 성취 점수]　학력 편차치 – 지능 편차치

학력 편차치가 높은 것은 물론 좋은 일이지만, 좋은 성적을 얻기 위해 과도하게 부담을 느끼면서 공부하고 있는 것일지도 모른다. 하지만 그러한 상황은 학력 편차치만으로는 알 수 없다. 그래서 학력 편차치에서 지능 편차치를 뺀 값인 학업 성취 점수라는 지표를 활용하는 것이다. **학업 성취 점수가 양수이고 큰 값인 경우**를 과잉성취라 하고, **학업 성취 점수가 음수이고 큰 값인 경우**를 저성취라 한

학업 성취 점수(학력 편차치-지능 편차치)

[＋] 지능검사 결과와 비교해서 학업 성적이 좋다 ⟶ 과잉성취

[－] 지능검사 결과와 비교해서 학업 성적이 안 좋다 ⟶ 저성취

[0에 가깝다] 지능검사 결과 ≒ 학업 성적 ⟶ 균형성취

다. 학력 편차치와 지능 편차치가 균형을 이루는 경우는 균형성취라고 한다.

대략적으로 구분하자면, 열심히 해야 한다는 압박감을 느끼고 있는지 확인하고 싶을 때는 과잉성취인지를 보면 되고, 게으른 면이 있는지 확인하고 싶을 때는 저성취인지를 보면 된다.

여기까지 읽고 나면, 과잉성취인지 저성취인지 균형성취인지 판단하는 기준이 되는 구체적인 수치를 제시하지 않았다는 사실을 알아차렸을 것이다. 그러한 판단을 위해서는 학업 성취 점수를 그대로 사용하지 않고 그것을 개량한 값인 수정 학업 성취 점수를 이용하는 경우가 많다. 수정 학업 성취 점수는 학력 편차치에서 학력 기댓값을 빼서 구한다. 학력 기댓값은 지능 편차치를 수정한 것으로 '0.7×(지능 편차치−50)+50'을 계산하여 구한다. 수정 학업 성취 점수에서 8 이상 차이가 있는지를 기준으로 과잉성취인지 저성취인지 균형성취인지 판단하면 된다. 이 내용을 정리하면 다음과 같다.

[학력 기댓값]  $0.7 \times (지능\ 편차치 - 50) + 50$

[수정 학업 성취 점수]  학력 편차치 − 학력 기댓값
$$= 학력\ 편차치 - 0.7 \times 지능\ 편차치 - 15$$

[과잉성취]  수정 학업 성취 점수 $> 8$

[저성취]  수정 학업 성취 점수 $< -8$

[균형성취]  $-8 \leq$ 수정 학업 성취 점수 $\leq 8$

일반적으로 지능검사는 모든 집단을 대상으로 표준화된 것이므로, 지능과 학습 능력을 비교할 경우 학력 테스트 또한 모든 집단을 대상으로 표준화된 것을 사용해야만 정확하게 비교할 수 있다는 사실을 유의하기 바란다.

## 09 확률변수와 확률분포
확률 용어를 동전과 주사위를 이용해 이해해보자

통계학은 이미 일어난 사건을 바탕으로 미래에 일어날 법한 사건을 예측하는 분야이다. 그러한 예측을 할 때는 확률변수와 확률분포가 중요하다. 하지만 확률분포는 정확하게 알려지지 않은 경우가 많으므로, 주어진 데이터를 이용하여 확률분포를 추정해야 한다. 지금부터 구체적인 예를 통해 확률변수와 확률분포에 대해 알아보자.

동전 하나를 한 번 던졌을 때 앞면이 나오는 횟수를 $X$라고 하면, $X$가 가질 수 있는 값은 0과 1이며 확률은 각각 $\frac{1}{2}$이다. 이 내용을 표로 정리하면 다음과 같다.

| 확률변수 → $X$의 값 | 0 | 1 | 합계 |
|---|---|---|---|
| 확률 | $\frac{1}{2}$ | $\frac{1}{2}$ | 1 |

표에서의 $X$와 같이, 동전 던지기와 같은 **시행의 결과에 따라서 확률이 정해지는 변수를 확률변수**라고 한다. 또한 위의 표처럼 **확률변수 $X$와 확률의 대응관계를 나타낸 것을 확률분포**라고 한다.

확률분포에는 이산확률분포와 연속확률분포가 있다.

[확률변수와 확률분포]

확률변수: 실행 결과에 따라 확률이 정해지는 변수

확률분포: 확률변수 $X$와 확률의 대응관계로, 식이나 표로 나타낼 수 있다.

이산확률분포와 연속확률분포가 있다.

**이산확률분포는 확률변수가 비연속적인 값을 가지는 경우에 이용한다.** 예를 들어 동전을 던졌을 때 앞면이 나올 횟수 '1, 2, 3, ⋯⋯'과 주사위를 던졌을 때 나오는 수 '1, 2, 3, 4, 5, 6'은 가질 수 있는 값이 비연속적이므로 이산확률분포라고 한다.

**연속확률분포는 확률변수가 연속적인 값을 가지는 경우에 이용한다.** 예를 들어 키, 몸무게, 체온은 연속적인 값이므로 연속확률분포이다.

확률분포는 표뿐만 아니라 식으로도 나타낼 수 있다. 앞서 소개한 동전 던지기를 식으로 나타내면 다음과 같다.

$$X=0일 \text{ 확률은 } \frac{1}{2} \text{이므로 } P(X=0)=\frac{1}{2} \cdots ①$$

$$X=1일 \text{ 확률은 } \frac{1}{2} \text{이므로 } P(X=1)=\frac{1}{2} \cdots ②$$

식 ①과 ②는 $P(X=k)=\dfrac{1}{2}\ (k=0, 1)$이라고 정리할 수도 있다.

이때 $k=0$은 ①, $k=1$은 ②에 대응된다.

이산확률분포인 주사위 던지기를 예로 들어보자.

주사위를 한 번 던져서 나오는 수를 $X$라고 하면, $X$가 가질 수 있는 값은 1, 2, 3, 4, 5, 6이며 확률은 각각 $\dfrac{1}{6}$이다. 이 내용을 표로 정리하면 다음과 같다.

| 확률변수 → $X$ | 1 | 2 | 3 | 4 | 5 | 6 | 합계 |
|---|---|---|---|---|---|---|---|
| 확률 | $\dfrac{1}{6}$ | $\dfrac{1}{6}$ | $\dfrac{1}{6}$ | $\dfrac{1}{6}$ | $\dfrac{1}{6}$ | $\dfrac{1}{6}$ | 1 |

동전 던지기와 마찬가지로 식으로 나타내면 다음과 같다.

$$P(X=1)=P(X=2)=P(X=3)=P(X=4)=P(X=5)=P(X=6)=\frac{1}{6}$$

이 식도 $P(X=k)=\dfrac{1}{6}$ $(k=1, 2, 3, 4, 5, 6)$이라고 정리할 수 있다. 주사위 던지기의 경우, 3 이상의 수(6 이하의 수)가 나올 확률을 구하려면 다음과 같이 나타내 계산하면 된다.

$$P(3\leq X\leq 6)=\frac{1}{6}+\frac{1}{6}+\frac{1}{6}+\frac{1}{6}=\frac{1}{6}\times 4=\frac{2}{3}$$

다시 동전 던지기를 예로 들어보자.

동전을 두 번 던졌을 때 앞면이 나올 횟수를 $X$라고 하면, 다음과 같이 표현해볼 수 있다.

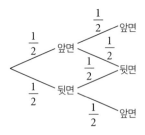

앞면이 0회($X=0$) 나올 확률인 $P(X=0)$은 뒷면-뒷면인 경우니까 $\dfrac{1}{2}\times\dfrac{1}{2}$ $=\dfrac{1}{4}$이다.

앞면이 1회($X=1$) 나올 확률인 $P(X=1)$은 앞면-뒷면, 뒷면-앞면인 경우니까 다음과 같다.

$$\left(\frac{1}{2} \times \frac{1}{2}\right) + \left(\frac{1}{2} \times \frac{1}{2}\right) = \frac{1}{2}$$
$$\underset{\text{앞면}}{\uparrow}\quad\underset{\text{뒷면}}{\uparrow}\qquad\underset{\text{뒷면}}{\uparrow}\quad\underset{\text{앞면}}{\uparrow}$$

앞면이 2회($X=2$) 나올 확률인 $P(X=2)$는 앞면-앞면인 경우니까 $\frac{1}{2} \times \frac{1}{2}$ $= \frac{1}{4}$이다.

이 결과를 표로 정리하면 다음과 같다.

| 확률변수 → $X$ | 0 | 1 | 2 | 합계 |
|---|---|---|---|---|
| 확률 | $\frac{1}{4}$ | $\frac{1}{2}$ | $\frac{1}{4}$ | 1 |

이 경우도 다음과 같이 식으로 나타낼 수 있다.

$$P(X=0) = \frac{1}{4}, P(X=1) = \frac{1}{2}, P(X=2) = \frac{1}{4}$$

동전을 두 번 던져서 앞면이 1회 이상(2회 이하) 나올 확률은 다음과 같이 구할 수 있다.

$$P(1 \le X \le 2) = P(X=1) + P(X=2) = \frac{1}{2} + \frac{1}{4} = \frac{3}{4}$$

통계와 관련된 수학 용어

# 기댓값(평균값)

기대되는 값이란

기댓값은 **확률변수 $X$가 가지는 값인 $x_k$를 확률 $p_k$에 따라 가중치를 부여하여 계산한 평균**이다. 확률변수 $X$가 가질 것이라고 기대되는 값이라는 데에서 '기댓값'이라는 이름이 붙었고 **기호로는 $E[X]$라고 나타낸다.**

확률분포를 표로 정리한 것과 기댓값을 구하는 식은 다음과 같다.

| 확률변수 → $X$ | $x_1$ | $x_2$ | $x_3$ | $\cdots$ | $x_{n-1}$ | $x_n$ | 합계 |
|---|---|---|---|---|---|---|---|
| 확률 | $p_1$ | $p_2$ | $p_3$ | $\cdots$ | $p_{n-1}$ | $p_n$ | 1 |

$$[\text{기댓값}] \quad E[X] = x_1 \cdot p_1 + x_2 \cdot p_2 + x_3 \cdot p_3 + \cdots + x_{n-1} \cdot p_{n-1} + x_n \cdot p_n$$

$$= \sum_{k=1}^{n} x_k \cdot p_k$$

앞서 다루었던 예시인 '동전을 한 번 던졌을 때 앞면이 나오는 횟수'의 기댓값과 '동전을 두 번 던졌을 때 앞면이 나오는 횟수'의 기댓값에 대해 살펴보자. 동전은 $\frac{1}{2}$ 확률로 앞면이 나오니까 두 번 던진 경우에 한 번은 앞면이 나올 것이라고 기대된다. 그것을 식으로 표현한 것이 기댓값이다.

| $X_1$ | 0 | 1 | 합계 |
|---|---|---|---|
| 확률 | $\frac{1}{2}$ | $\frac{1}{2}$ | 1 |

| $X_2$ | 0 | 1 | 2 | 합계 |
|---|---|---|---|---|
| 확률 | $\frac{1}{4}$ | $\frac{1}{2}$ | $\frac{1}{4}$ | 1 |

$$E[X_1] = 0 \times \frac{1}{2} + 1 \times \frac{1}{2} = \frac{1}{2}(\text{회}) \cdots ①$$

$$E[X_2] = 0 \times \frac{1}{4} + 1 \times \frac{1}{2} + 2 \times \frac{1}{4} = 1(\text{회}) \cdots ②$$

기댓값의 의미에 대해 생각해보자. 기댓값은 말 그대로 기대되는 값이므로 동전을 한 번 던진 경우에는 식 ①과 같이 $\frac{1}{2}$ 회는 앞면이 나온다는 것을 나타내고, 동전을 두 번 던진 경우에는 식 ②와 같이 1회는 앞면이 나온다는 것을 나타낸다.

주사위 던지기의 기댓값도 알아보자. 이번에는 주사위를 던졌을 때 나오는 수 $X$로 점수를 얻는 것이라고 생각하자.

| $X$ | 1 | 2 | 3 | 4 | 5 | 6 | 합계 |
|---|---|---|---|---|---|---|---|
| 확률 | $\frac{1}{6}$ | $\frac{1}{6}$ | $\frac{1}{6}$ | $\frac{1}{6}$ | $\frac{1}{6}$ | $\frac{1}{6}$ | 1 |

$$E[X] = 1 \times \frac{1}{6} + 2 \times \frac{1}{6} + 3 \times \frac{1}{6} + 4 \times \frac{1}{6} + 5 \times \frac{1}{6} + 6 \times \frac{1}{6}$$

$$= \frac{1+2+3+4+5+6}{6} = 3.5$$

주사위를 한 번 던졌을 때 얻을 수 있는 점수의 기댓값은 3.5점이라는 것을 나타낸다. 또 다른 예를 살펴보자.

일본의 선술집 중에는 주사위를 이용해 하이볼 가격이 정해지는 이벤트를 하는 곳이 있다. 그릇 안에 주사위 2개를 던졌을 때 나오는 주사위 눈에 따라

가격이 정해지는데, 하이볼 한 잔이 500엔인 경우에 가격 책정 방식은 다음과
같다.

---

(1) 같은 수가 나올 때      …      한 잔은 무료

(2) 합계가 짝수일 때      …      한 잔은 절반 가격인 250엔

(3) 합계가 홀수일 때      …      한 잔은 2배 가격인 1,000엔

---

이렇게 가격이 정해진다면 이벤트에 참여하겠는가?


주사위 2개를 던졌을 때 나올 수 있는 주사위 눈의 경우의 수는 $6 \times 6 = 36$
이다.

먼저 (1)의 확률을 계산해보자.

같은 수가 나오는 경우는 1과 1, 2와 2, 3과 3, 4와 4, 5와 5, 6과 6의 6가지이
므로 같은 수가 나오는 확률((1)의 확률)은 $\frac{6}{36} = \frac{1}{6}$ 이다. 한편 같은 수가 나왔을
때의 합계는 2, 4, 6, 8, 10, 12이므로 모두 짝수이다.


다음으로 (2)와 (3)의 확률도 계산해보자.

주사위 2개를 던졌을 때 나오는 주사위 눈은 36가지로, 그중 합계가 짝수인
것이 18가지, 합계가 홀수인 것이 18가지이다.

(2)의 확률은 합계가 짝수인 18가지 중에서 같은 수가 나온 6가지를 뺀 12가
지로 계산하면 되므로 $\frac{12}{36} = \frac{1}{3}$ 이다.

(3)의 확률은 합계가 홀수인 18가지로 계산하면 되므로 $\frac{18}{36} = \frac{1}{2}$ 이다.

이러한 결과를 표로 정리하면 다음과 같다.

| $X$의 값 | 0 | 250 | 1000 | 합계 |
|---|---|---|---|---|
| 확률 | $\dfrac{1}{6}$ | $\dfrac{1}{3}$ | $\dfrac{1}{2}$ | 1 |

기댓값은 다음과 같이 계산할 수 있다.

$$E[X] = 0 \times \frac{1}{6} + 250 \times \frac{1}{3} + 1000 \times \frac{1}{2} = 583.3333\cdots$$

하이볼의 원래 가격은 한 잔에 500엔이지만, 이벤트에 참여했을 때 낼 것으로 기대되는 가격은 583엔이므로, 가격 책정 방식이 이렇게 설정된 이벤트에는 참여하지 않는 편이 좋다. 하지만 실제로는 주사위 눈의 합계가 홀수여서 2배 가격을 내게 되더라도 양도 2배를 주어서, 다 마시기만 한다면 이득인 경우가 많다.

# 베르누이 시행과 이항분포

흑과 백으로 나누어 생각한다

'일어나는가 일어나지 않는가', '성공인가 실패인가', '승리인가 패배인가'처럼 **결과가 두 가지뿐이며, 여러 번 반복해도 결과가 일어날 확률은 같은 시행**을 베르누이 시행이라고 한다.

예를 들어 앞면이 나올 확률과 뒷면이 나올 확률이 같은 동전 던지기의 경우, 동전이 옆면으로 서는 경우를 제외하면, 결과는 앞면 또는 뒷면으로 두 가지이고 각각의 확률은 $\frac{1}{2}$ 이므로 베르누이 시행에 해당한다.

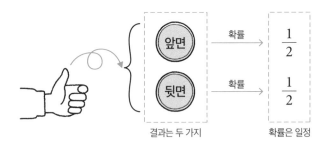

지금부터 당첨은 1개, 꽝은 9개가 들어 있는 제비뽑기 통에서 한 번 뽑은 제비를 다시 통에 넣는 경우를 생각해보자. 이 제비뽑기도 당첨을 뽑거나 꽝을 뽑는 것으로 결과가 두 가지이기 때문에 베르누이 시행이다.

당첨을 뽑을 확률은 $\frac{1}{10}$, 꽝을 뽑을 확률은 $\frac{9}{10}$ 이다.

주사위를 던져서 나오는 주사위 눈을 확률변수로 보면 결과가 여섯 가지이

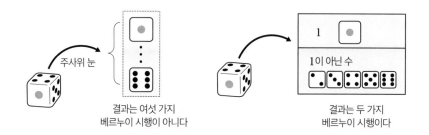

결과는 여섯 가지
베르누이 시행이 아니다

1

1이 아닌 수

결과는 두 가지
베르누이 시행이다

주사위 눈

므로 베르누이 시행이 아니지만, 조건을 바꾸면 베르누이 시행이 된다. 예를 들어 주사위 눈을 '짝수'와 '홀수'로 나누면 결과는 두 가지이므로 베르누이 시행이다. 또는 '1'과 '1이 아닌 수'로 나누면 결과는 두 가지이므로 베르누이 시행이다.

베르누이 시행을 $n$번 시행했을 때 사건 A가 일어나는 횟수를 $k$, 확률변수를 $X$라 하면, $X$의 확률분포는 다음과 같은 식으로 표현할 수 있다.

| $X$ | 1 | 1이 아닌 수 | 합계 |
|-----|---|-----------|------|
| 확률 | $\dfrac{1}{6}$ | $\dfrac{5}{6}$ | 1 |

[이항분포] $P(X=k) = {}_nC_k p^k (1-p)^{n-k}$ $(k=0, 1, 2, 3, \cdots, n)$

위 식의 좌변과 같이 **이산확률변수 $X$에 확률을 대응시킨 함수**를 **확률질량함수**라고 한다. 또한 우변의 식으로 얻을 수 있는 확률분포를 이항분포라 하고, $B(n, p)$ 또는 $Bin(n, p)$라고 나타낸다.

따라서 다음과 같이 표현할 수도 있다.

[이항분포] $B(n, p) = {}_nC_k p^k (1-p)^{n-k}$ $(k=0, 1, 2, 3, \cdots, n)$

$\qquad\qquad Bin(n, p) = {}_nC_k p^k (1-p)^{n-k}$ $(k=0, 1, 2, 3, \cdots, n)$

또한 이때 확률변수 $X$는 이항분포 $Bin(n, p)$를 따른다.

확률변수 $X$가 이항분포 $Bin(n, p)$를 따를 때, 평균 $E[X]$, 분산 $V(X)$, 표준편차 $\sigma(X)$는 다음과 같이 쉽게 구할 수 있다.

[이항분포의 평균, 분산, 표준편차]

평균: $E[X] = np$　　분산: $V(X) = np(1-p)$　　표준편차: $\sigma(X) = \sqrt{np(1-p)}$

이제부터 동전을 100번 던졌을 때 앞면이 나오는 횟수인 $X$의 평균, 분산, 표준편차를 구해보자. 동전을 100번 던지니까 $n = 100$이고, 앞면이 나올 확률은 $p = \dfrac{1}{2}$이니까 $Bin\left(100, \dfrac{1}{2}\right)$이다.

$$E[X] = 100 \times \frac{1}{2} = 50$$

$$V(X) = 100 \times \frac{1}{2} \times \left(1 - \frac{1}{2}\right) = 25$$

$$\sigma(X) = \sqrt{100 \times \frac{1}{2} \times \left(1 - \frac{1}{2}\right)} = 5$$

# 12 푸아송 분포

희소한 확률도 나타낼 수 있다

이항분포 $Bin(n, p) = {}_nC_kp^k(1-p)^{n-k}$에서, 시행을 여러 번 반복했을 때(시행횟수 $n$이 충분히 클 때) 사건이 일어날 확률 $p$가 충분히 작은 현상은 다음과 같은 확률 질량함수에 가까워진다.

$$e^{-m} \cdot \frac{m^k}{k!}$$

($e$는 자연로그의 밑, $m$은 평균, $k$는 시행횟수)

이러한 확률질량함수로 표현되는 확률분포를 푸아송 분포라고 한다. 앞서 말한 것과 같이, **특정한 기간이나 영역에서 발생하는 희소한 사건의 발생 횟수를 나타내는 데에 적합하다.**

푸아송 분포는 이항분포 중 하나이므로, 확률질량함수인 ${}_nC_kp^k(1-p)^{n-k}$를 변형함으로써 구할 수 있다. 이제부터 푸아송 분포를 구하는 대략적인 과정을 소개하겠다. 평균을 $m$이라고 하면, 이항분포의 평균 공식에 따라 $m = np$이므로 $p = \dfrac{m}{n}$이 된다.

또한 조합은 다음과 같이 변형할 수 있다.

$$_nC_k = \frac{n!}{k!(n-k)!} = \frac{n(n-1)(n-2)\cdots(n-k+1)}{k!}$$

가장 오른쪽 식은 복잡해 보이지만 실제로 계산할 때에는 이 식을 이용한다.

지금까지 알아낸 것을 활용하면 다음과 같이 나타낼 수 있다.

$$Bin(n, p) = {_nC_k}\, p^k(1-p)^{n-k}$$

$$= \frac{n(n-1)(n-2)\cdots(n-k+1)}{k!} \cdot \left(\frac{m}{n}\right)^k \cdot \left(1-\frac{m}{n}\right)^{n-k}$$

$$= \frac{m^k}{k!} \cdot \frac{n}{n} \cdot \frac{n-1}{n} \cdot \frac{n-2}{n} \cdots \cdot \frac{n-k+1}{n} \cdot \left(1-\frac{m}{n}\right)^n \cdot \left(1-\frac{m}{n}\right)^{-k}$$

$$= \frac{m^k}{k!} \cdot 1 \cdot \left(1-\frac{1}{n}\right) \cdot \left(1-\frac{2}{n}\right) \cdots \cdot \left(1-\frac{k-1}{n}\right) \cdot \left(1-\frac{m}{n}\right)^{-k} \cdot \left(1-\frac{m}{n}\right)^n$$

$n \longrightarrow \infty$이면 1에 가까워진다

위의 식에서 $n \longrightarrow \infty$이면 파란색 부분은 모두 1에 가까워지고, $\left(1-\frac{m}{n}\right)^n$은 다음 식과 같이 $e^{-m}$에 가까워진다(lim에 대한 내용은 10장 '01. 함수의 극한'을 참고하라).

$$\lim_{n \to \infty}\left(1-\frac{m}{n}\right)^n = \lim_{n \to \infty}\left\{\left(1+\frac{-m}{n}\right)^{\frac{n}{-m}}\right\}^{-m} = e^{-m}$$

따라서 이항분포 $Bin(n, p) = {_nC_k}\, p^k(1-p)^{n-k}$에서 $n$이 충분히 큰 경우, 푸아송 분포의 확률질량함수에 가까워진다는 것을 알 수 있다.

$$Bin(n, p) = {_nC_k}\, p^k(1-p)^{n-k} \xrightarrow[\text{$n$이 충분히 크다}]{} P(X = m) = e^{-m} \cdot \frac{m^k}{k!}$$

한편 푸아송 분포의 평균을 구하는 문제가 있다면, 그것은 계산해서 푸는 것이 아니라 확률질량함수의 식에서 $m$의 값을 말하기만 하면 된다. 그리고 이항 분포의 분산 $np(1-p)$를 이용하면 푸아송 분포의 분산은 다음과 같이 구할 수 있다.

$$V(X) = \sigma^2 = np(1-p) = m\left(1 - \frac{m}{n}\right) \xrightarrow{\;n\text{이 충분히 크다}\;} m$$

따라서 푸아송 분포의 평균과 분산은 같다.

푸아송 분포로 나타낼 수 있는 현상은 다음과 같다.

> 하루에 일어나는 교통사고 건수, 책의 한 페이지당 오자 수,
>
> 대량 생산된 상품 중 불량품 수, 파산 건수, 화재 건수,
>
> 유전자의 돌연변이 수, 1년 동안 폐암으로 사망하는 사람의 수

과거에는 '말에게 걷어차여서 사망한 병사의 수'를 조사하고 분석한 통계학자가 있었는데, 이렇게 극히 드문 사건이 푸아송 분포를 실제로 활용한 최초의 예로 알려져 있다.

그렇다면 지금부터 '말에게 걷어차여서 사망한 병사의 수'를 통해 푸아송 분포의 계산 과정을 살펴보자. 이 조사는 독일의 수리통계학자이자 수리경제학자인 보르트키에비치가 시행했다.

보르트키에비치는 1875년부터 1894년까지 20년에 걸쳐 프로이센 육군에서 '말에게 걷어차여서 사망한 병사의 수'를 10부대(20년간 총 200부대)를 대상으로 조사했다. 조사 결과를 정리하면 다음 표와 같다.

| 말에게 걷어차여서<br>사망한 병사의 수(명) | 0 | 1 | 2 | 3 | 4 | 5 이상 | 합계 |
|---|---|---|---|---|---|---|---|
| 부대 수 | 109 | 65 | 22 | 3 | 1 | 0 | 200 |
| 비율(%) | 54.5 | 32.5 | 11 | 1.5 | 0.5 | 0 | 100 |

말에게 걷어차여서 사망한 병사의 수는 20년 동안 다음과 같았다.

$$0 \times 109 + 1 \times 65 + 2 \times 22 + 3 \times 3 + 4 \times 1 + 5 \times 0 = 0 + 65 + 44 + 9 + 4 + 0 = 122$$

따라서 1부대당 평균 $m = 122 \div 200 = 0.61$명인 셈이다. 푸아송 분포의 식에 대입하면 다음과 같다.

$$P(X = 0.61) = e^{-0.61} \cdot \frac{0.61^k}{k!} = \frac{0.61^k}{e^{0.61} \cdot k!}$$

이제 $k$에 구체적인 값을 대입하여 예측해보자.

말에게 걷어차여서 사망한 병사가 없을 확률($k = 0$)

$$\frac{0.61^0}{e^{0.61} \cdot 0!} = \frac{1}{e^{0.61}} = \frac{1}{1.84043139878163745 5328\cdots} \fallingdotseq 0.543350869074\cdots \fallingdotseq 54.3\%$$

말에게 걷어차여서 사망한 병사가 한 명일 확률($k = 1$)

$$\frac{0.61^1}{e^{0.61} \cdot 1!} = \frac{0.61}{e^{0.61}} = \frac{0.61}{1.84043139878163745 5328\cdots} \fallingdotseq 0.331444030135\cdots \fallingdotseq 33.1\%$$

말에게 걷어차여서 사망한 병사가 두 명일 확률($k = 2$)

$$\frac{0.61^2}{e^{0.61} \cdot 2!} = \frac{0.3721}{2e^{0.61}} = \frac{0.3721}{3.68086279756327491 0656\cdots} \fallingdotseq 0.10109042919\cdots \fallingdotseq 10.1\%$$

말에게 걷어차여서 사망한 병사가 세 명일 확률($k = 3$)

$$\frac{0.61^3}{e^{0.61} \cdot 3!} = \frac{0.226981}{6e^{0.61}} = \frac{0.226981}{11.04258839268982473197\cdots} \fallingdotseq 0.0205550539\cdots \fallingdotseq 2.1\%$$

위의 내용을 표로 정리하면 다음 페이지와 같다. 실제 데이터와 비교해보자. 약간의 오차는 있으나 충분히 높은 정확도로 예측할 수 있다.

'말에게 걷어차여서 사망한 병사의 수'를 현대인이 상상하기는 어렵지만, 이렇듯 상상하기 어려운 일도 높은 정확도로 시뮬레이션할 수 있다는 것이 통계의 장점이라고 볼 수 있다.

| 말에게 걷어차여서<br>사망한 병사의 수(명) | | 0 | 1 | 2 | 3 | 4 | 5 이상 | 합계 |
|---|---|---|---|---|---|---|---|---|
| | 부대 수 | 109 | 65 | 22 | 3 | 1 | 0 | 200 |
| 실제<br>데이터 | 비율(%) | 54.5 | 32.5 | 11 | 1.5 | 0.5 | 0 | 100 |
| 예측<br>데이터 | 비율(%) | 54.3 | 33.1 | 10.1 | 2.1 | 0.31 | 0.04 | 100 |

한편 푸아송 분포는 일상에서 접하는 다양한 현상을 이해하게 해주는 편리한 분포이지만, 어떤 현상에 대해서든 적용할 수 있는 것은 아니다. 무작위로 일어나는 사건이 아닌 경우에는 정확한 분석이 어려우므로 적용 범위를 선택하는 데에 주의해야 한다.

# 정규분포

통계에서 가장 활약하는 분포

키나 몸무게를 측정하고 히스토그램으로 나타낼 때 표본 수를 크게 하면 다음 그림과 같이 히스토그램의 형태가 좌우대칭인 종 모양(산 모양)에 가까워진다.

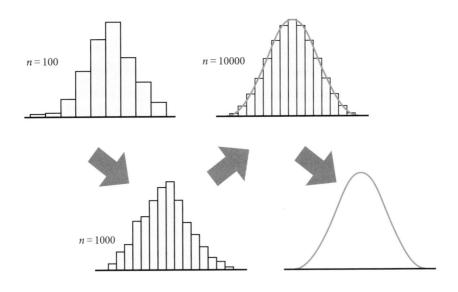

이러한 형태를 정규분포 또는 가우스 분포라 한다. 데이터를 추론할 때 가장 많이 사용되는 확률분포 중 하나이다. 다음 그림과 같이 정규분포는 **대부분의 데이터가 평균 근처에 모여 있고, 양쪽 끝에는 데이터가 거의 없다.**

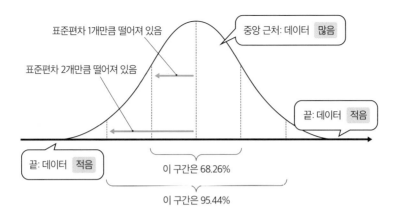

표준편차 1개만큼 떨어져 있음

표준편차 2개만큼 떨어져 있음

중앙 근처: 데이터 많음

끝: 데이터 적음

끝: 데이터 적음

이 구간은 68.26%

이 구간은 95.44%

정규분포의 유형은 무수히 많은데, **데이터의 약 68%가 평균으로부터 표준편차 1개만큼 떨어진 부분 안에 모여 있고, 약 95%가 표준편차 2개만큼 떨어진 부분 안에 모여 있다**(95%는 평균으로부터 표준편차 1.96개만큼 떨어진 부분 안에 모여 있다). 따라서 정규분포를 따르는 데이터는, 평균과 표준편차(또는 분산)를 알면 데이터가 어느 범위에 얼마나 모여 있는지 예측할 수 있다. 정규분포 곡선을 식으로 나타내면 다음과 같다. 참고로 아래 식처럼 $e^x$는 $\exp(x)$의 형태로 표현하기도 한다.

$$f(x) = \frac{1}{\sqrt{2\pi}\,\sigma} e^{-\frac{(x-\mu)^2}{2\sigma^2}} = \frac{1}{\sqrt{2\pi}\,\sigma} \exp\left(-\frac{(x-\mu)^2}{2\sigma^2}\right)$$

이 식을 **확률밀도함수**라고 한다.

평균이 $\mu$, 표준편차가 $\sigma$(분산 $\sigma^2$)인 확률변수 $X$를 $Z = \dfrac{X-\mu}{\sigma}$라고 치환하면, 확률변수 $Z$의 평균은 0, 표준편차(분산)는 1이 된다. 이러한 $Z$의 확률분포를 **표준정규분포**라 하고, 확률밀도함수는 다음과 같은 식이 된다.

$$f(x) = \frac{1}{\sqrt{2\pi}} e^{-\frac{z^2}{2}} = \frac{1}{\sqrt{2\pi}} \exp\left(-\frac{z^2}{2}\right)$$

**9**

확률변수 $X$를 $Z = \dfrac{X - \mu}{\sigma}$ 로 치환했을 때의 값을 '**표준점수**' 또는 치환된 문자를 따서 'Z 점수'라고 한다. 표준정규분포 곡선을 그렸을 때 점수(표준점수)는 Z 축 위에 나타낸다.

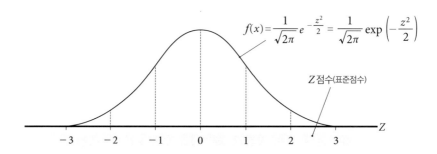

데이터를 추론하는 데에 정규분포를 활용하는 예로서, 키, 몸무게, IQ(지능지수), 시험 점수 등이 있다. 시험에서 합격, 불합격을 판정하는 것도 정규분포를 활용하는 예이다. 그 외에도 정규분포는 과학이나 공학의 다양한 분야에서 활용되며, 통계학에서 가장 중요한 개념이다.

# 14 산점도와 상관계수

두 변량의 관계를 나타내는 그림과 숫자

앞에서는 변수가 하나인 경우에 대해 알아보았는데, 지금부터는 변수가 2개인 경우에 대해 살펴보자. 기술통계에서는 데이터를 알기 쉽게 보여주기 위해 그림, 표, 숫자로 나타낸다고 했다. 변수가 2개

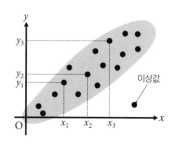

인 경우(이변량 데이터)를 그래프로 나타낸 것을 산점도라고 하고 숫자로 나타낸 것을 상관계수라고 한다.

먼저 두 변수 사이의 관계를 시각적으로 표현한 산점도에 대해 알아보자. 산점도는 두 변량의 순서쌍 $(x_1, y_1)$, $(x_2, y_2)$, $(x_3, y_3)$, ……, $(x_n, y_n)$을 좌표평면 위에 점으로 표시하여 만드는 것이다.

산점도를 보면 데이터가 어떻게 분포되어 있는지 직관적으로 이해할 수 있고, 데이터의 구조와 특징을 파악하기 쉽다. 특히 데이터 중에서 이상값이 있는지 시각적으로 확인할 수 있다. 이상값은 데이터를 분석할 때 주의해야 한다.

또한 산점도를 보면 두 변수 사이에 상관성이 있는지, 즉 상관관계가 강한지 약한지 알 수 있다.

산점도에서 점으로 표현된 데이터가 우상향하는 경향을 보이면 양의 상관관계가 있다고 표현한다. 반대로 우하향하는 경향을 보이면 음의 상관관계가 있다고 표현한다.

데이터가 직선을 따라서 밀집되어 있으면 상관관계가 강하다고 볼 수 있다. 산점도 위의 점들을 선으로 묶으면 타원이 생기는데, 이 타원의 짧은반지름이 짧을수록 점들이 직선에 밀집해 있으므로 상관관계가 강하다. 반대로 타원의 짧은반지름이 길수록 데이터는 넓게 퍼져 있는 것이므로 상관관계가 약하거나 아예 없다고 판단할 수 있다.

산점도는 데이터의 관계성을 시각적으로 파악하는 데에 아주 편리한 도구이지만, 원인과 결과를 나타내는 인과관계를 보여주는 것은 아니다. 어디까지나 두 변량 사이의 관계성이나 패턴을 확인하기 위한 방법일 뿐이다.

산점도는 엑셀이나 구글 스프레드시트 같은 표 계산 소프트웨어를 이용하면 그릴 수 있다. 또한 통계 소프트웨어나 프로그래밍 언어(파이썬, R 등)를 이용해도 쉽게 그릴 수 있다.

두 변수 사이의 관계를 그림으로 보여주는 것이 산점도라면, 수치로 보여주는 것은 상관계수이다.

상관계수는 두 변수 사이의 관계를 나타내는 통계적 지표이다. 상관계수는 키와 몸무게의 관계처럼, 주로 두 종류의 데이터가 어느 정도 관련되어 있는지 수치로 나타내기 위해 사용되며, −1에서 1 사이의 값을 갖는다.

상관계수가 0보다 큰 값일 때는 양의 상관관계로, 한쪽 데이터가 증가하면 다른 한쪽 데이터도 증가하는 경향을 보인다. 예를 들어 키가 클수록 몸무게도 무거운 경향을 보일 때 양의 상관관계가 있다고 한다.

상관계수가 0보다 작은 값일 때는 음의 상관관계로, 한쪽 데이터가 증가하면 다른 한쪽 데이터는 감소하는 경향을 보인다. 예를 들어 공부 시간이 늘어날수록 시험에서 실수하는 횟수는 줄어드는 경향을 보일 때 음의 상관관계가 있다고 한다.

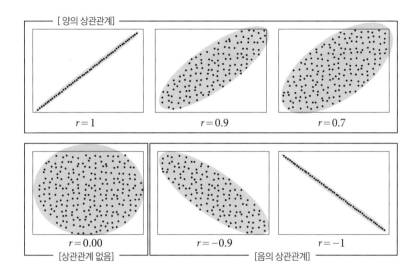

$r=1$ 　　$r=0.9$ 　　$r=0.7$

$r=0.00$ 　　$r=-0.9$ 　　$r=-1$

[상관관계 없음] 　　[음의 상관관계]

상관계수가 0에 가까울수록 두 변수 사이에는 연관성이 없다는 것을 보여준다. 즉 한쪽 데이터가 변화해도 다른 한쪽 데이터에 영향을 주지 않는다는 뜻이다.

상관계수의 절댓값이 클수록 두 변수 사이의 연관성이 강하다고 말할 수 있다. 예를 들어 상관계수가 0.9(양의 상관관계)이면 양의 상관관계가 강하다고 판단할 수 있고, -0.9(음의 상관관계)이면 음의 상관관계가 강하다고 판단할 수 있다.

다만 상관계수도 산점도와 마찬가지로 연관성의 정도를 보여줄 뿐, 인과관계를 설명하는 것은 아니다. 즉 상관관계가 있다고 해서 한쪽 변수가 다른 한쪽 변수를 발생시킨다고 볼 수는 없다. 이 점에 유의하기 바란다.

상관계수는 두 변수 사이의 연관성을 확인할 때 유용한 지표이지만, 왜 그런 연관성이 나타나는지 밝혀내기 위해서는 추가적인 분석이 필요하다.

지금부터는 상관계수를 구하는 방법에 대해 알아보자.

상관계수를 구하려면 먼저 두 변수 각각의 편차를 계산해야 한다. 그리고 나서 두 편차를 곱하고 그 값들의 평균을 계산하여 얻은 값을 공분산이라고 한다.

다음으로 두 변수 각각의 표준편차를 구하여 곱하고 그 값으로 공분산을 나누면 된다.

| 번호 | 1 | 2 | $\cdots$ | $n$ | 평균 |
|---|---|---|---|---|---|
| 변수 $X$ | $x_1$ | $x_2$ | $\cdots$ | $x_n$ | $\bar{x}$ |
| 변수 $Y$ | $y_1$ | $y_2$ | $\cdots$ | $y_n$ | $\bar{y}$ |
| $X$의 편차 | $x_1-\bar{x}$ | $x_2-\bar{x}$ | $\cdots$ | $x_n-\bar{x}$ | 0 |
| $Y$의 편차 | $y_1-\bar{y}$ | $y_2-\bar{y}$ | $\cdots$ | $y_n-\bar{y}$ | 0 |
| 편차의 곱 | $(x_1-\bar{x})(y_1-\bar{y})$ | $(x_2-\bar{x})(y_2-\bar{y})$ | $\cdots$ | $(x_n-\bar{x})(y_n-\bar{y})$ | 공분산 |

[공분산]

$$\sigma_{xy} = \frac{1}{n}\{(x_1-\bar{x})(y_1-\bar{y}) + \cdots + (x_n-\bar{x})(y_n-\bar{y})\} = \frac{1}{n}\sum_{k=1}^{n}(x_k-\bar{x})(y_k-\bar{y})$$

[상관계수]

$$r_{xy} = \frac{x와 y의\ 공분산\,(\sigma_{xy})}{(x의\ 표준편차)\cdot(y의\ 표준편차)}$$

$$= \frac{\dfrac{1}{n}\sum_{k=1}^{n}(x_k-\bar{x})(y_k-\bar{y})}{\sqrt{\dfrac{1}{n}\sum_{k=1}^{n}(x_k-\bar{x})^2}\cdot\sqrt{\dfrac{1}{n}\sum_{k=1}^{n}(y_k-\bar{y})^2}}$$

다음과 같은 두 변량의 데이터를 가지고 공분산과 상관계수를 구해보자.

| $X$ | 17 | 13 | 15 | 9 | 6 |
|---|---|---|---|---|---|
| $Y$ | 6 | 12 | 9 | 8 | 10 |

$X$의 평균 $\bar{x}$와 $Y$의 평균 $\bar{y}$를 구하면 다음과 같다.

$$\bar{x} = \frac{17+13+15+9+6}{5} = \frac{60}{5} = 12, \; \bar{y} = \frac{6+12+9+8+10}{5} = \frac{45}{5} = 9$$

이제 $X$의 편차를 구하자.

| $X$ | 17 | 13 | 15 | 9 | 6 |
|---|---|---|---|---|---|

$X$에서 평균인 $\bar{x} = 12$를 빼면 다음과 같다.

| $X-\bar{x}$ | $17-12$ | $13-12$ | $15-12$ | $9-12$ | $6-12$ |
|---|---|---|---|---|---|

다음으로 $Y$의 편차를 구하자.

| $Y$ | 6 | 12 | 9 | 8 | 10 |
|---|---|---|---|---|---|

$Y$에서 평균인 $\bar{y} = 9$를 빼면 다음과 같다.

| $Y-\bar{y}$ | $6-9$ | $12-9$ | $9-9$ | $8-9$ | $10-9$ |
|---|---|---|---|---|---|

지금까지의 과정을 표로 정리하면 다음과 같다.

| $X$ | 17 | 13 | 15 | 9 | 6 | $\bar{x} = 12$ |
|---|---|---|---|---|---|---|
| $Y$ | 6 | 12 | 9 | 8 | 10 | $\bar{y} = 9$ |
| $X - \bar{x}$ | 5 | 1 | 3 | $-3$ | $-6$ | 0 |
| $Y - \bar{y}$ | $-3$ | 3 | 0 | $-1$ | 1 | 0 |
| $(X-\bar{x})(Y-\bar{y})$ | $-15$ | 3 | 0 | 3 | $-6$ | |

$X$의 표준편차는 다음과 같이 구할 수 있다.

$$\sqrt{\frac{(17-12)^2 + (13-12)^2 + (15-12)^2 + (9-12)^2 + (6-12)^2}{5}} = \sqrt{\frac{80}{5}} = \sqrt{16} = 4$$

$Y$의 표준편차는 다음과 같이 구할 수 있다.

$$\sqrt{\frac{(6-9)^2 + (12-9)^2 + (9-9)^2 + (8-9)^2 + (10-9)^2}{5}} = \sqrt{\frac{20}{5}} = \sqrt{4} = 2$$

공분산을 계산하면 다음과 같다.

$$\frac{(17-12)(6-9) + (13-12)(12-9) + (15-12)(9-9) + (9-12)(8-9) + (6-12)(10-9)}{5}$$

$$= \frac{5 \cdot (-3) + 1 \cdot 3 + 3 \cdot 0 + (-3) \cdot (-1) + (-6) \cdot 1}{5} = -\frac{15}{5} = -3$$

지금까지 얻은 값으로 상관계수를 계산하면 다음과 같다.

$$r = \frac{-3}{4 \times 2} = -\frac{3}{8} = -0.375$$

# 15 점 추정과 구간 추정

쉽게 예측할 것인가? 정확하게 예측할 것인가?

통계학은 모든 데이터를 대상으로 하는 전수 조사에 따라 데이터에 의미를 부여하여 이해하기 쉽게 해주는 기술통계와, 일부 데이터를 대상으로 하는 표본 조사에 따라 전체를 예측하는 추론통계로 나뉜다. 지금부터는 추론통계에 대해 살펴볼 텐데, 추론하는 방법으로는 점 추정과 구간 추정이 있다. 점 추정은 모집단의 평균이나 분산을 하나의 값으로 추정하는 방법이고, 구간 추정은 모집단의 평균이나 분산을 구간으로 추정하는 방법이다. 모집단에서 추출한 일부 데이터를 표본(샘플)이라고 한다. 모집단(전체)의 평균과 표본(샘플)의 평균은 둘 다 '평균'이지만 값은 다르므로 구분해야 한다. 따라서 모집단의 평균과 분산은 모평균 · 모분산이라 하고, 표본의 평균과 분산은 표본평균 · 표본분산이라고 한다.

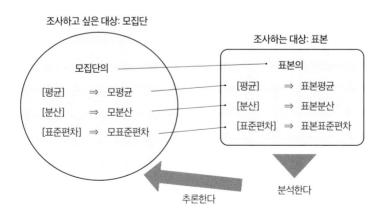

점 추정의 예를 살펴보자. 어떤 학급의 수학 평균 점수를 알고 싶다고 해보자. 하지만 모집단인 전체 학생들의 점수를 알아내지는 못했고 네 명(표본)의 점수만 모을 수 있었다. 네 명의 점수는 각각 82점, 43점, 72점, 67점이었고, 다음과 같이 계산하여 네 명의 평균 점수가 66점이라는 것을 알 수 있었다.

$$\frac{82 + 43 + 72 + 67}{4} = \frac{264}{4} = 66$$

표본평균인 66점을 모집단인 전체 학생들의 평균이라고 추론하는 것이 점 추정이다.

점 추정을 하는 방법으로는 최대 우도 추정법과 베이즈 추정법 등이 있다.

최대 우도 추정법은 관측 데이터가 얼마나 그럴듯한지를 나타내는 '우도'가 최대가 되는 평균과 분산을 구하는 방법이다. 우도란 관측 데이터가 얻어질 확률(관측 데이터가 발생할 확률)을 함수로 본 것이다. 최대 우도 추정법에서는 우도가 최대가 되는 파라미터를 구함으로써 점 추정을 시행한다.

베이즈 추정법은 사전지식(사전분포)과 관측 데이터(우도)를 조합하여 파라미터를 추정하는 방법이다. 베이즈 추정법에서는 사전분포, 우도, 사후분포의 세 가지 요소가 중요하다. 사전분포란 파라미터가 취할 수 있는 값의 확률분포로, 관측 데이터를 얻기 전에 가지고 있는 지식을 가리킨다. 우도는 관측 데이터가 얻어질 확률을 파라미터의 함수로 본 것이다. 사후분포는 관측 데이터를 얻은 후의 파라미터의 확률분포로, 사전분포와 우도를 조합하여 구할 수 있다. 베이즈 추정에서는 사후분포의 기댓값이나 최댓값 등을 이용하여 점 추정을 시행한다.

점 추정은 편리하지만 하나의 값으로 추정하므로 그 추정값이 얼마나 믿을 만한지, 또는 어느 정도로 불확실한지 직접적으로 알 수 없다. 그렇기 때문에 정확도가 높은 추정 방법으로 구간 추정을 활용한다.

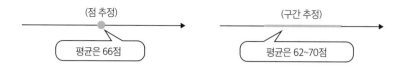

구간 추정은 추정값에 일정한 범위(폭)를 설정한다. 그때 신뢰 수준이라고 하는 범위 안에 포함될 확률을 추정하는 것이다.

예를 들어 95% 신뢰 수준에서 구간 추정을 시행하면 그 구간에 포함될 확률이 95%라고 해석할 수 있다. 따라서 추정의 정확도를 높일 수 있다.

앞서 점 추정의 예에서는 네 명의 평균(표준평균)으로부터 전체의 평균을 추정했다. 그런데 이때 뽑은 학생들이 아니라 다른 학생들 네 명을 대상으로 한다면 평균은 바뀔 것이다. 우연히 같은 점수의 학생들을 뽑을 수도 있지만, 표본평균은 표본이 바뀔 때마다 값이 바뀐다. 그러한 표본평균의 데이터를 무수히 모아서 평면 위에 점으로 표현했을 때 만들어지는 분포를 표본평균의 분포라고 하며, 그 분포는 정규분포에 가까워지는 것으로 알려져 있다. **모집단이 정규분포가 아니더라도 표본 크기가 커지면 표본평균의 분포는 정규분포에 가까워지는 것**이다. 이것을 중심극한정리라고 한다.

[중심극한정리]

모집단의 분포와 상관없이, 표본 크기 $n$이 커지면 표본평균 $\overline{X}$의 분포는 정규분포에 가까워진다.

표본평균 $\overline{X}$의 평균은 모평균($m$)에 가까워진다.

표본평균 $\overline{X}$의 분산은 모분산($\sigma^2$)을 표본 크기($n$)로 나눈 값인 $\dfrac{\sigma^2}{n}$에 가까워진다. 한편 표본평균 $\overline{X}$의 표준편차는 $\dfrac{\sigma}{\sqrt{n}}$에 가까워진다.

즉 표본 크기가 커질수록 표본평균은 정규분포에 가까워지므로 정규분포를 활용하여 추정할 수 있게 되는 것이다.

중심극한정리와 정규분포의 성질을 활용함으로써 다음과 같은 구간 추정 공식을 도출할 수 있다.

[구간 추정]　모평균을 $m$, 표본평균을 $\bar{x}$, 표준편차를 $\sigma$, 표본 크기를 $n$이라 할 때, 95%의 신뢰 구간은 다음과 같다.

$$\bar{x} - 1.96 \cdot \frac{\sigma}{\sqrt{n}} \leq m \leq \bar{x} + 1.96 \cdot \frac{\sigma}{\sqrt{n}}$$

# 16 가설 검정

10번 연속 앞면이 나오는 동전은 정상인가?

예를 들어 앞면과 뒷면이 나올 확률이 같은 동전을 10번 던졌을 때 10번 모두 앞면이 나왔다고 해보자. 그렇다면 어떤 생각이 들겠는가? '전부 앞면이 나오다니, 신기하네'라고 감탄하는 사람이 있는가 하면, '이 동전에 속임수가 있는 거 아냐?'라고 의심하는 사람도 있을 것이다. 10번 중에 10번 모두 앞면이 나오는 일은 매우 드물기 때문에 속임수가 있는 거라고 말하고 싶겠지만, 이러한 현상에 대하여 확률을 이용해 진위를 판단하는 것을 가설 검정이라고 한다.

가설 검정은 통계학의 기본적인 개념 중 하나로, **데이터를 이용하여 어떤 현상이 우연인지 필연인지를 판단하는 방법**이다. 어떤 주장에 대하여 '차이가 있는가, 차이가 없는가', '옳은가, 옳지 않은가', '근거가 있어서 지지를 받는가, 지지를 받지 않는가'를 평가한다. 검정이라고만 표현하는 경우도 많다.

가설에는 $H_0$라고 표현하는 귀무가설과 $H_1$이라고 표현하는 대립가설이 있으며, 가설을 부정하는 것을 기각이라고 한다.

귀무가설은 시험의 대상이 되는 가설로, 변화가 없거나 차이가 없는 상태라고 설정하는 것이 일반적이다. 예를 들어 앞에서 소개한 앞면과 뒷면이 같은 확률로 나오는 동전의 경우, 앞면이 나올 확률을 $\frac{1}{2}$이라고 설정하는 것이다. 대립가설은 귀무가설이 부정되었을 때 지지되는 가설이다. 앞에서 소개한 동전을 예로 들면, 앞면이 나올 확률이 $\frac{1}{2}$이 아니라고 설정하는 것이다. 대부분의 경우, **주장하고 싶은 가설을 대립가설로 설정하고, 부정하고 싶은 가설을 귀무가설로 설**

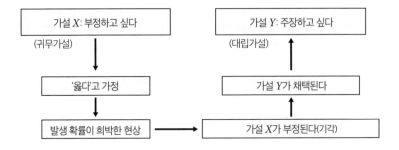

| 가설 X: 부정하고 싶다 | 가설 Y: 주장하고 싶다 |
| (귀무가설) | (대립가설) |

정한다. 대립가설의 정확도를 보증하기 위해서 귀무가설을 부정(기각)하는 것이다.

한편 **가설의 기각을 판단하는 확률**을 유의수준이라 하면 일반적으로는 5%나 1%로 설정하는 경우가 많다. 유의수준은 어떤 현상이 우연히 일어난 것인지 드문 일이 일어난 것인지 보여주는 것으로 5%나 1%로 설정하는 경우가 많은 것일 뿐, 반드시 그 값이어야 하는 것은 아니다.

검정통계량은 **실제 데이터를 가지고 계산된 것으로, 귀무가설이 참인 경우의 기댓값과 비교한다.** 적절한 검정통계량은 데이터 종류, 가설의 성질, 표본 크기 등에 따라서 결정된다. 검정통계량에는 $t$값, $z$값, 카이제곱값 등이 있다.

가설 검정을 할 때 쓰이는 용어로 $p$값이 있다. $p$값은 **귀무가설이 참이라고 가정한 경우에 관측된 데이터 또는 그것보다 극단적인 데이터가 얻어질 확률을 나타낸다.** $p$값이 작을수록 귀무가설이 참이라고 가정한 경우의 데이터와 실제로 관측된 데이터 사이에 큰 차이가 있다.

$p$값을 평가하기 위해서는 미리 정해놓은 유의수준과 비교하면 된다. $p$값이 유의수준보다 작으면 좀처럼 일어나지 않는 일이 일어난 것이라고 판단하여, 귀무가설을 기각하고 대립가설을 지지한다. 반대로 $p$값이 유의수준보다 크면 드문 일이 일어난 것이 아니므로 귀무가설을 기각하는 데에 충분한 근거를 얻지 못했다고 결론을 내릴 수 있다.

유의수준보다 작다 ⇒ 드문 일이다 ⇒ 귀무가설을 기각한다

$p$값 ⎯ 5% 또는 1%로 설정 ⎯ 5% 또는 1%에 해당하는 현상이 일어났다 ⇒ 드물다

유의수준보다 크다 ⇒ 드문 일이 아니다 ⇒ 귀무가설을 기각하지 않는다

예를 들어 새로 개발한 약에 효과가 있는지 없는지 시험하는 경우를 생각해보자. 귀무가설은 '신약은 효과가 없다'(즉 신약을 복용하기 전과 후의 환자 상태에 차이가 없다)고 설정할 수 있다. 대립가설은 '신약은 효과가 있다'(즉 신약을 복용하기 전과 후의 환자 상태에 유의미한 차이가 있다)고 설정된다.

이를 정리하면 다음과 같다.

귀무가설 $H_0$: 신약은 효과가 없다 ⎯ 차이가 없다
대립가설 $H_1$: 신약은 효과가 있다 ⎯ 차이가 있다

가설 검정의 개념을 이해하기 위해서는 몇 가지 주의할 점이 있다. 우선 **가설 검정은 귀무가설이 참인지 거짓인지 증명하는 것이 아니다.** 귀무가설을 기각하지 못했다면 그것은 '귀무가설을 부정하기 위한 근거를 충분히 얻지 못했다'는 뜻이지, 귀무가설이 참이라고 확인한 것이 아니다. 즉 *$p$값은 귀무가설의 진위 여부를 보여주는 것이 아니라 관측 데이터가 귀무가설과 일치할 확률을 보여주는 것*이다.

그렇다면 앞서 소개한 동전의 예를 통해 가설 검정을 시행해보자.

동전을 10번 던졌을 때 앞면이 10번 나왔다고 했다. 10번 연속으로 앞면이 나왔으므로 '앞면이 나오기 쉬운 동전', 즉 평범한 동전과 차이가 있다(대립가설)고 생각하는 사람이 있을 것이다. 이제 가설을 설정해보자. 귀무가설은 '차이가 없는 상태'이므로 이 동전이 평범한 동전, 즉 앞면이 나올 확률이 $\frac{1}{2}$인 동전이라는 것이고, 대립가설은 '차이가 있는 상태'이므로 이 동전은 앞면이 나

올 확률이 $\frac{1}{2}$이 아닌 동전이라는 것이다.

귀무가설 $H_0$: 이 동전은 앞면이 나올 확률이 $\frac{1}{2}$이다

대립가설 $H_1$: 이 동전은 앞면이 나올 확률이 $\frac{1}{2}$이 아니다

다음으로 유의수준을 설정한다. 이번 예시에서는 유의수준을 1%(0.01)로 두기로 하자.

이제 귀무가설이 옳은지 그른지 판단하기 위해 '동전을 10번 던졌을 때 앞면이 10번 나올 확률($p$값)'을 구한다.

10번 중에 앞면이 10번 나올 확률은 $\left(\frac{1}{2}\right)^{10} = \frac{1}{1024} \fallingdotseq 0.001 = 0.1\%$이므로 유의수준보다 작다.

$$p\text{값} = \left(\frac{1}{2}\right)^{10} \fallingdotseq 0.1\% < 1\%: \text{유의수준}$$

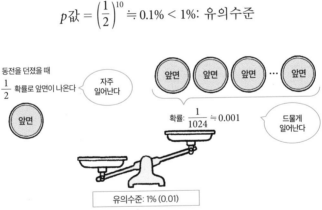

유의수준보다 작은 값일 정도로 드문 현상이므로 귀무가설을 기각한다. 즉 대립가설인 '이 동전은 앞면이 나올 확률이 $\frac{1}{2}$이 아니다'가 채택된다.

한편 가설 검정은 확률을 이용하여 판단하기 때문에 틀릴 가능성이 있다. 앞서 다룬 동전 예시만 해도, 실제로 앞면과 뒷면이 나올 확률이 각각 $\frac{1}{2}$인 동전

이지만 속임수가 있는 동전이라고 잘못 판단할 가능성이 있는 것이다.

귀무가설이 옳은데 옳지 않다고 잘못 판단하여 기각하는 것을 제1종 오류($\alpha$라고 표기)라고 한다. 반대로 귀무가설이 옳지 않은데 옳다고 잘못 판단하여 기각하지 않는 것을 제2종 오류($\beta$라고 표기)라고 한다. 제1종 오류는 의미 없는 작은 차이를 보고 당황해서 저지르는 실수이고, 제2종 오류는 유의미한 차이를 보고도 눈치채지 못해서 저지르는 실수라고 표현할 수도 있다.

| | $H_0$: 옳다 | $H_1$: 옳다 |
|---|---|---|
| $H_0$를 기각한다 | 제1종 오류($\alpha$) | 옳다 |
| $H_0$를 기각하지 않는다 | 옳다 | 제2종 오류($\beta$) |

옳은 것을 기각함

옳지 않은 것을 기각하지 않음

제 **10** 장

# 미적분과 관련된
# 수학 용어

# 함수의 극한

미분을 이해하는 데 필요한 극한부터 살펴본다

교과서에서는 0으로 나누는 계산을 다루지는 않는다. 스마트폰의 계산기에서도 3 ÷ 0을 입력하면 '오류'라고 나온다.

하지만 '0으로 나누는 것'에 가까운 상황은 존재한다. 예를 들어 순간순간의 변화를 뜻하는 순간변화율을 수학적으로 이해하려면 다음과 같이 0에 한없이 가까운 수로 나누어야 한다.

$$0.00000000000000000000000000000\cdots00000000000000000\cdots1$$

0에 가까운 수라는 것을 나타내기 위해 '…'을 이용했는데, 사실 '…'과 같은 표현은 쓰지 않는 편이 바람직하다.

따라서 위와 같은 특이한 상황을 표현하고 싶다면 극한이라는 개념을 활용하면 된다.

[극한] 함수 $f(x)$에서 $x$가 $a$에 한없이 가까워질 때,

$f(x)$도 상수 $\alpha$에 한없이 가까워진다면,

'$x \to a$일 때 $f(x)$는 $\alpha$에 수렴한다'고 하며, $\lim\limits_{x \to a} f(x) = \alpha$라고 표현한다.

이때 상수 $\alpha$를 유한확정값이라고 한다.

극한을 계산하는 방법은 대입과 같은 방식으로 진행된다.

극한을 이용함으로써 오른쪽 그림과 같이 $x=2$에서 정의되지 않은 함수의 값도 표현할 수 있다.

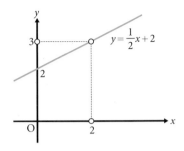

오른쪽 그림의 직선의 방정식은 $y=\dfrac{1}{2}x+2$인데, $x=2$일 때가 정의되지 않았다. 따라서 $x=2$일 때 $y=3$이라고 표현할 수는 없다.

그 대신에 '$x$가 (2 이외의 값을 가지면서) 2에 한없이 가까워질 때$(x \longrightarrow 2)$, 이 함수의 값은 3에 가까워진다$(y \longrightarrow 3)$'고 표현한다.

이를 식으로 나타내면 $\displaystyle\lim_{x \to 2} y = 3$이다.

한편 $x=2$를 제외한 $y=\dfrac{1}{2}x+2$는 다음 식과 같이 표현할 수 있다.

$$y=\frac{x^2+2x-8}{2x-4}$$

이 식을 이용하면 $\displaystyle\lim_{x \to 2} y = 3$의 계산을 확인할 수 있다.

$$\lim_{x \to 2} y = \lim_{x \to 2} \frac{x^2+2x-8}{2x-4} = \lim_{x \to 2} \frac{(x-2)(x+4)}{2(x-2)} = \lim_{x \to 2} \frac{x+4}{2} = \lim_{x \to 2} \left(\frac{1}{2}x+2\right) = 3 \cdots ①$$

한편 ①의 계산 과정에서는 인수분해를 했는데, 인수분해를 하지 않으면 어떻게 될까? 실제로 계산해보면 다음과 같다.

$$\lim_{x \to 2} y = \lim_{x \to 2} \frac{x^2+2x-8}{2x-4} = \frac{2^2+2\cdot2-8}{2\cdot2-4} = \frac{0}{0} \cdots ②$$

이렇게 $\dfrac{0}{0}$이라는 특수한 형태가 된다. 이러한 형태를 **부정형**이라고 하며, 값이 정해지지 않은 상태를 가리킨다. 그렇기 때문에 ①에서의 인수분해와 같이 식을 변형하는 과정을 통해 부정형을 해결해야 한다.

$\dfrac{0}{0}$을 보면 자동적으로 0이라고 하고 싶어지겠지만, 실제로 ①에서 얻은 극한 값이 3이었으므로 0이 아니라는 것을 알고 있다. 물론 부정형이므로 0일 수도 있으나, 위와 같이 식을 변형함으로써 분명히 확인할 필요가 있다.

다음으로 오른쪽 그림과 같이 $x>0$인 범위에서 반비례인 그래프$(y=\dfrac{1}{x})$를 살펴보자.

$x$가 한없이 커지면 $y$값은 0에 한없이 가까워진다.

'$x$가 한없이 커지는 것'을 $x \longrightarrow \infty$라고 표현하며, $\infty$를 (양의) **무한대**라고 한다. 식으로 나타내면 다음과 같다.

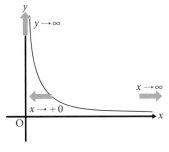

$$\lim_{x \to \infty} y = \lim_{x \to \infty} \frac{1}{x} = 0$$

$x$가 0에 한없이 가까워지면 $y$값을 알 수 있다. 다만, 0에 가까워지는 방식은 양의 방향에서 0에 가까워지는 경우$(x \longrightarrow +0)$와 음의 방향에서 0에 가까워지는 경우$(x \longrightarrow -0)$로 두 가지이다. 양의 방향에서 0에 가까워지는 경우는 앞에서 제시한 그래프와 같이 $y$값이 점점 커져서 다음과 같아진다.

$$\lim_{x \to +0} y = \lim_{x \to +0} \frac{1}{x} = \infty$$

이러한 경우에는 유한확정값에 수렴하지 않고 양의 무한대가 된다. 이렇듯 하나의 값에 수렴하지 않는 것을 **발산**이라고 한다.

이번에는 $x < 0$인 범위에서 반비례인 그래프($y = \dfrac{1}{x}$)를 살펴보자. $x$가 음의 무한대일 때 $y$값은 0에 한없이 가까워진다. 식으로 나타내면 다음과 같다.

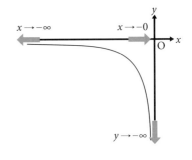

$$\lim_{x \to -\infty} y = \lim_{x \to -\infty} \frac{1}{x} = 0$$

또한 $x$가 음의 방향에서 0에 가까워질 때 $y$는 음의 무한대로 발산하며, 식으로 나타내면 다음과 같다.

$$\lim_{x \to -0} y = \lim_{x \to -0} \frac{1}{x} = -\infty$$

# 평균변화율, 순간변화율, 미분계수, 도함수

**용어를 이해한다**

이번 장에서는 미적분을 다룬다. 우선 미분과 적분의 대략적인 의미를 파악해 보자.

미분의 바탕이 되는 것은 나눗셈이고, 나눗셈의 바탕이 되는 것은 뺄셈이다. 그렇기 때문에 미분은 '차이'를 구할 때에 유용하다. 고등학교 수학에서는 미분을 이용하여 증가와 감소를 알아내고 그래프를 그리는데, 그것은 미분을 함으로써 차이를 알 수 있기 때문에 가능한 것이다.

먼저 변화량에 대해 알아보겠다.

$a < b$라고 하자. 오른쪽 그림과 같이 $x$값이 $a$에서 $b$로 변화할 때 $x$의 변화량은 $b - a$이며 $\Delta x = b - a$라고 표현한다. 마찬가지로 $y$값이 $f(a)$에서 $f(b)$로 변화할 때 $y$의 변화량은 $f(b) - f(a)$이며 $\Delta y = f(b) - f(a)$라고 표현한다.

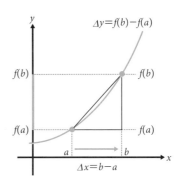

$\Delta x = b - a$에서 $a$를 좌변으로 이항하면 $a + \Delta x = b$가 되므로 다음과 같이 바꿔 쓸 수 있다.

$$\Delta y = f(a + \Delta x) - f(a)$$

한편 $\Delta x = h$라고 하여 $\Delta y = f(a + h) - f(a)$라고 표현하는 경우도 많다.

함수 $f(x)$에 대하여, $x$값이 $a$에서 $b$로 변화할 때 $f(x)$의 변화량인 $\Delta y$를 $x$의 변화량인 $\Delta x$로 나눈 것을 평균변화율이라고 하며 다음과 같은 식으로 나타낸다.

[평균변화율]

$$\frac{y\text{의 변화량}}{x\text{의 변화량}} = \frac{\Delta y}{\Delta x} = \frac{f(b)-f(a)}{b-a} = \frac{f(a+\Delta x)-f(a)}{\Delta x} = \frac{f(a+h)-f(a)}{h}$$

오른쪽 그림과 같이 곡선 $f(x)$를 자르는 AB와 같은 직선을 할선이라고 한다.

함수 $f(x)$에서 $b$의 값이 $a$의 값에 가까워지면($b \longrightarrow a$), $x$의 변화량 $\Delta x$는 0에 가까워지고($\Delta x \longrightarrow 0$), 할선 AB는 접선이 된다. 이때 평균변화율은 순간순간의 변화를 나타내므

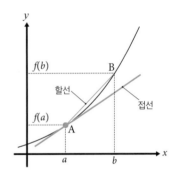

로 순간변화율이라고 한다. 순간변화율은 미분계수라고도 하며 기호로는 $f'(a)$라고 나타낸다.

$[x=a$에서 순간변화율(미분계수)]

순간변화율(미분계수) $f'(a)$는, 함수가 어떤 특정한 점 $x=a$에서 얼마나 급속하게 변화하는지를 표현한 것이다. $b \longrightarrow a$일 때 $\Delta x \longrightarrow 0(h \longrightarrow 0)$이므로, 다음과 같이 나타낼 수 있다.

$$f'(a) = \lim_{\Delta x \to 0} \frac{\Delta y}{\Delta x} = \lim_{b \to a} \frac{f(b)-f(a)}{b-a} = \lim_{\Delta x \to 0} \frac{f(a+\Delta x)-f(a)}{\Delta x} = \lim_{h \to 0} \frac{f(a+h)-f(a)}{h}$$

$x=a$에서 순간변화율(미분계수)은 '$x=a$'라는 고정된 지점의 접선의 기울기

$f'(a)$를 나타낸다. 이것을 변수 $x$에 대하여 정리한 것이 **도함수**이다. 식으로 나타내면 다음과 같다.

$$[\text{도함수}] \quad f'(x) = \lim_{\Delta x \to 0} \frac{\Delta y}{\Delta x} = \lim_{\Delta x \to 0} \frac{f(x+\Delta x) - f(x)}{\Delta x} = \lim_{h \to 0} \frac{f(x+h) - f(x)}{h}$$

$f'(x)$도 $x$에 대한 함수이지만, $f'(x)$와 $f(x)$를 모두 함수라고 하면 혼동할 수 있으므로 함수를 미분한 것은 '도함수'라고 구분하여 부른다. 도함수는 $f'(x)$ 외에도 다음과 같은 기호로 나타낼 수 있다.

$$y', \ \frac{dy}{dx}, \ \frac{d}{dx}f(x)$$

$f'(x)$와 $y'$는 라그랑주가 도입한 기호이고, $\frac{dy}{dx}, \frac{d}{dx}f(x)$는 라이프니츠가 도입한 기호이다. 지금까지의 내용을 정리하면 다음과 같다.

$$[\text{함수}: f(x)] \xrightarrow{\text{미분}} [\text{도함수}: f'(x)] \xrightarrow{x=a \text{일 때}} [\text{미분계수}: f'(a)]$$

**10**

수학 용어 미적분과 관련된

# 03 미분
### 나눗셈의 '왕도'인 미분과 그 목적을 알자

앞에서는 미분의 도입부에 해당하는 도함수에 대해 알아보았다. 지금부터는 미분의 목적에 대해 생각해보자. 미분의 목적이 무엇인지에 대한 힌트는 고등학교 교과서에 잘 나와 있다. 하지만 성인이라면 지금까지 교과서를 가지고 있는 사람은 거의 없을 것이므로, 여기서 핵심을 소개하겠다.

우리나라에서는 미분을 고등학교 2학년 '수학 2'에서 배운다. 수학 교과서에는 다음 페이지의 아래쪽에 있는 그래프가 실려 있을 것이다. 그리고 그 위에 있는 표도 함께 실려 있을 것이다. 그 표는 증가를 '↗', 감소를 '↘'로 나타낸 증감표이다.

증감표는 함수의 증가와 감소를 나타낸 것으로, 증가와 감소를 알면 그래프를 그릴 수 있다.

**증감표의 증가와 감소를 쉽게 알아내는 방법이 미분**이다. 즉 미분의 목적 중 하나는 함수의 증가와 감소를 쉽게 알아낼 수 있도록 하는 것이다.

물론 증가와 감소는 미분을 하지 않아도 '뺄셈'을 함으로써 구할 수 있다. 하지만 복잡한 뺄셈이나 계산량이 많은 뺄셈을 하는 것은 컴퓨터를 이용하더라도 힘든 일이다. 미분을 활용하면 그렇게 힘든 과정을 피할 수도 있다.

덧셈을 효율적으로 할 수 있게 해주는 방법 중 하나로 곱셈이 있다. 마찬가지로, 뺄셈을 효율적으로 할 수 있게 해주는 방법 중 하나로 나눗셈이 있다. 미분은 '나누는 수가 0에 한없이 가까워지는' 나눗셈이라는 점을 고려하면, 나눗셈을 효율적으로 할 수 있게 해주는 방법 중 하나가 미분이라고 볼 수 있다. **미분이 뺄셈이나 나눗셈보다 효율적인 이유는 공식이 있기 때문이다.** 공식이 있으면 컴퓨터로 계산을 자동화할 때 아주 편리하므로, 미분 공식은 계산 자동화에서도 널리 쓰이고 있다.

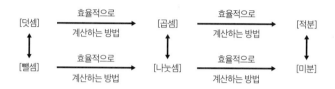

[증감표]

| $x$ | $\cdots$ | $\alpha$ | $\cdots$ | $\beta$ | $\cdots$ |
|-----|-----|-----|-----|-----|-----|
| $f'(x)$ | $+$ | $0$ | $-$ | $0$ | $+$ |
| $f(x)$ | ↗ | 극대 | ↘ | 극소 | ↗ |

[도함수 그래프]

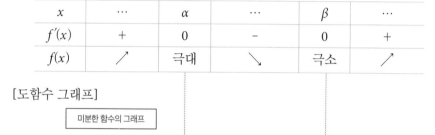

[함수]

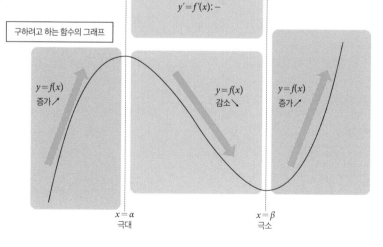

335

# 04 극값
극댓값과 극솟값은 국소적인 값

함수 $y=\dfrac{1}{2}x^2+1$은 $x<0$일 때 감소하고 $x>0$일 때 증가한다.

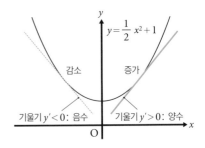

도함수인 $y'=x$는 $x<0$일 때 $y'<0$(접선의 기울기: 음수)이고 $x>0$일 때 $y'>0$(접선의 기울기: 양수)이다.

$y'<0$인 범위에서는 접선이 우하향하므로 $y$는 감소하고, $y'>0$인 범위에서는 접선이 우상향하므로 $y$는 증가한다.

[함수의 증가와 감소] 함수 $f(x)$에 대하여

$y'=f'(x)<0$일 때 $y=f(x)$는 감소 ↘

$y'=f'(x)>0$일 때 $y=f(x)$는 증가 ↗

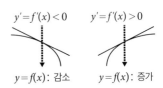

이렇게 증가와 감소, 미분의 관계를 알아보았다. **증가와 감소에는 상태가 바뀌는 경계가 있는데** 그것을 극값이라고 한다. 극값에는 극댓값과 극솟값의 두 가지가 있다.

극대는 증가(↗)에서 감소(↘)로 변화하는 곳을 가리킨다. 다음 그림을 보면 **접선의 기울기 $y'=f'(x)$가 '+ ⟶ 0 ⟶ -'로 변화하는 곳에서 접선의 기울기가 0이라**는 것을 알 수 있다.

한편 극소는 감소(↘)에서 증가(↗)로 변화하는 곳을 가리킨다. 다음 그림을 보면 **접선의 기울기** $y'=f'(x)$가 '− ⟶ 0 ⟶ +'로 변화하는 곳에서 접선의 기울기가, **극대와 마찬가지로 0**이라는 것을 알 수 있다.

**극댓값과 극솟값**은 각각 자신이 있는 곳 부근에서는 **최댓값, 최솟값**이다. '부근'이나 '근처'는 '국소적'이라고 표현할 수도 있으므로, 국소적인 최댓값이 극댓값이고, 국소적인 최솟값이 극솟값이다.

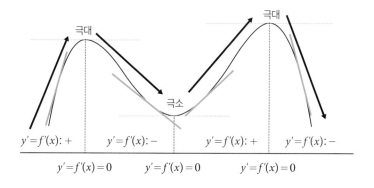

위의 그래프의 범위에서는 기울기가 0인 점이 각각 극댓값, 극솟값이다.

# 위로 볼록, 아래로 볼록과 변곡점

위로 볼록과 아래로 볼록의 경계를 구하는 법

함수 그래프의 곡선이 위로 볼록한 경우와 아래로 볼록한 경우에 증가와 감소의 형태는 다른데, 지금부터 그 차이에 대해 알아보도록 하자.

위로 볼록한 경우는 접선이 곡선의 위에 있고, 아래로 볼록한 경우는 접선이 곡선의 아래에 있다.

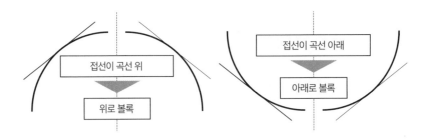

다음 그림과 같이 **위로 볼록과 아래로 볼록의 경계**를 변곡점이라고 한다.

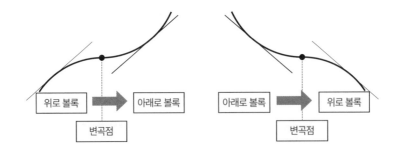

**위로 볼록, 아래로 볼록, 변곡점은 함수를 두 번 미분한 함수(즉 이계도함수)와 관련되어 있다.**

[위로 볼록, 아래로 볼록, 변곡점의 조건]

함수 $y=f(x)$가 두 번 미분할 수 있는 함수일 때, 다음이 성립한다.

아래로 볼록 $\Leftrightarrow$ $f''(x) \geq 0$    위로 볼록 $\Leftrightarrow$ $f''(x) \leq 0$

변곡점    $\Rightarrow$ $f''(x) = 0$


아래로 볼록 $\Leftrightarrow$ 접선이 그래프의 아래쪽에 있다

$\Leftrightarrow$ $x$가 증가하면 접선의 기울기가 증가한다(감소하지 않는다)

$\Leftrightarrow$ 접선의 기울기 $f'(x)$는 '①→②→③→④→⑤'의 순서로 증가한다

$\Leftrightarrow$ $f''(x) \geq 0$

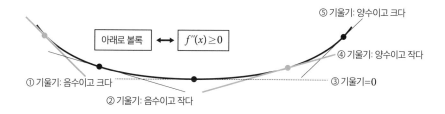

⑤ 기울기: 양수이고 크다

| 아래로 볼록 | ↔ | $f''(x) \geq 0$ |

④ 기울기: 양수이고 작다

① 기울기: 음수이고 크다 ⋯⋯⋯⋯⋯⋯⋯⋯⋯⋯⋯⋯⋯⋯⋯⋯⋯⋯⋯⋯⋯⋯⋯⋯⋯⋯ ③ 기울기=0

② 기울기: 음수이고 작다

이제부터 $f(x) = x^3$의 변곡점을 구해보자.

$f(x) = x^3$을 미분하면 $f'(x) = 3x^2$이고, 한 번 더 미분하면 $f''(x) = 6x$이며, $f''(x) = 0$을 풀면 $x = 0$ 이다. $x < 0$일 때 $f''(x) = 6x < 0$이므로 $f(x)$는 위 로 볼록이고, $x > 0$일 때 $f''(x) = 6x > 0$이므로 $f(x)$

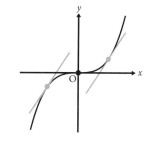

는 아래로 볼록이며, $x = 0$일 때는 위로 볼록($x < 0$)과 아래로 볼록($x > 0$)의 경 계이므로 $(0, 0)$이 변곡점이다.

위로 볼록과 아래로 볼록을 고려한 증가와 감소는 다음 표와 같이 네 가지 유형으로 나 뉜다.

| | $f''(x) > 0$: 아래로 볼록 ⌣ | $f''(x) < 0$: 위로 볼록 ⌢ |
|---|---|---|
| $f'(x) > 0$: 증가$(+)$ | | |
| $f'(x) < 0$: 감소$(-)$ | | |

이러한 내용을 바탕으로 증감표를 정리하면 다음과 같다.

| $x$ | $\cdots$ | 0 | $\cdots$ |
|---|---|---|---|
| $f'(x)$ | $+$ | 0 | $+$ |
| $f''(x)$ | $-$ | 0 | $+$ |
| $f(x)$ | ↗ | 0 | ↗ |

# 06 접선, 법선

접선을 통해 미분을 이해한다

미분에서는 두 가지 사항을 이해하는 것이 중요하다. 하나는 연산에 대한 내용으로, **미분은 나눗셈을 응용한 것**(0에 한없이 가까운 수로 나누기)이고, **나눗셈은 뺄셈을 응용한 것**이라는 점이다. 미분 이전에 뺄셈이 있으니까, 미분으로 구할 수 있는 것은 증가와 감소처럼 뺄셈으로 구할 수 있는 것이기도 하다.

다른 하나는 도형에 대한 내용이다. **미분을 하면 접선의 기울기를 알 수 있다. 접점 주변을 확대하면 곡선은 직선에 가까워지는 모습을 보인다. 따라서 직선에 대해 생각해보면, 직선의 기울기는 '$y$의 증가량 ÷ $x$의 증가량'이니까, 나눗셈과도 관련된다는 사실을 알 수 있다.** 지금부터 접선에 대해 자세히 살펴보겠다.

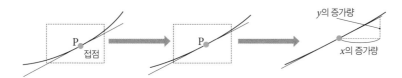

점 $(a, b)$를 지나가고 기울기가 $m$인 직선의 방정식은 $y = m(x - a) + b$이다. 접선도 직선이므로 이 식을 바탕으로 공식을 유도할 수 있다.

함수 $y = f(x)$의 $x = a$에서의 접선 공식을 생각해보자. 접선은 접점을 지나가는데, $x = a$의 접점은 $(a, f(a))$이다. 접선의 기울기는 미분을 통해 얻는 미분계수이므로 $f'(a)$라는 것을 쉽게 알 수 있다. 따라서 다음과 같이 접선의 공식을 구할 수 있다.

$$y = f'(a)(x-a) + f(a)$$

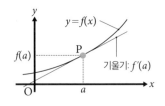

다음으로 **법선**에 대해 알아보자. 법선은 **접점** $(a, f(a))$**를 지나고 접선에 수직인 직선**이다.

법선은 접선에 수직인 직선이므로 기울기는 $-\dfrac{1}{f'(a)}$ 이다. 따라서 법선은 다음과 같이 나타낼 수 있다.

$$y = -\frac{1}{f'(a)}(x-a) + f(a)$$

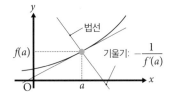

다음 장에서 다룰 벡터의 내적을 이용하면 법선의 기울기를 쉽게 구할 수 있다(자세한 내용은 11장 '04. 벡터의 내적'을 참고하기 바란다). 기울기가 $f'(a)$인 접선의 방향 벡터는 $\begin{pmatrix} 1 \\ f'(a) \end{pmatrix}$이고, 법선의 방향 벡터는 $\begin{pmatrix} 1 \\ m \end{pmatrix}$이라 하면, 직교하는 벡터의 내적은 0 이라는 사실을 바탕으로 다음과 같이 법선의 기울기를 구할 수 있다.

$$\begin{pmatrix} 1 \\ f'(a) \end{pmatrix} \cdot \begin{pmatrix} 1 \\ m \end{pmatrix} = 0$$

$$1 \cdot 1 + f'(a) \cdot m = 0$$

$$m = -\frac{1}{f'(a)}$$

한편 두 직선이 수직인 경우에 기울기의 곱이 $-1$이라는 사실을 이용하여 법선의 기울기를 구할 수도 있다. 법선의 기울기를 $m$이라고 하면 다음과 같이 정리할 수 있다.

$$f'(a) \cdot m = -1$$

$$m = -\frac{1}{f'(a)}$$

두 직선 $\ell_1$과 $\ell_2$가 수직인 경우, 기울기의 곱이 $-1$이라는 사실도 벡터의 내적을 이용하여 확인할 수 있다.

직선 $\ell_1$의 기울기를 $m$이라고 하면, 직선 $\ell_1$의 방향 벡터는 $\begin{pmatrix} 1 \\ m \end{pmatrix}$이다.

직선 $\ell_2$의 기울기를 $m'$라고 하면, 직선 $\ell_2$의 방향 벡터는 $\begin{pmatrix} 1 \\ m' \end{pmatrix}$이다.

직교하는 벡터의 내적은 0이므로 다음과 같이 정리할 수 있다.

$$\begin{pmatrix} 1 \\ m \end{pmatrix} \cdot \begin{pmatrix} 1 \\ m' \end{pmatrix} = 0$$

$$1 \cdot 1 + m \cdot m' = 0$$

$$m \cdot m' = -1$$

# 07 | 적분

곱셈의 왕도인 '적분'의 관계를 알아본다

대부분의 사람들이 적분을 '넓이'를 구하는 방법이라고 배웠을 것이다. 물론 맞는 말이기는 하지만, 여기서는 적분과 넓이의 관계를 살펴본 후에 적분을 또 다른 관점에서 바라보려고 한다. 넓이를 구하는 방법은 초등학교 때 곱셈과 구구단을 배운 후에 곱셈을 응용하는 문제로써 배우게 된다. 도형별로 넓이를 구하는 공식은 다음과 같다.

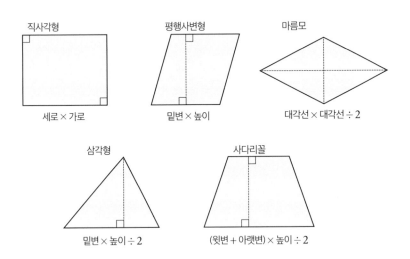

위의 공식에서 공통적으로 보이는 것이 '곱셈'이다. 곱셈은 다음과 같이 넓이를 통해 이해할 수 있다.

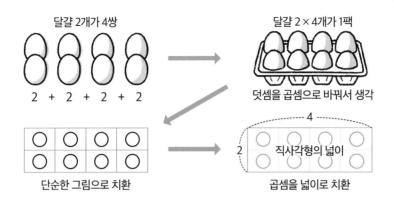

달걀 2개가 4쌍

2 + 2 + 2 + 2

달걀 2 × 4개가 1팩

덧셈을 곱셈으로 바꿔서 생각

단순한 그림으로 치환

4

2  직사각형의 넓이

곱셈을 넓이로 치환

곱셈을 넓이를 통해 이해할 수 있다는 것은, 반대로 말하자면 넓이를 곱셈을 통해 이해할 수 있다는 뜻이기도 하다. 지금까지의 내용을 정리하면, **'적분'은 '곱셈'이라고 이해할 수 있다.**

그렇다면 왜 '곱셈'을 굳이 '적분'이라는 특별한 이름으로 부르는 것일까? 그것은 미분과 마찬가지로, 곱하는 수가 다음과 같이 0에 한없이 가까운 아주 작은 수이기 때문이다.

$$0.00000000000000000000000000000 \cdots 0000000000000000 \cdots 1$$

이렇게 0에 한없이 가까운 아주 작은 수를 다룸으로써 복잡한 모양의 도형의 넓이를 구할 수 있으므로, 곱셈과 구분하여 '적분'이라고 부른다.

그렇다면 0에 한없이 가까운 아주 작은 수를 곱하는 것에 어떤 의미가 있는지 알아보자.

다음과 같은 도형의 넓이는 초등학교 때 배운 공식으로 구할 수 있을까? 쉽게 구하기는 힘들 것 같다. 왜냐하면 초등학교에서 배운 넓이 공식은 직사각형, 삼각형, 평행사변형, 사다리꼴, 마름모에 대한 것인데, 이들은 모두 직선으로 둘러싸인 도형이기 때문이다. 반대로 말하자면, 직선으로 둘러싸인 또는 직

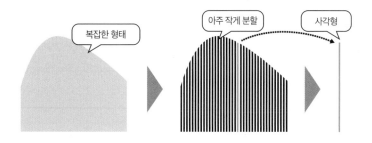

선으로 근사된 도형은 넓이를 쉽게 구할 수 있다. 따라서 복잡한 형태의 도형을 직선으로 둘러싸인 도형으로 만들기 위하여, 가로 길이가 0에 한없이 가까워지도록 아주 작게 분할하는 것이다.

예를 들어, 복사 용지 묶음이나 두루마리 휴지를 떠올려보자. 복사 용지 한 장과 두루마리 휴지 한 칸은 두께가 아주 얇지만, 많은 양을 쌓으면 복사 용지는 직사각형이 되고 두루마리 휴지는 가운데가 뚫린 원기둥이 된다. 이렇게 많은 양을 쌓는 행위가 수학에서는 적분이다. 넓이 공식으로는 답을 구할 수 없는 복잡한 형태의 도형이라도 아주 작게 나누면 한 조각 한 조각은 폭이 아주 좁은 사각형이 된다. 그 사각형들의 넓이를 각각 구해서 더함으로써 원래 도형의 넓이를 구할 수 있다. 한편 이렇게 더하는 것은 적분기호 $\int$ (인테그랄)에 해당한다.

이렇게 '아주 작게 나눠서 넓이를 구하기 쉬운 형태로 만든 후에, 각 부분의 넓이를 모두 더해 원래 도형의 넓이를 구하는 것'은 적분을 이해하는 데 있어서 매우 중요한 개념이다. 좌표평면을 고안해낸 데카르트는 "어려운 문제는 작게 나누어라"라고 했다. 넓이를 구하기 어려운 도형도 작게 분해함으로써 초등학교 때 배운 넓이 공식을 활용할 수 있는 도형으로 만들 수 있다.

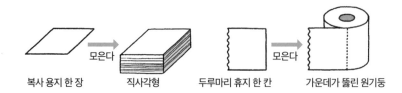

# 미분과 적분의 관계

미분과 적분의 관계를 이미지로 이해한다

고등학교에서는 '적분은 미분의 반대'라고 배운다. 마찬가지로 '미분은 적분의 반대'라고도 하는데, 미분과 적분을 배우다 보면 다음과 같은 의문이 든다.

> 미분의 반대는 적분, 적분의 반대는 미분.
> 미분은 접선의 기울기를 구하는 것. 적분은 넓이를 구하는 것.

> '접선의 기울기를 구하는 것'의 반대가 '넓이를 구하는 것'?
> '넓이를 구하는 것'의 반대가 '접선의 기울기를 구하는 것'?

이러한 관계를 나타낸 것이 '미적분의 기본정리'이다. 증명은 이후에 소개하겠지만, 정리의 증명을 이해한다고 해서 반드시 의미를 이해할 수 있는 것은 아니다. 따라서 미분과 적분이 서로 반대가 된다는 것을 대략적인 이미지로 이해해보자.

다음 페이지의 그림과 같이 미분은 접선의 기울기를 구할 때 '나눗셈'을 하고, 적분은 넓이를 구할 때 '곱셈'을 한다. 즉 '접선의 기울기'와 '넓이'를 구할 때 시행하는 '나눗셈'과 '곱셈'의 관계가 반대이다. 이러한 나눗셈과 곱셈의 관계가 '미분과 적분은 반대'라는 내용으로 이어지는 것이다.

접선의 기울기와 넓이는 미분과 적분의 한 가지 예로 든 것이라서, 그것만으로 미분과 적분의 관계가 반대라는 사실을 이해하기는 어려울 것이다. 그렇기 때문에 **미분은 (나누는 수가 0에 한없이 가까운) 나눗셈이고, 적분은 (곱하는 수가 0에 한없이 가까운) 곱셈**이라는 점에 주목하면, 곱셈이 나눗셈의 역연산이라는 점에서 '적분의 반대는 미분'이라고 연결 짓는 쪽이 이해하기 쉬울 것이다.

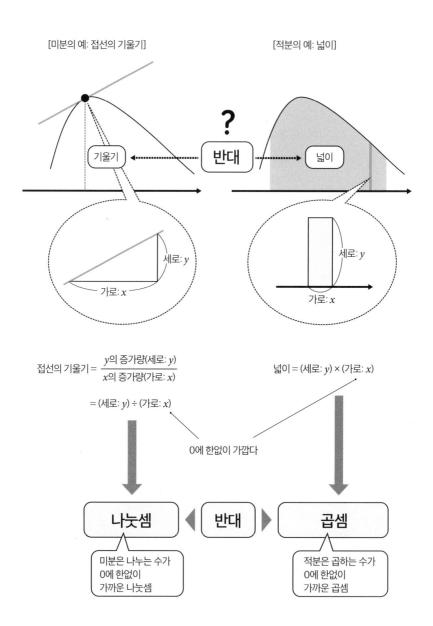

**구분구적법**은 **정적분이나 어떤 구간($a \leq x \leq b$ 등)에서의 넓이를 직사각형의 넓이를 이용하여 근삿값으로 구하는 방법 중 하나이다.** 구분구적법은 이해하기 어렵지 않고 계산도 비교적 쉬운 편이지만, 정확도는 다른 방법에 비해 낮은 경우가 많다.

고등학교에서는 구간을 $0 \leq x \leq 1$로 두는 경우가 많으므로 이 책에서도 그 구간을 따르기로 한다. 우선 공식부터 살펴보자.

[구분구적법]

$y = f(x)$가 구간 $0 \leq x \leq 1$에서 연속일 때, 다음과 같은 식이 성립한다.

$$\lim_{n \to \infty} \frac{1}{n} \sum_{k=0}^{n-1} f\left(\frac{k}{n}\right) = \int_0^1 f(x)dx$$

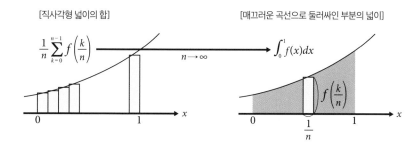

식이 복잡해 보이지만 하나씩 살펴보도록 하자. 구분구적법은 매끄러운 곡선으로 둘러싸인 부분의 넓이를 직사각형 등의 넓이를 이용하여 근삿값으로

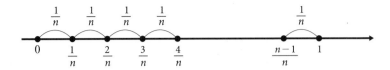

구하는 방법이니까, 우선 구간 $0 \le x \le 1$을 등분하는 것부터 시작한다. 그러면 위 그림과 같이 구간의 폭은 $\dfrac{1}{n}$이 된다.

한편 $n$등분된 부분을 <mark>분할</mark>이라고 하며 기호로는 $\Delta$로 나타낸다.

$$\Delta = \left\{ 0, \frac{1}{n}, \frac{2}{n}, \frac{3}{n}, \cdots, \frac{n-1}{n}, 1 \right\}$$

다음으로 각 구간에서 직사각형의 세로 길이에 해당하는 $f(x)$의 값을 계산해보자. 이때 $x$값은 그 구간의 시작점, 끝점, 중앙의 점 중 하나를 사용한다.

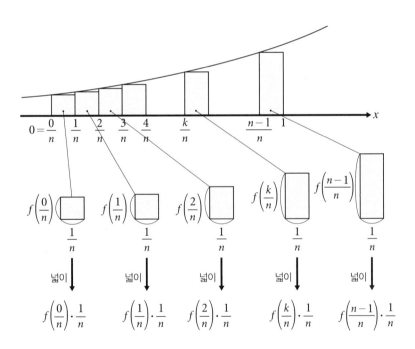

이제 직사각형의 넓이의 합을 구해보자.

$$f\left(\frac{0}{n}\right)\cdot\frac{1}{n}+f\left(\frac{1}{n}\right)\cdot\frac{1}{n}+f\left(\frac{2}{n}\right)\cdot\frac{1}{n}+\cdots f\left(\frac{k}{n}\right)\cdot\frac{1}{n}+\cdots f\left(\frac{n-1}{n}\right)\cdot\frac{1}{n}$$

$$=\frac{1}{n}\left\{f\left(\frac{0}{n}\right)+f\left(\frac{1}{n}\right)+f\left(\frac{2}{n}\right)+\cdots f\left(\frac{k}{n}\right)+\cdots f\left(\frac{n-1}{n}\right)\right\}=\frac{1}{n}\sum_{k=0}^{n-1}f\left(\frac{k}{n}\right)$$

그러면 구분구적법의 좌변에 있던 식이 나오는 것을 확인할 수 있다.

이 결과는 직선 방정식이 아닌 식으로 둘러싸인 도형의 넓이는 직사각형의 넓이의 합을 이용하여 근삿값으로 구할 수 있다는 것을 보여준다.

지금부터 $f(x)=x^2$, $x=1$, $x$축($y=0$)으로 둘러싸인 부분의 넓이를 구분구적법을 이용해 구해보자.

$f(x)=x^2$에 $x=\dfrac{k}{n}$를 대입하면, $f\left(\dfrac{k}{n}\right)=\left(\dfrac{k}{n}\right)^2=\dfrac{k^2}{n^2}$이 되므로 다음과 같이 계산할 수 있다.

$$\lim_{n\to\infty}\frac{1}{n}\sum_{k=0}^{n-1}f\left(\frac{k}{n}\right)=\lim_{n\to\infty}\frac{1}{n}\sum_{k=0}^{n-1}\frac{k^2}{n^2}$$

$$=\lim_{n\to\infty}\frac{1}{n^3}\sum_{k=0}^{n-1}k^2=\lim_{n\to\infty}\frac{1}{n^3}\cdot\frac{1}{6}(n-1)n(2n-1)$$

$$=\lim_{n\to\infty}\frac{1}{6}\left(1-\frac{1}{n}\right)\left(2-\frac{1}{n}\right)=\frac{1}{6}\cdot1\cdot2=\frac{1}{3}$$

이때 $\Sigma$ 부분의 계산은 $\displaystyle\sum_{k=1}^{n}k^2=\frac{1}{6}n(n+1)(2n+1)$로 하기보다는, $n$ 부분을 $n-1$로 둔 $\displaystyle\sum_{k=0}^{n-1}k^2=\frac{1}{6}(n-1)n(2n-1)$을 이용하고 있다.

# 10 미적분의 기본정리

미분과 적분의 관계를 증명한다

고등학교에서는 적분은 미분의 역연산이라고 배우는데, 그 관계를 보여주는 것이 **미적분의 기본정리**이다.

미적분의 기본정리는 뉴턴과 라이프니츠가 발견했다. 그 이전에는 접선의 기울기를 구하는 미분과 넓이를 구하는 적분은 전혀 연관성이 없는 별개의 개념이라고 여겨졌다.

**미분에는 공식이 있고 계산이 쉬운 경우도 많은 반면, 적분은 구분구적법처럼 힘든 과정을 거쳐야 한다. 따라서 이 정리는 적분을 공식으로 만들어준다는 점에서 매우 유용하다고 볼 수 있다.**

**미적분의 기본정리에는 제1기본정리와 제2기본정리가 있다.**

[미적분의 제1기본정리] $y=f(x)$가 연속함수일 때, 다음이 성립한다.

$$\frac{d}{dx}\left(\int_a^x f(t)dt\right)=f(x)$$

$\frac{d}{dx}$ 라는 기호 때문에 어려워 보일 수 있으나 다음과 같은 의미다.

$$\left(\int_a^x f(t)dt\right)'=f(x)$$

여기서 $\int_a^x f(t)dt = F(x)$라고 하면, $\dfrac{d}{dx}F(x) = f(x)$이고 $F'(x) = f(x)$이다.

대략적으로 설명하자면, 함수 $f(x)$를 적분하면 $\int_a^x f(t)dt$가 되고, 이 식을 다시 미분하면 $\left(\int_a^x f(t)dt\right)'$가 된다는 것이다. 그리고 이 식이 $f(x)$가 된다는 것을 보여준다. 즉 적분과 미분이 반대 과정이라는 뜻이다.

[미적분의 제2기본정리]

$$\int_a^b f(x)dx = F(b) - F(a)$$

미적분의 제2기본정리는 구체적으로 적분 계산을 할 때에 이용된다.

이때 다음과 같이 중간에 식을 추가하는 경우도 많다.

$$\int_a^b f(x)dx = \left[F(x)\right]_a^b = F(b) - F(a)$$

예를 들어, $f(x) = x^2$이고 구간은 $0 \le x \le 1$인 경우라면 다음과 같이 계산된다.

$$\int_0^1 x^2 dx = \left[\frac{1}{3}x^3\right]_0^1 = \frac{1}{3} \cdot 1^3 - \frac{1}{3} \cdot 0^3 = \frac{1}{3}$$

구분구적법으로 구하는 과정과 비교하면 계산이 훨씬 쉬워졌다는 것을 알 수 있다.

이제부터는 다음 중 왼쪽 그림에서 진하게 칠해진 부분의 넓이(함수 $y = f(x)$, $x$축, $x = a$와 $x$로 둘러싸인 부분의 넓이)를 이용하여 미적분의 제1기본정리를

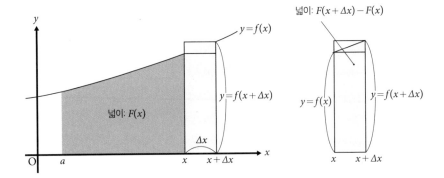

증명해보겠다. 이 부분의 넓이를 $F(x)$라고 하자. 그러면 폐구간 $[a, x+\Delta x]$로 둘러싸인 부분의 넓이는 $F(x+\Delta x)$가 된다.

$F(x+\Delta x)-F(x)$는 위의 오른쪽 그림에서 칠해진 부분의 넓이인데, 이 부분의 넓이는 세로 길이가 $f(x)$이고 가로 길이가 $\Delta x$인 직사각형의 넓이와, 세로 길이가 $f(x+\Delta x)$이고 가로 길이가 $\Delta x$인 직사각형의 넓이 사이에 해당하므로 다음과 같은 부등식이 성립한다.

$$f(x) \cdot (\Delta x) \leq F(x+\Delta x) - F(x) \leq f(x+\Delta x) \cdot (\Delta x)$$

이 부등식의 각 변을 $(\Delta x)$로 나누면 다음과 같다.

$$f(x) \leq \frac{F(x+\Delta x)-F(x)}{\Delta x} \leq f(x+\Delta x) \cdots ①$$

여기서 $\Delta x \to 0$이라고 하면 $f(x+\Delta x) \to f(x)$가 되므로 다음과 같이 표현된다.

$$\lim_{\Delta x \to 0} \frac{F(x+\Delta x) - F(x)}{\Delta x} = F'(x)$$

따라서 $F'(x) = f(x)$가 된다.

이렇게 미적분의 제1기본정리가 확인되었다.

한편 ①의 가장 왼쪽에 있는 식인 $f(x)$의 극한값 $f(x)$와 가장 오른쪽에 있는 식 $f(x+\Delta x)$의 극한값 $f(x)$ 사이에 끼어 있으므로 $F'(x) = f(x)$라는 것을 알 수 있다. 이것을 샌드위치 정리라고 한다.

샌드위치 정리는 수열과 함수에서 다음과 같이 설명할 수 있다.

[샌드위치 정리: 수열]　자연수 $n$에 대하여 $a_n \le b_n \le c_n$이 성립하고 $\lim_{n \to \infty} a_n = A$, $\lim_{n \to \infty} c_n = A$일 때, $\lim_{n \to \infty} b_n = A$이다.

[샌드위치 정리: 함수]　양의 실수 $x$에 대하여 $f(x) \le g(x) \le h(x)$가 성립하고 $\lim_{x \to a} f(x) = A$, $\lim_{x \to a} h(x) = A$일 때, $\lim_{x \to a} g(x) = A$이다.

함수 $f(x)$를 미분한 $f'(x)$를 도함수라고 한다. 반대로, 미분해서 $f(x)$가 되는 함수 $F(x)$는 원시함수라고 한다. 식으로 나타내면 $F'(x) = f(x)$가 되는 $F(x)$가 원시함수이다.

$$F(x): \text{원시함수} \xrightarrow[\text{미분}]{} f(x): \text{함수} \xrightarrow[\text{미분}]{} f'(x): \text{도함수}$$

원시함수는 미분의 역연산을 함으로써 구할 수 있다.

고등학교 교과서에는 원시함수를 $\int f(x)dx$라고 나타내며 부정적분이라고도 한다.

$$F'(x) = f(x) \qquad F(x) = \int f(x)dx$$

원시함수는 정의에 따르면 하나로 정해지지 않는다.

$x^2 + 2 \xrightarrow[\text{미분}]{} 2x \longrightarrow 2x$의 원시함수는 $x^2 + 2$

$x^2 + 1 \xrightarrow[\text{미분}]{} 2x \longrightarrow 2x$의 원시함수는 $x^2 + 1$

$x^2 \xrightarrow[\text{미분}]{} 2x \longrightarrow 2x$의 원시함수는 $x^2$

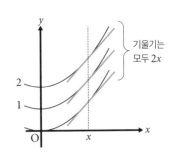

따라서 **변수($x$) 외의 부분을 $C$(적분상수)라고 한다.** 즉 $f(x) = 2x$의 원시함수는 $F(x) = x^2 + C$이다.

다음으로 부정적분에 대해 알아보자.

원래 부정적분은 정적분으로부터 정 의되었다. 그리고 정적분은 오른쪽 그림 과 같이 넓이를 이용하여 정의된다.

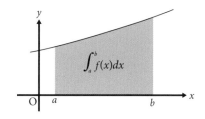

**정적분에 대하여, 구하고자 하는 넓이의 구간에 변수 $x$를 설정하고, 적분구간 $x$에 관련 된 함수**라고 보는 것이 부정적분이다.

[부정적분]

함수 $f(x)$가 구간 $[a, x]$ $(x > a)$에서 적분 가능할 때

$$F(x) = \int_a^x f(t)dt$$

를 부정적분이라고 한다.

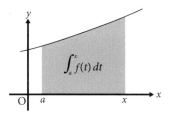

제 **11** 장

= = = = = = = = =

# 벡터와 관련된
# 수학 용어

= = = = = = = = =

# 01 벡터와 스칼라
## 차이는 방향의 유무

벡터는 고등학교와 대학교에서 가장 격차를 크게 느끼는 단원 중 하나이다. 그러한 격차를 메우기 위해서는 다음과 같은 대략적인 의미를 이해하고 있는 것이 중요하다.

벡터 ——→ 여러 수를 하나로 취급하기 위한 도구

이러한 의미를 기억하면서 고등학교에서 다루는 벡터(공간벡터라고 한다)에 대해 알아보자.

다음 그림과 같이 2개의 점 A와 B를 잇는 선분이 있다. 이 선분에 'A에서 B로 향한다'는 방향을 지정한 것을 유향선분이라고 한다. 유향선분 중에서 '크기'와 '방향'만 고려한 것(위치 정보는 고려하지 않는 것)을 벡터라고 하며 $\overrightarrow{AB}$ 라고 나타낸다. '크기'와 '방향'이라는 두 가지 양을 하나로 취급하기 위한 도구라는 점이 중요하다.

한편 $\overrightarrow{AB}$ 의 점 A를 시점, 점 B를 종점이라고 한다. $\overrightarrow{AB}$ 의 크기는 선분 AB의 길이로 표현하며 기호로는 $|\overrightarrow{AB}|$ 라고 나타낸다.

$|\overrightarrow{AB}|$ (선분 AB의 길이)는 수를 나타낸다. 1, 2, 3, ……과 같이 크기만 나타내는 수를 스칼라 또는 스칼라양이라고 한다.

크기 $\overrightarrow{AB}$

화살표가 방향을 나타낸다

B(종점)

$\overrightarrow{AB}$

A(시점)

$\overrightarrow{AB}$를 알파벳 소문자를 이용하여 $\overrightarrow{a}$라고 쓰기도

한다.

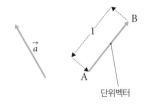

또한 $\overrightarrow{AB}$의 크기가 $1(|\overrightarrow{AB}| = 1)$인 벡터는 단위벡

터라고 한다.

오른쪽 그림의 평행사변형 ABCD를 보자.

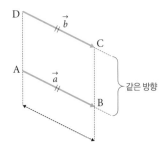

$\overrightarrow{a}$와 $\overrightarrow{b}$처럼 두 벡터의 크기와 방향이 같으면

동일한 벡터로 보는데, 이것을 벡터의 상등이라고

한다.

[벡터의 상등]　$\overrightarrow{a} = \overrightarrow{b}$

한편 $\overrightarrow{AD}$와 $\overrightarrow{BC}$의 크기와 방향도 같으므로

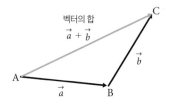

$\overrightarrow{AD} = \overrightarrow{BC}$이다.

한편 벡터도 연산을 할 수 있다. 우선 덧셈에

대해 알아보자.

$\overrightarrow{a}$와 $\overrightarrow{b}$에 대하여, $\overrightarrow{a}$의 종점(B)과 $\overrightarrow{b}$의 시점(B)이 일치할 때, $\overrightarrow{a}$의 시점과 $\overrightarrow{b}$의 종점을

잇는 벡터를 $\overrightarrow{a}$와 $\overrightarrow{b}$의 합이라 하며, $\overrightarrow{a} + \overrightarrow{b}$라고 나타낸다.

$\overrightarrow{AB} = \overrightarrow{a}$, $\overrightarrow{BC} = \overrightarrow{b}$라 하면, 그림과 같이 $\overrightarrow{a} + \overrightarrow{b} = \overrightarrow{AC}$가 되는 것이다.

[벡터의 합]　$\overrightarrow{AB} + \overrightarrow{BC} = \overrightarrow{AC}$
일치

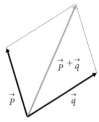

벡터의 합은 오른쪽 그림과 같이 평행사변형

의 대각선으로 표현할 수 있다. 이러한 사고방식은 물리학 등에서 이용된다.

$\vec{a}$와 방향은 반대이고 크기는 같은 벡터를 역벡터라고 하며, $-\vec{a}$라고 나타낸다.

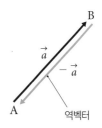

[역벡터]　$\overrightarrow{AB} = \vec{a}$라고 할 때,

$\overrightarrow{BA} = -\vec{a}$이고 $\overrightarrow{BA} = -\overrightarrow{AB}$가 성립한다.

역벡터

$\overrightarrow{AB} = \vec{a}$와 $\overrightarrow{BA} = -\vec{a}$의 합을 구하면 $\vec{a} + (-\vec{a}) = \overrightarrow{AB} + \overrightarrow{BA} = \overrightarrow{AA}$가 된다.

$\overrightarrow{AA}$는 시점과 종점이 같고 크기는 0인 벡터로, 영벡터라고 하며 $\vec{0}$이라고 나타낸다.

등식으로 표현하면 다음과 같다.

영벡터

[영벡터]　$\overrightarrow{AA} = \vec{0}$

다음으로 역벡터를 이용하여 벡터의 뺄셈에 대해 알아보자.

$\vec{a}$와 $\vec{b}$에 대하여, 벡터의 차는 다음과 같이 정해진다.

$$\vec{b} - \vec{a} = \vec{b} + (-\vec{a})$$

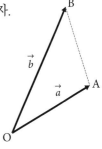

위의 식은 $\vec{b} - \vec{a} = \vec{b} + (-\vec{a}) = \overrightarrow{OB} + (-\overrightarrow{OA})$

와 같이 나타낼 수 있다.

이때 $\overrightarrow{AO}$와 $\overrightarrow{BC}$는 크기와 방향이 같으므로 $\overrightarrow{AO}$

$= \overrightarrow{BC}$이다.

따라서 다음과 같이 정리할 수 있다.

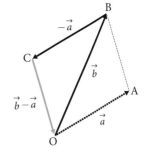

$= \overrightarrow{OB} + \overrightarrow{AO} = \overrightarrow{OB} + \overrightarrow{BC}$

$= \overrightarrow{OC} = \overrightarrow{AB}$

수학 용어

벡터와 관련된

결국 다음과 같은 결과가 도출된다.

$$\vec{b} - \vec{a} = \overrightarrow{OB} - \overrightarrow{OA} = \overrightarrow{AB}$$

$\vec{a}$에 $\vec{a}$를 곱하면 방향은 그대로인 채 크기만 2배가 되고, $\vec{a}$를 한 번 더 곱하면 방향은 그대로인 채 크기만 3배가 된다. 이것을 $2\vec{a}$, $3\vec{a}$라고 나타내며 벡터의 실수배라고 한다.

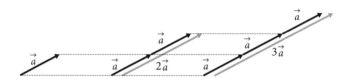

[벡터의 실수배] $\vec{a}$와 실수 $k \neq 0$에 대하여, $k\vec{a}$는 다음과 같다.

$k$가 양수일 때 $k\vec{a}$ : $\vec{a}$와 방향은 같고 크기는 $k$배인 벡터

$k$가 음수일 때 $k\vec{a}$ : $\vec{a}$와 방향은 반대고 크기는 $|k|$ 배인 벡터

# 02 위치벡터와 벡터의 성분

벡터를 좌표가 아닌 성분으로 나타내는 이유

벡터 연산을 실행하기 위해 좌표평면 위에서 생각해보자.

원점 O와 두 점 $E_1(1, 0)$, $E_2(0, 1)$을 각각 이어주는 단위벡터를 기본벡터라고 하며 $\vec{e_1}$, $\vec{e_2}$라고 표현한다.

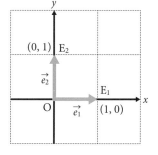

$$[\text{기본벡터}] \quad \vec{e_1} = \overrightarrow{OE_1} = (1, 0)$$
$$\vec{e_2} = \overrightarrow{OE_2} = (0, 1)$$

점 $A(2, 0)$은 기본벡터 $\vec{e_1}$의 2배인 $\overrightarrow{OA} = 2\vec{e_1}$이라고 나타낼 수 있고, 점 $B(0, -3)$은 기본벡터 $\vec{e_2}$의 -3배인 $\overrightarrow{OB} = -3\vec{e_2}$라고 나타낼 수 있다. 그리고 다음 그림과 같이 점 $P(2, -3)$은 $\overrightarrow{OP} = 2\vec{e_1} - 3\vec{e_2}$라고 표현할 수 있다. 하지만 언제나 이런 식으로 기본벡터를 이용하여 나타내는 것은 번거로운 일이다. 따라서 다음과 같이 벡터를 좌표와 같은 방식으로 나타내기로 한다.

$$\overrightarrow{OP} = \overrightarrow{OA} + \overrightarrow{OB} = 2\vec{e_1} - 3\vec{e_2} = (\underset{x성분}{2}, \underset{y성분}{-3})$$

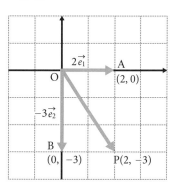

이때 $\vec{e_1}$의 계수인 2를 $\overrightarrow{OP}$의 $x$성분, $\vec{e_2}$의 계수인 -3을 $\overrightarrow{OP}$의 $y$성분이라고 한다.

고등학교까지는 성분 표기를 좌표처럼 (2, -3)이라고 가로로 표현할 때가 많은데, 대학교 이후에는 $\begin{pmatrix} 2 \\ -3 \end{pmatrix}$이라고 세로로 표현하는 경우가 많다.

(2, -3)과 같이 가로로 표현한 벡터를 **행벡터**, $\begin{pmatrix} 2 \\ -3 \end{pmatrix}$과 같이 세로로 표현한 벡터를 **열벡터**라고 한다.

지금부터는 벡터의 성분 표기를 좌표와 구분하기 위해 열벡터로 표현하겠다.

오른쪽 그림에서 점 A의 좌표를 $(p, q)$라고 하자. 점 A에서 $x$축과 $y$축으로 수선 AP와 AQ를 내리면 $\overrightarrow{OA} = \overrightarrow{OP} + \overrightarrow{OQ}$이다.

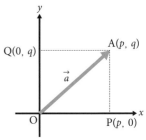

$\overrightarrow{OP} = p\,\overrightarrow{OE_1} = p\,\vec{e_1}$, $\overrightarrow{OQ} = q\,\overrightarrow{OE_2} = q\,\vec{e_2}$이므로

$\vec{a} = \overrightarrow{OA} = \overrightarrow{OP} + \overrightarrow{OQ} = p\,\vec{e_1} + q\,\vec{e_2}$라고 나타낼 수 있다.

[벡터의 성분] $p$와 $q$를 $\vec{a}$의 성분이라고 하는데,

$p$를 $x$성분, $q$를 $y$성분이라고 한다.

$\vec{a} = \begin{pmatrix} p \\ q \end{pmatrix}$를 $\vec{a}$의 **성분** 표시라고 한다. 벡터를 성분 표시로 나타냄으로써 **벡터를 그림이 아니라 수치를 통해 이해할 수 있다.**

**벡터는 크기와 방향이 같은 벡터를 동일한 벡터로 본다.** 따라서 오른쪽 그림의 $\vec{a}$, $\vec{b}$, $\vec{c}$, $\vec{d}$는 모두 같은 벡터로 다음과 같이 나타낼 수 있다.

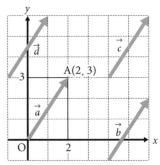

$$\vec{a} = \vec{b} = \vec{c} = \vec{d} = \begin{pmatrix} 2 \\ 3 \end{pmatrix}$$

이때 시점이 원점인 $\vec{a}$는 점 A의 위치를 나타내기도 하므로, 점 (2, 3) $\Leftrightarrow$ $\overrightarrow{OA} = \vec{a} = \begin{pmatrix} 2 \\ 3 \end{pmatrix}$

과 같이 대응된다.

따라서 시점이 원점인 벡터를 위치벡터라고 한다.

[위치벡터]  점 A의 위치벡터는 원점 O를 시점으로 하는 $\overrightarrow{OA}$ 이다.

벡터 성분의 합, 차, 실수배는 다음과 같이 성분별로 시행한다.

[성분에 의한 연산]  $\vec{a} = \begin{pmatrix} a_x \\ a_y \end{pmatrix}$, $\vec{b} = \begin{pmatrix} b_x \\ b_y \end{pmatrix}$ 라고 할 때, 합, 차, 실수배는 다음과 같이 계산할 수 있다.

$$\vec{a} + \vec{b} = \begin{pmatrix} a_x \\ a_y \end{pmatrix} + \begin{pmatrix} b_x \\ b_y \end{pmatrix} = \begin{pmatrix} a_x + b_x \\ a_y + b_y \end{pmatrix}, \ \vec{a} - \vec{b} = \begin{pmatrix} a_x \\ a_y \end{pmatrix} - \begin{pmatrix} b_x \\ b_y \end{pmatrix} = \begin{pmatrix} a_x - b_x \\ a_y - b_y \end{pmatrix}$$

$$k\vec{a} = k\begin{pmatrix} a_x \\ a_y \end{pmatrix} = \begin{pmatrix} ka_x \\ ka_y \end{pmatrix}$$

이 결과는 기본벡터를 이용하여 나타낼 수도 있다.

먼저 $\vec{a} = \begin{pmatrix} a_x \\ a_y \end{pmatrix}$ 일 때 $\vec{a} = a_x\vec{e_1} + a_y\vec{e_2}$ 이고, $\vec{b} = \begin{pmatrix} b_x \\ b_y \end{pmatrix}$ 일 때 $\vec{b} = b_x\vec{e_1} + b_y\vec{e_2}$ 이다.

따라서 $\vec{a} + \vec{b} = (a_x\vec{e_1} + a_y\vec{e_2}) + (b_x\vec{e_1} + b_y\vec{e_2}) = (a_x + b_x)\vec{e_1} + (a_y + b_y)\vec{e_2}$ 이므로,

결과적으로 $\vec{a} + \vec{b} = \begin{pmatrix} a_x + b_x \\ a_y + b_y \end{pmatrix}$ 이다.

$\vec{a} - \vec{b} = (a_x\vec{e_1} + a_y\vec{e_2}) - (b_x\vec{e_1} + b_y\vec{e_2}) = (a_x - b_x)\vec{e_1} + (a_y - b_y)\vec{e_2}$ 이므로, 결과적

으로 $\vec{a} - \vec{b} = \begin{pmatrix} a_x - b_x \\ a_y - b_y \end{pmatrix}$ 이다.

$k\vec{a} = k(a_x\vec{e_1} + a_y\vec{e_2}) = (ka_x)\vec{e_1} + (ka_y)\vec{e_2}$ 이므로, 결과적으로 $k\vec{a} = \begin{pmatrix} ka_x \\ ka_y \end{pmatrix}$ 이다.

한편 점 A(2, 3)이라는 좌표 표시와 $\overrightarrow{OA} = \overrightarrow{a} = \begin{pmatrix} 2 \\ 3 \end{pmatrix}$이라는 성분 표시는 비슷해 보이지만 다른 점이 있다.

우선 점 A의 위치는 한 점으로 고정되어 있지만, 성분의 경우에는 앞쪽에서 보여준 $\overrightarrow{a} = \overrightarrow{b} = \overrightarrow{c} = \overrightarrow{d} = \begin{pmatrix} 2 \\ 3 \end{pmatrix}$과 같이 하나의 점으로 고정되지 않는다.

또한 성분 연산에서는 $\begin{pmatrix} p \\ q \end{pmatrix} + \begin{pmatrix} r \\ s \end{pmatrix} = \begin{pmatrix} p+r \\ q+s \end{pmatrix}$와 같이 계산할 수 있지만, 좌표에서는 그런 식으로 계산할 수 없다. 이렇듯 성분 연산은 좌표보다 유연한 것이다.

성분 연산은 3차원, 4차원, ……에서도 모두 가능하다.

[성분에 의한 연산]  3차원인 경우에는 $\overrightarrow{a} = \begin{pmatrix} a_x \\ a_y \\ a_z \end{pmatrix}$, $\overrightarrow{b} = \begin{pmatrix} b_x \\ b_y \\ b_z \end{pmatrix}$라고 할 때, 합, 차, 실수배는 다음과 같이 계산할 수 있다.

$$\overrightarrow{a} + \overrightarrow{b} = \begin{pmatrix} a_x \\ a_y \\ a_z \end{pmatrix} + \begin{pmatrix} b_x \\ b_y \\ b_z \end{pmatrix} = \begin{pmatrix} a_x + b_x \\ a_y + b_y \\ a_z + b_z \end{pmatrix}, \quad \overrightarrow{a} - \overrightarrow{b} = \begin{pmatrix} a_x \\ a_y \\ a_z \end{pmatrix} - \begin{pmatrix} b_x \\ b_y \\ b_z \end{pmatrix} = \begin{pmatrix} a_x - b_x \\ a_y - b_y \\ a_z - b_z \end{pmatrix}$$

$$k\overrightarrow{a} = k\begin{pmatrix} a_x \\ a_y \\ a_z \end{pmatrix} = \begin{pmatrix} ka_x \\ ka_y \\ ka_z \end{pmatrix}$$

4차원 이상의 경우에도 성분 연산 방법은 똑같다. 하지만 4차원 이상의 경우는 방향을 눈으로 확인하는 것이 어렵기 때문에 벡터를 화살표로 표기하는 것은 적절하지 않다.

따라서 고차원 벡터를 다루는 경우에는 $\overrightarrow{a}$, $\overrightarrow{b}$와 같이 화살표로 나타내지 않고, $a, b$ 또는 $\mathbf{a}, \mathbf{b}$와 같이 볼드로 표현한다.

4차원의 경우는 다음과 같이 표현할 수 있다.

[성분에 의한 연산]　$\boldsymbol{a} = \begin{pmatrix} a_x \\ a_y \\ a_z \\ a_w \end{pmatrix}$, $\boldsymbol{b} = \begin{pmatrix} b_x \\ b_y \\ b_z \\ b_w \end{pmatrix}$일 때, 합, 차, 실수배는 다음과 같이 계산할 수 있다.

$$a + b = \mathbf{a} + \mathbf{b} = \begin{pmatrix} a_x \\ a_y \\ a_z \\ a_w \end{pmatrix} + \begin{pmatrix} b_x \\ b_y \\ b_z \\ b_w \end{pmatrix} = \begin{pmatrix} a_x + b_x \\ a_y + b_y \\ a_z + b_z \\ a_w + b_w \end{pmatrix}$$

$$a - b = \mathbf{a} - \mathbf{b} = \begin{pmatrix} a_x \\ a_y \\ a_z \\ a_w \end{pmatrix} - \begin{pmatrix} b_x \\ b_y \\ b_z \\ b_w \end{pmatrix} = \begin{pmatrix} a_x - b_x \\ a_y - b_y \\ a_z - b_z \\ a_w - b_w \end{pmatrix}$$

$$ka = k\mathbf{a} = k \begin{pmatrix} a_x \\ a_y \\ a_z \\ a_w \end{pmatrix} = \begin{pmatrix} ka_x \\ ka_y \\ ka_z \\ ka_w \end{pmatrix}$$

지금부터는 벡터를 볼드로 표현하겠다.

# 03 일차독립과 일차종속

무작정 외워야 하는 것이 아니다

벡터에서 중요한 개념인 일차독립과 일차종속의 대략적인 의미를 파악한 후에 구체적인 용어와 식을 활용하여 자세하게 살펴보자. 일차독립은 벡터의 연산에서 계수를 비교할 때 필요한 조건인데, 설명하기가 까다롭다 보니 '시험에 나오니까 이대로 외워서 답하라'고 가르치기도 한다. 그래서 일차독립과 일차종속은 어려운 개념이라고 생각하는 사람이 많은데, 꼭 그렇지는 않다. 2차원, 3차원의 순서로 구체적으로 살펴보면 충분히 이해할 수 있을 것이다.

일차독립이란 대략적으로 말하자면 다른 벡터로 표현할 수 없는 상태를 가리킨다. 일차종속은 일차독립이 아닌 경우로, 다른 벡터를 이용하여 표현할 수 있는 상태를 가리킨다. 먼저 2차원인 경우부터 살펴보자. 지금부터 예로 들 $a$와 $b$는 둘 다 영벡터가 아니다.

$a$와 $b$가 일차독립이라는 것은 $a$를 $b$로 표현할 수 없다(또는 $b$를 $a$로 표현할 수 없다)는 뜻이고, $a$와 $b$가 일차종속이라는 것은 $a$를 $b$로 표현할 수 있다는 뜻이다. 그렇다면 일차종속부터 살펴보자. $a$를 $b$로 표현할 수 있다는 것은 $a = 2b$ 또는 $a = -3b$와 같이 $a = kb$라고 실수배로 표현할 수 있다는 뜻이다. $a$와 $b$를 실수배로 표현할 수 있다는 것은 $a$와 $b$가 평행하다는 뜻이기도 하고, 같은 직선 위에 놓을 수 있다는 뜻이기도 하다.

일차독립 $\longrightarrow$ 다른 벡터로 표현할 수 없다

$a$와 $b$가 일차독립 $\longrightarrow$ $a$를 $b$로 표현할 수 없다


일차종속 $\longrightarrow$ 다른 벡터로 표현할 수 있다(다른 벡터에 종속)

$a$와 $b$가 일차종속 $\longrightarrow$ $a$를 $b$로 표현할 수 있다

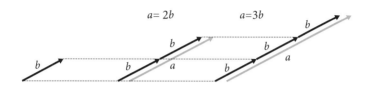

일차독립과 일차종속을 2차원으로 나타내면 다음과 같은 관계를 확인할 수 있다.

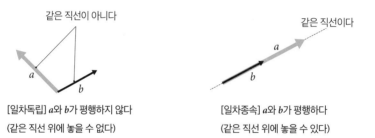

[일차독립] $a$와 $b$가 평행하지 않다
(같은 직선 위에 놓을 수 없다)

[일차종속] $a$와 $b$가 평행하다
(같은 직선 위에 놓을 수 있다)

이제 3차원인 경우에 대해 알아보자.

$a, b, c$가 일차독립이라는 것은 $a$를 $b, c$로 표현할 수 없다는 뜻이고, $a, b, c$가 일차종속이라는 것은 $a$를 $b, c$로 표현할 수 있다는 뜻이다. 그렇다면 일차종속부터 살펴보자. $a$를 $b, c$로 표현할 수 있다는 것은 $a = 2b + 3c$ 또는 $a = -3b - c$와 같이 $a = kb + lc$라고 실수배로 표현할 수 있다는 뜻이다. $a = kb + lc$와 같이 실수배로 표현할 수 있다는 것은, 바꿔 말하면 다음 그림과 같이 $a, b, c$를 같은 평면 위에 놓을 수 있다는 뜻이다.

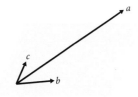

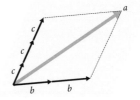

[일차독립] $a$, $b$, $c$를 같은 평면 위에 놓을 수 없다

[일차종속] $a$, $b$, $c$를 같은 평면 위에 놓을 수 있다

2차원에서는 같은 직선 위에, 3차원에서는 같은 평면 위에 놓을 수 있다면 일차종속이고, 놓을 수 없다면 일차독립이다.

이 사실을 식으로 나타내면 다음과 같다. 다음의 식은 3차원인 경우를 기술한 것으로, 여기서 $c$를 영벡터라고 하면 2차원인 경우가 된다.

[일차독립, 일차종속]  벡터 $a$, $b$, $c$와 실수 $p$, $q$, $r$에 대하여,

$$pa + qb + rc = 0$$에서 $p = q = r = 0$이 성립할 때

벡터 $a$, $b$, $c$를 일차독립이라 하고,

($p = q = r = 0$이) 성립하지 않을 때 벡터 $a$, $b$, $c$를 일차종속이라 한다.

이렇게 일차독립과 일차종속을 식으로 나타내면 너무 어려워 보이는데, 우선 일차종속인 경우에 대해 자세히 살펴보자. $p = q = r = 0$이 성립하지 않을 때가 일차종속이므로 $p \neq 0$이라고 한다.

$pa + qb + rc = 0$이라는 식에서 $pa$를 제외한 좌변의 모든 항을 우변으로 이항하고, 양변을 $p(\neq 0)$로 나눈다.

$$pa = -qb - rc \qquad a = -\frac{q}{p}b - \frac{r}{p}c$$

여전히 어려워 보이는데, $-\dfrac{q}{p}=k$, $-\dfrac{r}{p}=l$이라고 두면 다음과 같이 표현할 수 있다.

$$a = -\frac{q}{p}b - \frac{r}{p}c = = kb + lc$$

이렇게 $a$를 $b$의 실수배($k$배)와 $c$의 실수배($l$배)의 합으로 나타내면서, 일차종속을 식으로 표현하였다.

반대로 $p=q=r=0$이 성립할 때 $a$는 $b$와 $c$의 실수배로 표현할 수 없으므로 일차독립이다.

이러한 일차독립은 벡터 연산을 다른 평범한 연산처럼 다루기 위한 조건으로 이용된다. 구체적인 예를 통해 확인해보자.

$a$와 $b$가 일차독립이고 $xa+yb=4a+3b$가 성립할 때 $x$와 $y$의 값을 구해보자.

등식 '$xa+yb=4a+3b$'의 좌변과 우변이 거의 똑같아 보이기 때문에 계수를 비교하여 $x=4$, $y=3$이라고 답하고 싶을 것이다. 물론 이 문제에서는 $a$와 $b$가 일차독립이므로 계수를 비교하여 답을 구해도 되지만, 일차독립의 정의식과 계수를 비교하는 것이 왜 관련이 있는지 직접 확인하기 위해 굳이 다음과 같이 계산을 해보겠다.

우선 우변의 벡터를 모두 좌변으로 이항하고 괄호로 묶는다.

$$xa + yb = 4a + 3b$$
$$xa + yb - 4a - 3b = 0$$
$$(x-4)a + (y-3)b = 0$$

$a$와 $b$가 일차독립이니까 $a$의 계수 $(x-4)$와 $b$의 계수 $(y-3)$이 0이 되므로, $x-4=0$, $y-3=0$에서 $x=4$, $y=3$이라고 답을 구할 수 있다.

즉 $a$와 $b$가 일차독립인 경우에는 $xa+yb=4a+3b$의 계수를 비교하여 $x=4$,

$y=3$이라고 할 수 있다는 것이다.

이렇게 일차독립인 경우에는 계수를 비교할 수 있다는 것은 확인했지만, 일차종속인 경우에 계수를 비교할 수 없다는 것은 직관적으로 이해되지 않는다. 따라서 $a$와 $b$를 구체적으로 나타내어 계수를 비교해도 되는지 직접 확인해보겠다.

우선 $a$와 $b$가 일차독립인 경우부터 살펴보자. 일차독립인 $a$와 $b$를 $a=\begin{pmatrix}1\\1\end{pmatrix}$, $b=\begin{pmatrix}1\\-1\end{pmatrix}$이라 하고, $xa+yb=4a+3b$가 성립할 때 $x$와 $y$의 값을 구해보자. 물론 $a$와 $b$는 일차독립이므로 계수를 비교하여 $x=4$, $y=3$이라고 바로 답을 구할 수도 있지만, 굳이 다음과 같이 계산하여 답을 확인하겠다.

$$xa+yb=4a+3b \quad \Leftrightarrow \quad x\begin{pmatrix}1\\1\end{pmatrix}+y\begin{pmatrix}1\\-1\end{pmatrix}=4\begin{pmatrix}1\\1\end{pmatrix}+3\begin{pmatrix}1\\-1\end{pmatrix}$$

$$\Leftrightarrow \begin{pmatrix}x+y\\x-y\end{pmatrix}=\begin{pmatrix}7\\1\end{pmatrix} \Leftrightarrow \begin{cases}x+y=7\\x-y=1\end{cases} \Leftrightarrow \begin{cases}x=4\\y=3\end{cases}$$

계산 과정이 너무 거창한 것 같지만, 필요한 결과는 확실히 얻을 수 있다. 그렇다면 일차종속인 경우는 어떨까? $xa+yb=4a+3b$일 때 $x=4$, $y=3$이라고 계수를 비교하기만 해서는 안 되는 걸까?

구체적인 예를 통해 확인해보자. 일차종속인 $a$와 $b$를 $a=\begin{pmatrix}1\\1\end{pmatrix}$, $b=\begin{pmatrix}-1\\-1\end{pmatrix}$이라 하고, $xa+yb=4a+3b$가 성립할 때 $x$와 $y$의 값을 구해보자. $a$와 $b$가 일차종속이 되도록 설정했으므로 $a$를 $b$로(또는 $b$를 $a$로) 표현할 수 있는데, 실제로도 $b=\begin{pmatrix}-1\\-1\end{pmatrix}=-\begin{pmatrix}1\\1\end{pmatrix}=-a$와 같이 $b$를 $a$로 표현할 수 있다. 이제 직접 계산해보자.

$$xa+yb=4a+3b \quad \Leftrightarrow \quad x\begin{pmatrix}1\\1\end{pmatrix}+y\begin{pmatrix}-1\\-1\end{pmatrix}=4\begin{pmatrix}1\\1\end{pmatrix}+3\begin{pmatrix}-1\\-1\end{pmatrix}$$

$$\Leftrightarrow \begin{pmatrix}x-y\\x-y\end{pmatrix}=\begin{pmatrix}1\\1\end{pmatrix} \Leftrightarrow \begin{cases}x-y=1\\x-y=1\end{cases} \Leftrightarrow x-y=1$$

앞서 다룬 일차독립과는 다르게, 식이 하나밖에 나오지 않아서 한 번에 해를 구할 수 없다.

이 결과는 $a = \begin{pmatrix} 1 \\ 1 \end{pmatrix}$, $b = \begin{pmatrix} -1 \\ -1 \end{pmatrix}$을 식에 대입하여 알게 된 것이 아니라, 처음부터 그렇게 된다는 것을 알고 있었다. 이 문제에서 $xa + yb = 4a + 3b$에 $b = -a$를 대입하면 다음과 같은 식이 된다.

$$xa + y(-a) = 4a + 3(-a)$$

$$(x - y)a = 1a$$

계수를 비교하려고 했던 $xa + yb = 4a + 3b$와 다른 형태의 식이 되는 것이다. 이 식에서 벡터는 $a$뿐이므로 계수를 비교할 수 있어서 $x - y = 1$이라는 식이 나오는데, 이것은 위에서 구체적인 예를 들어 계산한 결과와도 같다.

이러한 과정을 통해 일차종속인 경우는 계수를 비교해서는 안 된다는 사실을 이해할 수 있다.

11

수학 용어 벡터와 관련된

# 벡터의 내적

벡터를 곱하는 방법

지금까지는 벡터의 합, 차, 실수배에 대해 알아보았다. 이제부터 벡터의 곱에 해당하는 내적에 대해 살펴보겠다.

두 벡터 $a$와 $b$의 시점을 겹쳐놓았을 때 만들어지는 각으로, 0° 이상 180° 이하인 각을 사잇각이라고 한다. 사잇각은 $\theta$로 표현하는 경우가 많다.

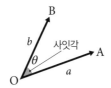

이때 $|a||b|\cos\theta$를 $a$와 $b$의 내적이라고 하며, $a \cdot b$ 또는 $(a, b)$라고 나타낸다.

[벡터의 내적] 두 벡터 $a$와 $b$의 사잇각을 $\theta(0° \leq \theta \leq 180°)$라고 할 때, 다음과 같이 구할 수 있다.

$$\underbrace{a \cdot b}_{\text{내적의 기호}} = \underbrace{|a| \, |b| \cos\theta}_{\text{내적의 계산 방법}}$$

$a = 0$ 또는 $b = 0$일 때 $\theta$는 정해지지 않지만 $a \cdot b = 0$이다. 한편 위의 식에서 좌변은 '내적의 기호'이고, 우변은 '내적을 계산하는 방법'이다. 갑자기 $\cos\theta$가 등장하는데, 이는 코사인 법칙과 관련된 것으로 자세한 내용은 이후에 다룬다.

내적은 사잇각 $\theta$에 의해 부호가 달라진다.

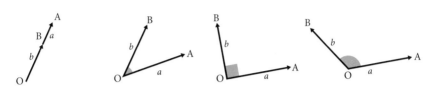

$$\theta = 0 \qquad\qquad 0^\circ < \theta < 90^\circ \qquad\qquad \theta = 90^\circ \qquad\qquad 90^\circ < \theta < 180^\circ$$

$$a \cdot b = |a||b| > 0 \qquad a \cdot b > 0 \qquad a \cdot b = 0 \qquad\qquad a \cdot b < 0$$

**내적의 부호를 알아내면 두 벡터 $a$와 $b$의 위치 관계도 알 수 있다.** 위의 네 가지 경우 중에서 특히 자주 활용되는 것은 $\theta = 90^\circ$일 때 $a$와 $b$의 내적이 $0(a \cdot b = 0)$이라는 점이다.

[내적의 성질]　$a \neq 0, b \neq 0$일 때, $a \perp b \iff a \cdot b = 0$

특히 내적은 정의식으로부터 다음과 같은 성질을 도출해낼 수 있다.

$(1)\, a \cdot b = b \cdot a \qquad (2)\, a \cdot a = |a|^2 \qquad\qquad (3)\, |a| = \sqrt{a \cdot a}$

(1)은 내적의 정의로부터 다음과 같은 과정을 거쳐 도출할 수 있다.

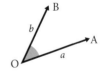

$$a \cdot b = |a||b|\cos\theta = |b||a|\cos\theta = b \cdot a$$

**11**

벡터와 관련된
수학 용어

이 식을 통해 **내적을 계산할 때 일반적인 수의 곱셈처럼 순서를 바꿔서 계산해도 된다**는 것을 알 수 있다. 일반적인 수의 곱셈처럼 벡터의 내적을 계산할 수 있다는 것은 매우 중요한 성질이다.

(2)는 같은 벡터 $a$의 내적이므로 사잇각 $\theta$는 0이 된다. $\cos 0 = 1$이므로 다음과 같이 계산할 수 있다.

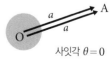

사잇각 $\theta = 0$

$$a \cdot a = |a||a|\cos\theta = |a|^2 \times 1 = |a|^2$$

위 식에서 양변의 제곱근을 얻음으로써 (3)의 $|a| = \sqrt{a \cdot a}$가 도출된다. (2)와 (3)은 **3장에서 다룬 곱셈 공식** $(a+b)^2 = a^2 + 2ab + b^2$**과 같은 계산을 벡터에서 실행해야 할 때 활용된다.**

벡터의 내적은 다음과 같이 성분으로 나타낼 수 있다.

[내적의 성분 표시]  $a = \begin{pmatrix} a_x \\ a_y \end{pmatrix}, b = \begin{pmatrix} b_x \\ b_y \end{pmatrix}$일 때, $a \cdot b = a_x b_x + a_y b_y$이다.

$a = \begin{pmatrix} a_x \\ a_y \\ a_z \end{pmatrix}, b = \begin{pmatrix} b_x \\ b_y \\ b_z \end{pmatrix}$일 때, $a \cdot b = a_x b_x + a_y b_y + a_z b_z$이다.

내적의 성분 표시를 활용함으로써 내적의 분배법칙을 도출할 수 있다.

[분배법칙]  $a \cdot (b+c) = a \cdot b + a \cdot c, (a+b) \cdot c = a \cdot c + b \cdot c$

분배법칙을 활용하면 다음과 같은 계산도 가능해진다.

$$|a-b|^2 = |a|^2 - 2a \cdot b + |b|^2 \cdots\cdots ①$$

직접 확인해보자. 내적의 성질 $a \cdot a = |a|^2$을 바탕으로 $|a-b|^2$은 $(a-b) \cdot (a-b)$로 나타낼 수 있다. 이제 분배법칙을 이용하여 전개해보자.

$$|a-b|^2 = (a-b) \cdot (a-b)$$
$$= a \cdot a - a \cdot b - b \cdot a + b \cdot b$$
$$= |a|^2 - 2a \cdot b + |b|^2$$

여기까지의 과정을 통해 내적을 구하는 데 필요한 것들을 알아보았다. 지금부터는 내적의 정의식에 $\cos\theta$가 갑자기 등장한 이유에 대해 알아보자.

우선 오른쪽 그림에서 찾을 수 있는 삼각형에 코사인 법칙을 활용하면 다음과 같이 나타낼 수 있다.

$$AB^2 = OA^2 + OB^2 - 2OA \; OB \cos\theta$$

여기서 $AB^2 = |\boldsymbol{a} - \boldsymbol{b}|^2$, $OA^2 = |\boldsymbol{a}|^2$, $OB^2 = |\boldsymbol{b}|^2$이므로 위의 식에 대입하면 다음과 같다.

$$|\boldsymbol{a} - \boldsymbol{b}|^2 = |\boldsymbol{a}|^2 + |\boldsymbol{b}|^2 - 2|\boldsymbol{a}||\boldsymbol{b}|\cos\theta \cdots\cdots ②$$

식 ①과 ②의 좌변이 $|\boldsymbol{a} - \boldsymbol{b}|^2$으로 같으니까, 두 식의 우변은 다음과 같이 나타낼 수 있다.

$$|\boldsymbol{a}|^2 - 2\boldsymbol{a} \cdot \boldsymbol{b} + |\boldsymbol{b}|^2 = |\boldsymbol{a}|^2 + |\boldsymbol{b}|^2 - 2|\boldsymbol{a}||\boldsymbol{b}|\cos\theta$$

따라서 $\boldsymbol{a} \cdot \boldsymbol{b} = |\boldsymbol{a}||\boldsymbol{b}|\cos\theta$라는 내적의 정의식을 확인할 수 있다.

내적의 정의식에 $\cos\theta$가 포함되는 이유는 코사인 법칙이 바탕이 되기 때문이다.

한편 내적은 힘을 계산하는 데에도 활용된다.

힘의 벡터를 $F$, 움직인 거리(방향과 길이)를 나타내는 벡터를 $x$라고 하면, 역학적 에너지는 $F$와 $x$의 내적으로 정의된다.

$$F \cdot x = |F||x|\cos\theta$$

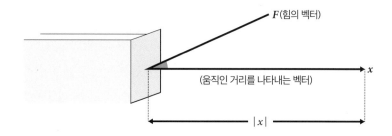

역학적 에너지의 식을 해석해보면 에너지를 더하는 데에는 힘의 크기뿐만 아니라 방향도 중요하다는 것을 알 수 있다.

# 제 12 장

# 도형과 관련된
# 수학 용어

삼각형에는 중심을 나타내는 다양한 점들이 있다. 그중 가장 먼저 무게중심에 대해 알아보겠다. 오른쪽 그림과 같이 △ABC에서 선분 AB, BC, CA의 중점을 각각 M, N, L이라고 하자. △ABC의 꼭짓점 A, B, C와 각 점이 마주 보는 변의 중점을 잇는 선분 AN, BL, CM을 중선이라고 한다.

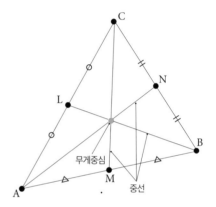

△ABC의 중선 3개는 한 점에서 만나는데, 이 점을 △ABC의 무게중심이라고 한다. 무게중심은 각 중선을 2:1로 내분하는 성질이 있다.

다음으로 내심에 대해 알아보자. 내심은 **삼각형의 세 각을 각각 이등분하는 선이** 만나는 점이다. 내심에서 세 변까지의 거리는 같으므로 내심을 이용하면 내접원을 그릴

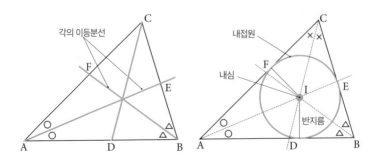

**수 있다.** 내심에서 세 변까지의 거리가 내접원의 반지름이 된다. 내심의 위치는 세 변의 길이에 따라 달라진다.

외심은 **삼각형의 세 변의 중점을 지나는 수선(수직이등분선)들이 만나는 점**이다. **외심은 삼각형의 외접원의 중심**이 된다. 또한 예각삼각형에서는 삼각형의 내부에, 직각삼각형에서는 빗변의 중점에, 둔각삼각형에서는 삼각형의 외부에 위치한다.

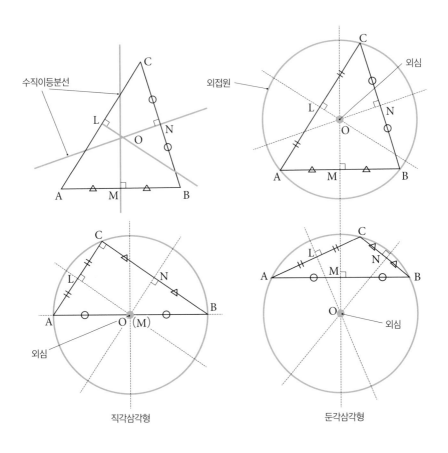

직각삼각형

둔각삼각형

**수심**은 **삼각형의 세 꼭짓점에서 마주 보는 변으로 내린 수선들이 만나는 점**이다. 둔각 삼각형에서는 삼각형의 외부에 위치한다.

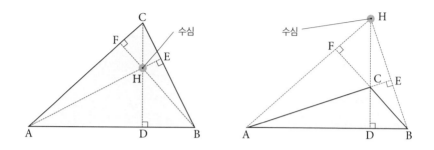

**방심**은 **한 내각의 이등분선과 나머지 두 외각의 이등분선이 만나는 점**이다. 다음 그림은 ∠A의 내각과 ∠B, ∠C의 외각의 이등분선에 의해 정해진 방심인데, ∠B의 내각과 ∠A, ∠C의 외각에 의한 방심, ∠C의 내각과 ∠A, ∠B의 외각에 의한 방심도 있으므로 **삼각형의 방심은 총 3개다.**

한편 **각 방심은 삼각형의 한 변과 나머지 두 변의 연장선에 접하는 원인 방접원의 중심**이 된다.

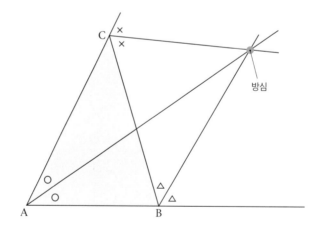

# 내분점과 외분점과 아폴로니우스의 원

안에서 나누는가? 밖에서 나누는가?

다음 그림과 같이 두 점 A($a$), B($b$)를 잇는 선분 AB가 있다. **선분 AB 위에 점 P를 설정하면 점 P는 선분 AB를 두 부분으로 나눈다.** 이 점을 내분점이라고 한다. 점 P가 내분점일 때 점 P는 선분 AB를 $m:n$으로 내분한다고 표현하기도 한다.

점 P의 좌표는 다음 식으로 구할 수 있다. 이 $m$과 $n$의 비율이 같을 때, 즉 1:1일 때, 점 P는 중점이 된다.

[선분 AB의 내분점]

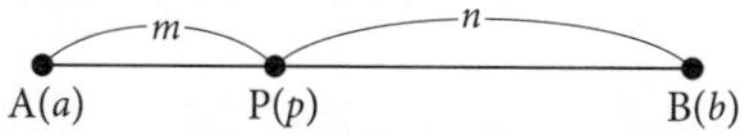

$$P의 \ 좌표: p = \frac{na+mb}{m+n}$$

$m:n=1:1$일 때 점 P는 선분 AB의 중점이 된다.

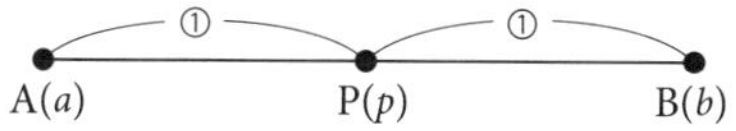

$$중점: p = \frac{a+b}{2}$$

다시 두 점 A($a$), B($b$)를 잇는 선분 AB를 보자. 다음 그림과 같이 **선분 AB의 연장선 위에 점 Q를 설정하고, AQ와 BQ의 비율에 주목하자.** 이와 같은 점 Q는 선분 AB의 외분점이라고 한다. AQ와 BQ의 비 AQ:BQ가 $m:n$일 때, 점 Q는 선분 AB를 $m:n$으로 외분한다고 표현하기도 한다.

점 Q의 좌표는 다음 식으로 구할 수 있다.

## [선분 AB의 외분점]

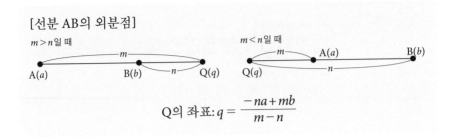

$m > n$일 때               $m < n$일 때

$$Q의 좌표: q = \frac{-na + mb}{m - n}$$

앞서 선분 AB를 $m : n$으로 내분한 점 P의 좌표를 구하는 공식을 알아보았다. 그 $m : n$을 유지하면서 점 P를 선분 밖으로 이동시키면 점 P의 자취는 원이 되는데, 그것 이 바로 아폴로니우스의 원이다.

## [아폴로니우스의 원]

두 점 A, B로부터 거리의 비가 $m : n$으로 일정한 점의 자취는 원이 되는데, 이 원을 아폴로니우스의 원이라고 한다.

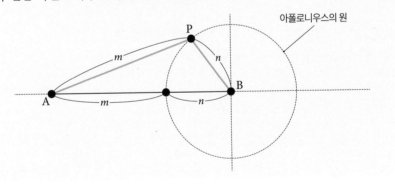

아폴로니우스의 원은 원뿔정리나 이차곡선 이론을 이해하는 데에 도움을 준 다. 또한 GPS 기술이나 신호 처리 분야에서도 활용되고 있다.

도형과 관련된 개념이 기하학뿐만 아니라 물리학이나 통계학 등 다른 분야 에서도 널리 응용되고 있는 것이다.

## 원주각의 정리, 탈레스의 정리, 접현 정리

증명을 통해 정리를 이해한다

먼저 원주각의 정리에 대해 알아보자. 다음 그림과 같이 원주 위에 서로 다른 점 A, B를 설정한다. 그리고 그 두 점과 겹치지 않게 또 다른 점 P, Q도 설정한다. 호(또는 현) AB와 원주 위의 점 P로 만들어지는 ∠APB를 원주각이라고 하는데, ∠AQB도 원주각이다. ∠APB와 ∠AQB는 동일한 호 AB에 대한 원주각이므로 각의 크기는 같다. 이것이 원주각의 정리이다. 한편 호 AB와 중심인 O로 만들어지는 ∠AOB는 중심각이라고 하며, 각의 크기는 원주각의 2배이다.

[원주각의 정리] 동일한 호(또는 현)에 대한 원주각의 크기는 모두 같다.
중심각의 크기는 원주각의 2배이다.

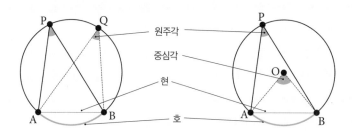

이 사실을 증명하려면 외각의 정리가 필요하다. 내각은 삼각형을 포함한 다각형의 내부에 있는 각을 뜻하는데, 다음 중 왼쪽 그림에서는 $a$, $b$, $c$가 내각이다. 외각은 삼각형을 포함한 다각형의 한 변과 그 변이 이웃하는 변의 연장선이 이루는 각으로, 다음 그림에서는 $d, e, f$가 외각이다. **외각의 정리는 내각 $a+b$와 외각 $d$의 크기가 같다는** 것을 보여주는 정리이다.

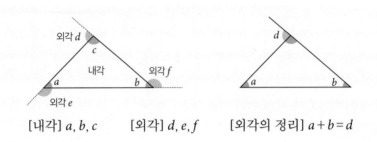

[내각] $a, b, c$      [외각] $d, e, f$      [외각의 정리] $a+b=d$

그러면 지금부터 외각의 정리를 증명해보자. 삼각형의 내각의 합은 $180°$라는 사실(①)과 반원은 $180°$라는 사실(②)을 이용하면 된다.

$$a+b+c=180 \cdots ① \qquad\qquad d+c=180 \cdots ②$$

①－②를 계산하면 $a+b-d=0$이고, $d$를 이항하면 $a+b=d$가 된다.

원과 관련된 문제를 풀 때는 지름을 아는 것이 중요하므로, 다음 그림과 같이 반직선 PO와 원이 만나는 점을 Q라 하여 지름 PQ를 설정한다.

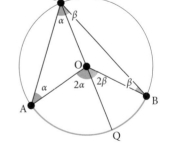

선분 OA, OB, OP, OQ는 모두 원의 반지름이므로 길이는 같고, △OAP와 △OBP는 둘 다 이등변삼각형이므로 $\angle OAP = \angle OPA = \alpha$, $\angle OBP = \angle OPB = \beta$라고 하자.

그러면 외각의 정리로부터 다음과 같은 결과를 얻을 수 있다.

$$\angle AOQ = \angle OAP + \angle OPA = \alpha + \alpha = 2\alpha$$

$$\angle BOQ = \angle OBP + \angle OPB = \beta + \beta = 2\beta$$

$$중심각 = \angle AOB = 2\alpha + 2\beta = 2(\alpha + \beta) = 2\angle APB = 원주각의 \ 2배$$

이제 선분 AB가 지름인 경우에 대해 생각해보자. 그러면 **중심각 ∠AOB는 180°이므로 원주각 ∠APB는 직각이 된다.** 이 사실을 처음으로 증명한 사람은 고대 그리스의 수학자 탈레스였으므로, 이것을 탈레스의 정리라고도 한다.

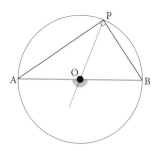

[탈레스의 정리]  원의 지름에 대한 원주각은 직각이다.

원주각의 정리와 탈레스의 정리는 접현 정리를 증명하는 데에 활용된다. 접현 정리는 **원의 접선과 현이 이루는 각과 그 현의 원주각은 같다**는 것이다.

[접현 정리]  원에 내접하는 △ABC와 점 A의 접선을 설정한다. 점 A의 접선과 현 AB가 이루는 각 ∠BAX는 현 AB의 원주각 ∠ACB와 같다. 즉 ∠BAX = ∠ACB가 성립한다.

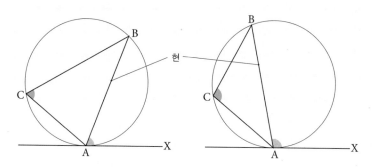

현

이 정리를 증명해보자.

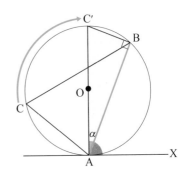

우선 탈레스의 정리를 이용하기 위해 점 A에서 원의 중심 O를 지나가는 반직선과 원이 만나는 점을 C′라고 한다. 탈레스의 정리에 따라 $\angle ABC' = 90°$이다.

다음으로는 원주각의 정리에 따라서 $\angle ACB = \angle AC'B$이므로 $\angle AC'B$가 $\angle BAX$와 같다는 것을 보여주면 증명은 완성된다.

$\angle BAC' = \alpha$라 하면 $\angle BAX = 90° - \alpha$이고, $\triangle AC'B$에서 $\angle AC'B = 180° - (90 + \alpha) = 90° - \alpha$이다.

지금까지의 내용을 정리하면 다음과 같이 증명할 수 있다.

$$\angle ACB = \angle AC'B = 90° - \alpha = \angle BAX$$

# 04 메넬라우스의 정리와 체바의 정리

두 정리의 공통적인 사고방식

다음 그림과 같이 △ABC와 직선 $l$로 만들어진 도형에 대하여 성립하는 식을, 그리스 수학자 메넬라우스의 이름을 따서 메넬라우스의 정리라고 한다.

[메넬라우스의 정리] △ABC와 직선 $l$에 대하여, 직선 BC, CA, AB와 만나는 점을 D, E, F라고 할 때 다음과 같은 관계식이 성립한다.

$$\frac{AF}{FB} \cdot \frac{BD}{DC} \cdot \frac{CE}{EA} = 1$$

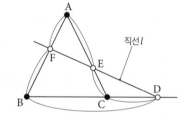

한편 메넬라우스의 정리의 역도 성립한다.

[메넬라우스의 정리의 역]

△ABC에서 직선 BC, CA, AB 위에 각각 점 D, E, F가 있고

$\frac{AF}{FB} \cdot \frac{BD}{DC} \cdot \frac{CE}{EA} = 1$이 성립하면

점 D, E, F는 같은 직선 위에 있다.

△ABC에 대하여 직선 BC, CA, AB 위에 점 D, E, F가 있을 때, 다음이 성립한다고 정리할 수 있다.

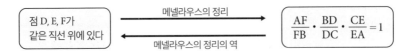

이 정리를 외우는 방법을 알아보자. △ABC
의 꼭짓점 A, B, C에 검정색 동그라미(●)를
그리고, △ABC와 직선 *l*이 만나는 점 D, E, F
에 흰색 동그라미(○)를 그린다. 그러고 나서

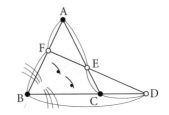

'검정색 동그라미→흰색 동그라미→검정색 동그라미→흰색 동그라미……'
순서로 검정색 동그라미와 흰색 동그라미를 번갈아 찾아가면 된다. 한편 메넬
라우스의 정리를 적용할 수 있는 도형은 '생쥐'와 닮았으므로, 도형에서 생쥐
의 모습이 보이면 메넬라우스의 정리가 성립할지 의심해보는 것도 방법이다.

다음 그림과 같이 △ABC와 점 O를 설정하자. 반직선 AO, BO, CO와 BC,
CA, AB가 만나는 점을 D, E, F라고 할 때, 다음과 같은 식이 성립한다. 이는 수
학자 체바가 증명했으므로 체바의 정리라고 한다.

[체바의 정리]   △ABC와 내부의 점 O
에 대하여, 반직선 AO, BO, CO와 BC,
CA, AB가 만나는 점을 D, E, F라고 할
때, 다음과 같은 식이 성립한다.

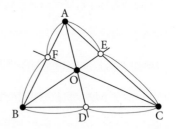

$$\frac{AF}{FB} \cdot \frac{BD}{DC} \cdot \frac{CE}{EA} = 1$$

한편 체바의 정리의 역도 성립한다.

[체바의 정리의 역]

△ABC에 대하여 직선 BC, CA, AB 위에 점 D, E, F가 있고

$$\frac{AF}{FB} \cdot \frac{BD}{DC} \cdot \frac{CE}{EA} = 1$$이 성립하면,

직선 AD, BE, CF는 한 점에서 만난다.

△ABC에 대하여 직선 BC, CA, AB 위에 점 D, E, F가 있을 때 다음이 성립한다고 정리할 수 있다.

| 직선 AD, BE, CF가 한 점에서 만난다 | 체바의 정리 → ← 체바의 정리의 역 | $\frac{AF}{FB} \cdot \frac{BD}{DC} \cdot \frac{CE}{EA} = 1$ |
| --- | --- | --- |

체바의 정리도 외우는 방법이 있다. △ABC의 꼭짓점 A, B, C에 검정색 동그라미(●)를 그리고, 직선 BC, CA, AB 위에서 만나는 점 D, E, F에 흰색 동그라미(○)를 그린다. 그러고 나서 '검정색 동그라미→흰색 동그라미→검정색 동그라미→흰색 동그라미……' 순서로 검정색 동그라미와 흰색 동그라미를 번갈아 찾아가면 된다.

# 05 사인 법칙, 코사인 법칙

증명을 통해 이해의 깊이를 더한다

**사인 법칙**은 삼각형의 각과 변의 관계에 대한 법칙으로 다음과 같이 정리할 수 있다.

[사인 법칙]  △ABC에 대하여 다음 식이 성립한다.

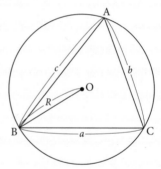

$$\frac{a}{\sin A} = \frac{b}{\sin B} = \frac{c}{\sin C} = 2R$$

**사잇각과 마주 보는 변의 비가 일정**하다는 것을 보여주는 정리이다. 사인 법칙을 배울 때 왜 원이 등장하는지 궁금한 사람도 있을 것이다.

그것은 171쪽에서 설명한 '사인'의 유래와 관련이 있다. 또한 사인 법칙의 증명을 보면 원이 필요하다는 사실을 알 수 있다.

원에 관련된 문제는 원의 중심을 이용하면 다루기 쉬워지고 계산이 편리해지기도 하므로, 다음 중 왼쪽 그림과 같이 반직선 BO와 원이 만나는 점을 A′라고 하자.

호 BC의 원주각으로서 $\angle A = \angle A'$이다. $\sin A = \sin A' = \dfrac{a}{2R}$이고, 이 식을 변형하면 $2R = \dfrac{a}{\sin A}$가 된다. $\sin B$, $\sin C$도 마찬가지이므로 다음이 성립한다.

$$\frac{a}{\sin A} = \frac{b}{\sin B} = \frac{c}{\sin C} = 2R$$

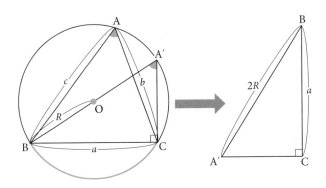

다음으로 살펴볼 **코사인 법칙**은 **피타고라스 정리를 일반 삼각형을 대상으로 확장한** **것이다.**

[코사인 법칙]　△ABC에 대하여 다음 식이 성립한다.

$a^2 = b^2 + c^2 - 2bc \cos A \cdots$①

$b^2 = c^2 + a^2 - 2ca \cos B \cdots$②

$c^2 = a^2 + b^2 - 2ab \cos C \cdots$③

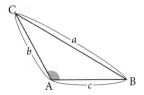

이제 증명을 해보자.

①이 성립함을 보일 수 있으면 ②와 ③도 같은 방법으로 증명할 수 있다. 코사인 법칙은 예각인 경우와 둔각인 경우로 나누어서 설명하는 경우가 많지만, 여기서는 효율적으로 한 번에 다루기로 한다.

코사인 법칙뿐만 아니라 도형 문제를 푸는 데 도움이 되는 좌표평면을 활용해보겠다.

앞에서 제시한 삼각형을 좌표평면 위에 그려보자. AC의 길이는 $b$이고 사잇각은 $A$이므로 점 C의 좌표는 $(b \cos A, b \sin A)$가 된다.

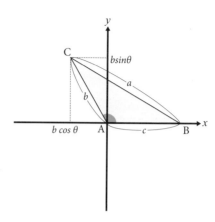

점 C와 점 B 사이의 거리를 구하면 $\sqrt{(c - b \cos \theta)^2 + (b \sin \theta)^2}$인데, BC의 길이는 $a$이므로, $a = \sqrt{(c - b \cos A)^2 + (b \sin A)^2}$이 된다.

양변을 제곱한 후 우변을 전개하면 $a^2 = c^2 - 2bc \cos A + b^2 \cos^2 A + b^2 \sin^2 A$가 되므로, $a^2 = b^2 + c^2 - 2bc \cos A$라는 결과를 얻을 수 있다. 한편 각도를 구할 때는 이 식을 다음과 같이 변형하면 된다.

$$\cos A = \frac{b^2 + c^2 - a^2}{2bc}$$

지금까지 수식을 이용하여 코사인 법칙을 증명했는데, 피타고라스 정리처럼 도형을 이용하여 증명할 수도 있다.

다음 페이지의 그림과 같이 변의 길이가 $a$, $b$, $c$인 삼각형이 있다. 각 변의 길이만큼 곱하여 삼각형을 만들고, 길이가 같은 부분을 겹쳐보자.

가로 길이를 비교해보면, $b^2 + c^2 = bc \cos A + a^2 + bc \cos A$이다.

이 식을 정리하면 ①의 $a^2 = b^2 + c^2 - 2bc \cos A$가 도출된다.

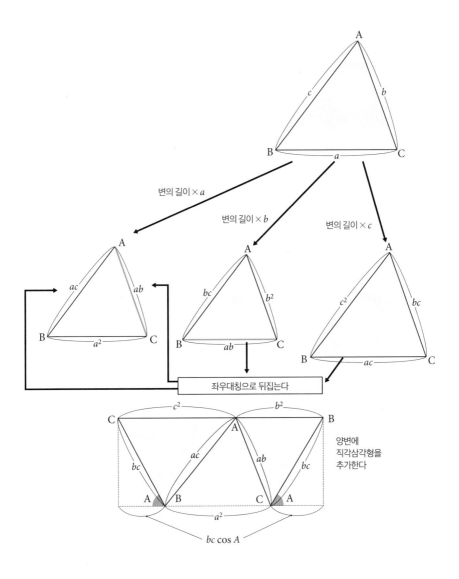

변의 길이 × $a$

변의 길이 × $b$

변의 길이 × $c$

좌우대칭으로 뒤집는다

양변에
직각삼각형을
추가한다

$bc \cos A$

# 06 톨레미의 정리

대각선을 사용하는 흔하지 않은 정리

과거 일본의 대학교 입학시험에서는 내접하는 사각형을 이용한 삼각비 문제가 자주 출제되었다. 내접하는 사각형은 기초적인 문제뿐만 아니라, 보조선을 활용하는 응용 문제로도 출제할 수 있어서 폭넓은 학습 능력을 측정하는 시험에 적절한 소재였을 것이다. 하지만 보조선을 활용하는 기술을 익히는 것은 쉬운 일이 아니다. 게다가 시험처럼 긴장감 때문에 평소 실력을 발휘하기 힘든 상황에서는 더욱 어렵게 느껴질 것이다. 그럴 때 우리는 특별한 비법이나 요령에 의지하고 싶어지는데, 내접하는 사각형에 관련된 문제에 응용하기 좋은 정리가 하나 있다. 바로 **톨레미(프톨레마이오스)의 정리**이다.

[톨레미의 정리]

원에 내접하는 사각형 ABCD에서 마주 보는
변을 곱한 것의 합은 대각선의 곱과 같다.

$$AB \times CD + AD \times BC = AC \times BD$$

마주 보는 변　　　　대각선의 곱

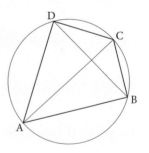

이 정리를 증명해보자.

대각선 AC 위에 ∠ADQ＝∠CDB가 되도록 점 Q를 설정한다. ∠DAQ와 ∠CBD는 호 CD에 대한 원주각(●)이므로 크기가 같다. 따라서 △ADQ와 △BDC

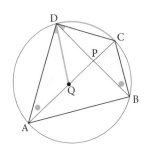
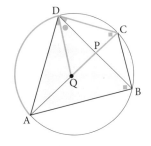

는 닮음이니까 대응하는 변의 비가 같다.

결국 AD:AQ＝BD:BC가 성립하므로 AD×BC＝AQ×BD…①이 된다.

또한 오른쪽 그림의 호 AD에서, ∠DCQ와 ∠DBA는 원주각(■)이므로 크

기가 같다. 따라서 △DCQ와 △DBA는 닮음이니까 대응하는 변의 비가 같다.

결국 CD:CQ＝BD:AB가 성립하므로 AB×CD＝BD×CQ…②가 된다.

①과 ②를 더하면, $\underset{\text{①의 좌변}}{\underline{\text{AD×BC}}} + \underset{\text{②의 좌변}}{\underline{\text{AB×CD}}} = \underset{\text{①의 우변}}{\underline{\text{AQ×BD}}} + \underset{\text{②의 우변}}{\underline{\text{BD×CQ}}}$이다.

우변을 BD로 묶으면 BD(AQ＋CQ)＝BD×AC가 되므로, AD×BC＋AB×

CD＝BD×AC가 되어서 톨레미의 정리가 성립한다는 것을 알 수 있다. 한편

내접하는 사각형이 직사각형(정사각형)인 경우에는 톨레미의 정리를 이용하여

피타고라스 정리를 도출할 수 있다.

오른쪽 그림과 같이 AB＝CD＝$a$, BC＝AD＝$b$,

AC＝BD＝$c$라 하고, 톨레미의 정리 AB×CD＋

AD×BC＝AC×BD에 대입하면 다음이 성립한다.

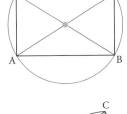

$$a×a＋b×b＝c×c$$

$$a^2＋b^2＝c^2$$

## 07 내접원의 반지름
삼각형의 넓이로 구한다

이 장의 '01. 삼각형의 오심'에서는 삼각형의 내심과 내접원에 대해 알아보았는데, 내접원의 반지름 $r$을 구할 때에는 삼각형의 넓이 $S$를 활용하면 된다.

우선 △ABC를 내심 I와 꼭짓점 A, B, C를 이용해 분할한다.

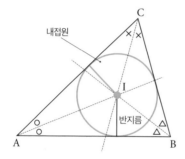
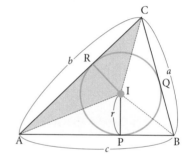

△IAB의 넓이는 $c \times r \div 2$, △IBC의 넓이는 $a \times r \div 2$, △IAC의 넓이는 $b \times r \div 2$이다. △ABC의 넓이를 $S$라고 하면 다음이 성립한다.

$$c \times r \div 2 + a \times r \div 2 + b \times r \div 2 = S$$

$$\frac{1}{2}(a+b+c)r = S$$

위 식을 $r$에 대하여 정리하면 다음과 같다.

$$r = \frac{2S}{a+b+c}$$

한편, 내접원을 활용하면 피타고라스 정리도 증명할 수 있으므로 그 방법을 소개하겠다.

오른쪽 그림과 같이 직각삼각형 ABC의 세변을 BC = $a$, CA = $b$, AB = $c$라 하고, 내접원의 반지름을 $r$이라 하자.

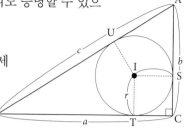

△ABC의 넓이는 다음과 같다.

$$S = a \times b \div 2 = \frac{1}{2}ab$$

오른쪽 그림과 같이 원 밖의 점 A에서 원을 향하여 그은 접선의 접점인 S와 U에 대하여, AS = AU = $\sqrt{IA^2 - r^2}$이 된다.

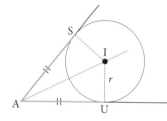

이 성질을 이용해보자.

우선 SC = TC = $r$이므로, BT = BC − TC = $a - r$이고 AS = AC − SC = $b - r$이다.

앞서 소개한 성질에 따라서 BU = BT = $a - r$, AU = AS = $b - r$이고, 빗변 AB = AU + BU이므로 $c = (b - r)$ $+ (a - r)$이 되어서 $r = \dfrac{a+b-c}{2}$이다.

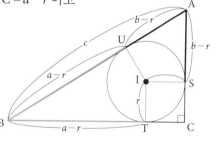

지금까지 얻은 결과를 정리하면 다음과 같다.

$$\frac{1}{2}(a+b+c)r = S \cdots ① \qquad S = \frac{1}{2}ab \cdots ② \qquad r = \frac{1}{2}(a+b-c) \cdots ③$$

②와 ③을 ①에 대입하면 다음과 같다.

$$\frac{1}{2}(a+b+c) \cdot \frac{1}{2}(a+b-c) = \frac{1}{2}ab$$

양변에 4를 곱하고 좌변을 $(a+b)$와 $c$로 나눈 후, 합과 차의 곱으로 전개하면 다음과 같다.

$$(a+b)^2 - c^2 = 2ab$$

좌변의 $(a+b)^2$을 전개하면 다음과 같다.

$$(a^2 + 2ab + b^2) - c^2 = 2ab$$

양변에서 $2ab$를 빼고 $c^2$을 우변으로 이항하면 다음과 같이 피타고라스 정리가 나온다.

$$a^2 + b^2 = c^2$$

# 헤론의 공식과 브라마굽타의 공식

변의 길이로 넓이를 구한다

삼각형의 넓이를 구하는 방법은 '밑변×높이 ÷ 2'를 포함하여 여러 가지가 있는데, 세 변을 직접 이용하여 구하는 방법으로는 헤론의 공식이 있다.

[헤론의 공식]

$\triangle ABC$의 세 변의 길이가 $a$, $b$, $c$일 때,

$\triangle ABC$의 넓이 $S$는 다음과 같다.

$$S = \sqrt{s(s-a)(s-b)(s-c)}$$

단, $s = \dfrac{a+b+c}{2}$ 이다.

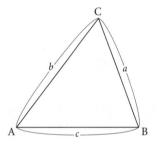

한편 사각형에도 헤론의 공식과 비슷한 브라마굽타의 공식이 있다. 단, 브라마굽타의 공식에는 사각형이 원에 내접한다는 조건이 있다.

[브라마굽타의 공식]

원에 내접하는 사각형 ABCD가 있다.

$AB = a$, $BC = b$, $CD = c$, $DA = d$라 할 때,

사각형 ABCD의 넓이 $S$는 다음과 같다.

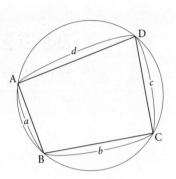

$$S = \sqrt{(s-a)(s-b)(s-c)(s-d)}$$

단, $s = \dfrac{a+b+c+d}{2}$ 이다.


브라마굽타의 공식은 원에 내접하는 사각형에만 적용할 수 있다는 점을 유의하기 바란다.

## ㅅ

●

## ㅊ

**ㅌ**

**ㅋ**

**ㅍ**